蓄滞洪区防洪蓄洪信息化管理方法与实践

郑学东　汪朝辉　胡承芳　等著

科学出版社

北　京

内 容 简 介

流域内降雨时空分布不均、洪水频发成为影响社会、经济和生态可持续发展的重要因素。蓄滞洪区是整个防洪体系中重要的组成部分，发挥着不可替代的防洪减灾作用，而蓄滞洪区的信息化管理是目前亟待解决的重要课题。本书针对目前蓄滞洪区防洪蓄洪管理存在的问题，提出蓄滞洪区信息化管理的方法，并在此基础上以洞庭湖蓄滞洪区为例开展实践应用示范研究，兼具系统性、先进性和实用性。

本书可以为水利行业科研和管理人员提供技术指导，也可以作为水利、防灾减灾等相关专业学生的辅导教材。

图书在版编目（CIP）数据

蓄滞洪区防洪蓄洪信息化管理方法与实践/郑学东等著. —北京：科学出版社，2017.12

ISBN 978-7-03-055700-1

Ⅰ.①蓄… Ⅱ.①郑… Ⅲ.①蓄洪—管理信息系统—研究 ②防洪—管理信息系统—研究 Ⅳ.①TV873-39

中国版本图书馆 CIP 数据核字（2017）第 293626 号

责任编辑：杨光华 何 念 郑佩佩 / 责任校对：董艳辉
责任印制：彭 超 / 封面设计：苏 波

科 学 出 版 社 出版
北京东黄城根北街 16 号
邮政编码：100717
http://www.sciencep.com

武汉中科兴业印务有限公司印刷
科学出版社发行 各地新华书店经销
*

开本：787×1092 1/16
2017 年 12 月第 一 版 印张：15 1/4
2017 年 12 月第一次印刷 字数：362 000
定价：158.00 元
（如有印装质量问题，我社负责调换）

序

中国的大部分河流都是雨洪型的。流域内降雨时空分布不均、洪水频发成为影响社会、经济和生态可持续发展的重要因素。为了解决流域性洪水问题，通过一系列工程及非工程措施的实施，我国大江大河的防洪标准已显著提高，防洪减灾体系已初步形成。而蓄滞洪区是整个防洪体系中重要的组成部分，且在今后相当长的时期内，仍将发挥不可替代的防洪减灾作用。

蓄滞洪区通过接纳超标准洪水实现控制洪峰流量，提高防洪标准，构建防洪体系，促进人水关系协调发展的目标。《全国蓄滞洪区建设与管理规划》中明确了蓄滞洪区管理和建设的总体目标是充分发挥蓄滞洪区防洪蓄洪及其多重功能；妥善处理蓄滞洪区有效分蓄洪水、保障生命安全、促进经济发展之间的矛盾；加强蓄滞洪区安全设施建设，使蓄滞洪区内居民得到妥善安置；加强蓄滞洪区工程建设，实施有效的蓄滞洪区社会管理和公共服务，实现蓄滞洪区的科学管理和规范运用；按照改善民生和建设社会主义新农村的要求，改善蓄滞洪区内居民的生活和生产条件，根据蓄滞洪区特点，合理利用土地资源，引导调整产业结构，建立与蓄滞洪区洪水风险状况相适应的生产体系和经济社会体系。

随着社会经济的发展，蓄滞洪区人口数成倍增长，其运用条件及要求越来越高。蓄滞洪区的信息化管理是实现蓄滞洪区信息共享的必要手段，是保障区内人员生命财产安全，提升蓄滞洪区高效管理和智慧化决策的技术需求。长江水利委员会长江科学院一直致力于蓄滞洪区信息化管理及信息化建设的研究与实践工作，"洞庭湖区防洪蓄洪管理系统试点建设"为湖南省重点水利建设项目，该项目以蓄滞洪区信息化管理理论研究为基础，构建了从数据采集、数据处理、数据库建设、专业模型集成到蓄滞洪区洪水风险分析、避险转移方案、洪水灾情损失评估等防洪决策支持的信息化管理体系结构。该项目的实施得到了长江防汛抗旱总指挥部办公室、湖南省水利厅、湖南省洞庭湖水利工程管理局的大力支持。项目研究成果经鉴定达到国内领先水平，项目获得了中国地理信息产业协会科技进步奖一等奖、湖南省科技进步奖三等奖等。

《蓄滞洪区防洪蓄洪信息化管理方法与实践》具有以下特点：

（1）系统性。该书对蓄滞洪区防洪蓄洪信息化管理的方法进行了系统的阐述，在对蓄滞洪区的重要性和信息化管理必要性进行充分论述的基础上，详细地介绍了蓄滞洪区信息化管理的新技术和新方法，系统地研究了蓄滞洪区数据采集及建库的关键技术，探索了蓄滞洪区灾情损失评估新方法，最后在上述理论研究的基础上，开展了洞庭湖蓄滞洪区信息化管理的示范研究。因此，该书是一部系统而深入地研究蓄滞洪区防洪蓄洪信息化管理的学术专著。

（2）先进性。该书的撰写始终结合国内外蓄滞洪区信息管理研究的前沿，并与国内外相关机构开展了广泛的交流与合作，尤其是在信息化管理的新技术新方法应用方面，把握了当前的热点技术和方法，并把大量的新技术新方法创新性地应用于蓄滞洪区的信息化建设中，取得了较好的效果。

（3）实用性。该书兼具学术科研和实际推广应用价值，在项目开展和专著的编撰过程中，作者充分发挥各专业的学术优势，在蓄滞洪区信息化管理的理论研究方面开展了扎实的科学研究工作，可以为相关专业的科研工作提供借鉴；同时该书系统性地概述了蓄滞洪区信息化管理的方法，并开展了实践研究，可以为蓄滞洪区管理人员和机构提供推广应用示范，也可以作为水利、防灾减灾等相关专业学生的辅导教材。

该书是研究工作的阶段性总结，在蓄滞洪区信息化管理工作方面起到承先启后的作用。防洪减灾和蓄滞洪区管理关乎着流域社会经济发展，涉及生态环境保护等重大课题，需得到各方面的理解与支持，希望作者继续坚持不懈地努力，为长江经济带建设、流域社会经济发展、流域生态环境保护贡献自己的力量。

2017 年 8 月

前　　言

　　大河流域在中国社会经济发展中占有重要地位,然而流域内降雨时空分布不均、暴雨多、洪水频发成为制约社会、经济和生态可持续发展的瓶颈。利用自然条件,因地制宜地将湖泊洼地和历来洪水滞蓄的场所辟为蓄滞洪区,将超过河道泄量的洪水临时分蓄,可以有计划地蓄滞洪水,保障防洪安全,减轻灾害。蓄滞洪区是江河防洪体系的重要组成部分,作为工程措施与非工程措施相结合的防洪措施,在历次防洪中发挥了举足轻重的作用。利用信息技术对蓄滞洪区进行科学管理,能充分发挥蓄滞洪区在防洪减灾中的作用,促进人与自然和谐相处。

　　本书在充分调研国内外有关蓄滞洪区信息化管理工作的基础上,结合作者的研究工作,对蓄滞洪区防洪蓄洪信息化管理方法进行系统分析和原型构建。本书内容主要包括以下几个方面:

　　(1)阐述蓄滞洪区的重要性,分析其在防洪体系中的作用及管理现状关系,剖析蓄滞洪区信息化管理技术的研究进展。

　　(2)论述蓄滞洪区信息化管理新技术新方法,分析遥感技术、地理信息技术、空天地一体化观测技术、物联网云平台技术和大众社交媒体大数据分析技术的原理方法及其在蓄滞洪区管理中的应用。

　　(3)建立以蓄滞洪区信息化管理为目的的基础数据分类体系,论述数据库管理体系,介绍数据库数据组织管理方法、数据库体系结构、数据库设计方法及数据库安全防护方法。

　　(4)建立蓄滞洪区分洪损失评估理论框架,阐述分蓄洪区洪水灾情评估技术与流程,介绍灾情评估基础数据采集建库方法与步骤,构建洪水特性因子体系,提出了特征因子的获取与计算方法,重点介绍基于遥感和GIS的分蓄洪区洪水灾情评估方法。

　　(5)结合蓄滞洪区信息化管理理论与方法,以洞庭湖蓄滞洪区信息化管理为例进行了理论技术实践,从信息采集、处理到系统建设论证本书理论框架的可行性与适用性。

　　本书由郑学东、程学军负责构思和总体框架设计,项目组成员参加编写,全书的统稿和修订工作由汪朝辉主持完成。本书编写具体分工如下:第1章由胡承芳、郑学东执笔;第2章由胡承芳、肖潇、赵登忠执笔;第3章由汪朝辉、李国忠、肖潇、赵登忠、刘海澄执笔;第4章由汪朝辉、赵登忠、徐坚、郑学东、程学军执笔;第5章由郑学东、徐坚、程学军、李国忠、赵登忠执笔。

　　在本书的撰写过程中,尽管作者投入了相当大的精力,克服了不少困难,但受知识修养和理论水平所限,书中疏漏之处在所难免,恳请各位专家学者赐教指正!

作　者
2017 年 8 月

目　　录

第 *1* 章

引 言

1.1 蓄滞洪区概念

大河流域在中国社会经济发展中占有重要地位,大河流经区域灌溉水源充足,地势相对平坦,利于农作物培植和生长,为人们的生存创造了良好条件,也为经济发展创造了良好的物质基础。但是,流域内降雨时空分布不均、暴雨多、洪水频发成为制约社会、经济和生态可持续发展的瓶颈。为解决流域性洪水问题,我国实施了一系列大规模的水利防洪工程,初步形成了防洪工程和非工程体系,大江大河的防洪标准显著提高[1]。水利防洪工程能防御一定标准的洪水,对于较大洪水,也就是超过堤防防御能力的洪水,尚不能完全控制。

从保全大局,不得不牺牲局部利益的角度考虑,有计划地分洪是必要的,也是合理的。利用自然条件,因地制宜地将湖泊洼地和历来洪水滞蓄的场所辟为蓄滞洪区,将超过河道泄量的洪水临时分蓄,可以有计划地蓄滞洪水,保障防洪安全,减轻灾害。在我国的防洪体系中,蓄滞洪区称谓在我国各流域有所不同,如长江流域称为分洪区和蓄滞洪区,黄河流域称为滞洪区,淮河流域称为行蓄洪区。

蓄滞洪区常常位于江河堤防背水侧,主要是指河堤外洪水临时储存的低洼地区及湖泊等,其中多数历史上就是江河洪水淹没和蓄洪的场所①,是我国防洪体系中不可缺少的组成部分。

根据蓄滞洪区的功能,蓄滞洪区可以分为行洪区、分洪区、蓄洪区和滞洪区。行洪区是指天然河道及其两侧或河岸大堤之间,在大洪水时用以宣泄洪水的区域;分洪区是利用平原区湖泊、洼地、淀泊修筑围堤,或利用原有低洼圩垸分泄河段超额洪水的区域;蓄洪区是分洪区发挥调洪性能的一种,它是指用于暂时蓄存河段分泄的超额洪水,待防洪情况许可时,再向区外排泄的区域;滞洪区也是分洪区起调洪性能的一种,这种区域具有"上吞下吐"的能力,其容量只能对河段分泄的洪水起到削减洪峰,或短期阻滞洪水的作用。

根据我国洪水特点和土地实际利用情况,在主要的江河流域范围规划和建设蓄滞洪区,是推行流域防洪减灾工作,贯彻落实科学发展观的重要途径。

1.2 蓄滞洪区的分布及特点

目前,中华人民共和国水利部(简称水利部)公布的《国家蓄滞洪区修订名录》中共包含国家级蓄滞洪区 98 处,分布在长江、黄河、淮河、海河、松花江、珠江六大河流两岸的中下游平原地区。

---

① 全国人民代表大会常务委员会.中华人民共和国防洪法.北京:中国民主法制出版社,2016.

98处蓄滞洪区修订名录如下。

长江流域:固堤湖、六角山、九垸、西官垸、安澧垸、澧南垸、安昌垸、安化垸、南顶垸、和康垸、南汉垸、民主垸、共双茶、城西垸、屈原农场、义和垸、北湖垸、集成安合、钱粮湖、建设垸、建新农场、君山农场、大通湖东、江南陆城、荆江分洪区、宛市扩大区、虎西备蓄区、人民大垸、洪湖分洪区、杜家台、西凉湖、东西湖、武湖、张渡湖、白潭湖、康山圩、珠湖圩、黄湖圩、方洲斜塘、华阳河、荒草二圩、荒草三圩、汪波东荡、蒿子圩。

黄河流域:北金堤、东平湖。

淮河流域:蒙洼、城西湖、城东湖、瓦埠湖、老汪湖、泥河洼、老王坡、蛟停湖、黄墩湖、南润段、邱家湖、姜唐湖、寿西湖、董峰湖、汤渔湖、荆山湖、花园湖、杨庄、洪泽湖周边(含鲍集圩)、南四湖湖东、大逍遥。

海河流域:永定河泛区、小清河分洪区、东淀、文安洼、贾口洼、兰沟洼、宁晋泊、大陆泽、良相坡、长虹渠、柳围坡、白寺坡、大名泛区、恩县洼、盛庄洼、青甸洼、黄庄洼、大黄铺洼、三角淀、白洋淀、小滩坡、任固坡、共渠西、广润坡、团泊洼、永年洼、献县泛区、崔家桥。

松花江流域:月亮泡、胖头泡。

珠江流域:潖江。

我国蓄滞洪区的分布在长江流域较为集中,共有44处,其次是海河流域28处,淮河流域21处,黄河流域2处,松花江流域2处,珠江流域1处,遍布北京、天津、河北、江苏、安徽、江西、山东、河南、湖北、湖南、吉林、黑龙江和广东13个省(直辖市)[①]。蓄滞洪区的设置和建立与我国的流域防洪形势和社会经济发展有着密不可分的关系。

长江干流在宜昌以上为上游段,长江流域大部分水能资源都集中在上游地区,水流落差大,水能资源丰富。中下游属平原河流,地势低洼,湖泊众多,其中主要有洞庭湖和鄱阳湖。流域降水时空分布不均,夏秋季多暴雨,全流域年平均降水量1057 mm,地区上呈从东南向西北降水量递减趋势,因此,长江洪水多集中在中下游地区。长江两岸人口和生产总值占全国的40%以上,而长江流域中下游地区围湖造田,乱占河道的现象非常普遍,因此,长江流域尤其是中下游地区是洪涝灾害的重点防护地区,蓄滞洪区的数量最多,分布有44处。

海河是中国华北地区的最大水系,中国七大河流之一。海河水系是由海河干流及五大支流即北运河、永定河、大清河、子牙河、南运河共同组成。五大支流在天津附近汇合,然后经海河干流入海,构成一个典型的扇状水系[2]。海河流域水量主要依靠降雨补给(降雨补给的水量占年径流量的80%以上),5~10月降水量较多,可占全年降水量的80%以上,其中又以7~8两个月最多,可占全年降水量的50%~60%。降水的集中程度,在东部沿海各省最为突出。海河干支流水量主要依据降雨补给,因此年径流量的时空变化与年降水变化趋势基本一致。海河流域在2016年、1996年、1963年、1939年等均发生过多条支流超保或超历史洪水[3-5],因此,海河流域蓄滞洪区数目仅次于长江流域,共有28处。

淮河,位于中国东部,介于长江与黄河之间,与长江、黄河、济水并称"四渎",是独流入

---

① 中华人民共和国水利部.国家蓄滞洪区修订名录,2010.

海的四条大河之一。淮河流域上游两岸山丘起伏,水系发育,支流众多;中游地势平缓,多湖泊洼地;下游地势低洼,大小湖泊星罗棋布,水网交错,渠道纵横。淮河全长 1000 km,总落差 200 m。历史上黄河"夺淮入海",黄河泥沙在下游的沉淀,加剧了淮河下泄不畅的地理特征,使内涝成为淮河水灾的重要形态,淮河也因其难以治理而闻名。淮河流域在 2003 年、1991 年、1931 年、1921 年发生过严重的洪涝灾害[4-5],在淮河流域建立较多的蓄滞洪区也是非常有必要的,共有 21 处。

黄河流域大部分地区年降水量为 200～650 mm,降水量分布不均,南北降水量之比大于 5,流域冬干春旱,夏秋多雨,其中 6～9 月降水量占全年的 70% 左右,7～8 月降水量可占全年降水总量的 40% 以上。黄河中上游是国内湿度偏小的地区,且水分蒸发能力较强,年蒸发量可达 1100 mm。黄河流域在 2003 年、1946 年、1933 年均有大规模洪水发生。黄河上游洪水多发生在 9 月,水量主要来自兰州段以上地区的降雨。由于降雨历时长,强度小,加之兰州段以上地区植被较好,草地、沼泽等对降雨的滞蓄作用较强,黄河上游洪水涨落平缓,洪水历时较长,洪峰较低,洪水过程线呈矮胖型。黄河中游地区沟壑纵横,支流众多,河道比降陡,洪水特点是洪峰高、历时短、含沙量大。黄河下游流域面积 2.3×10^4 km²,仅占全流域面积的 3%。因此黄河流域两个蓄滞洪区都集中在黄河中游地区。

松花江流域地处北温带季风气候区,多年平均降水量一般在 500 mm 左右,松花江年平均径流量约为 762×10^8 m³。松花江流域的水量以大气降水补给为主,融水补给为辅,因此径流量的年内分配也具有明显的季节变化特征,洪水多集中于 7～8 月,干流可延至 9 月初。松花江流域在 1998 年、1932 年曾发生过大型洪水灾害,洪峰流量超历史新高,因此在《国家蓄滞洪区修订名录》中松花江流域新增 2 处蓄滞洪区。

珠江是我国第二大河流[6],年径流量 3492 多亿立方米,居全国江河水系的第二位,仅次于长江,是黄河年径流量的 6 倍。珠江流域地处亚热带,北回归线横贯流域的中部,气候温和多雨,多年平均降水量为 1200～2200 mm,降水量分布明显呈由东向西逐步减少的趋势,降水量年内分配不均,地区分布差异和年际变化大。珠江流域自然条件优越,资源丰富,航运发达,年货运量仅次于长江而居第二位。珠江流域自进入 21 世纪以来尚未发生过洪水灾害,但仍要警惕发生洪水的可能性,因此在人口最为稠密的珠江三角洲设置了一处蓄滞洪区。

1.3　蓄滞洪区在防洪体系中的作用

20 世纪 50 年代以来,长江、黄河、淮河、海河都发生过全流域性大洪水或特大洪水,一些蓄滞洪区在防洪的关键时刻,发挥了削减洪峰、蓄滞超额洪水的重要作用,保护了重要防洪地区的安全。

在今后相当长的时期内,蓄滞洪区仍是不可缺少的重要防洪减灾措施。蓄滞洪区的设立表明人类已经实现了从单纯利用工程手段防洪到工程和非工程手段相结合的转变,是构建和谐社会、建设生态文明和实现人水和谐共处的重要体现。综合来讲,蓄滞洪区的作用可以归纳为以下几点,如图 1.1 所示。

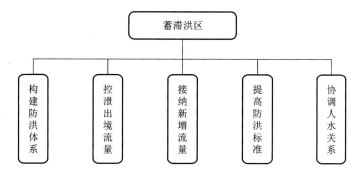

图 1.1　蓄滞洪区的作用

1.3.1　构建防洪体系

工程防洪措施,可概括为拦、蓄、分、泄四个方面。工程防洪以建设防洪工程为主要特征,根据本流域内防洪规划要求,以"蓄泄兼筹"和"除害与兴利相结合"为方针,在河道上游兴修控制性的综合利用水库,拦蓄洪水,削峰错峰;在中下游进行河道整治、堤防加固、开辟和整治蓄滞洪区,形成上堵下疏的防洪工程体系。非工程防洪措施包括:洪水情报预报和警报;洪水风险分析;防洪区管理;防洪保险;自适应设施和防洪斗争;建立健全防汛指挥机构、防洪法律体系和应急预案等。

蓄滞洪区是江河防洪体系的重要组成部分,作为工程措施与非工程措施相结合的防洪措施,在历次防洪中发挥了举足轻重的作用。我国流域洪水峰高量大,洪水来量巨大与河道泄洪能力不足的矛盾突出,利用蓄滞洪区分蓄超额洪水,能确保重点地区的防洪安全,最大限度地减轻洪灾损失。

根据全国防洪规划成果,我国七大江河主要控制站的设计洪量与其多年平均年径流量的比值平均高达 60%,其中海河、淮河、松花江和太湖等流域比值甚至超过 100%,长江、珠江等流域也高达 50% 左右。由于江河洪水量级大,而其泄洪通道又都流经人口稠密的中下游平原地区,河道泄洪能力往往受到一定限制,绝大多数江河控制站的设计洪峰量都大于下游相应河道的泄流能力。七大江河发生流域防御目标洪水时,约有 8454×10^8 m³ 的洪量需要进行安排。即使规划的防洪通道能够达到设计泄洪能力,可以通过河道排泄或分泄的水量也只占设计洪量的 74%,其中南方河流河道可承载泄水量约占设计泄洪量的 70%,北方河流河道可承泄水量占设计洪量的 50%~80%。七大河流约有 26% 的超额洪水需要通过水库、湖泊、蓄滞洪区和洪泛区等拦蓄、蓄滞,其中北方河流拦蓄洪量与设计洪量的比例为 20%~50%,南方地区为 10%~30%。

因此,我国大部分江河流域都需要配合蓄滞洪区,才能达到防洪标准。例如,长江流域在三峡工程正常蓄水位运行后,遇1954年型设计目标洪水,三峡水库如按城陵矶补偿调度,城陵矶附近需启用蓄滞洪区分蓄洪量 $218×10^8$ m³。淮河出现百年一遇洪水时,正阳关站30天洪量达 $386×10^8$ m³,除水库拦蓄 $15.5×10^8$ m³ 外,还需蓄滞洪区蓄洪 $63.0×10^8$ m³①。

防洪减灾实践表明,由于受自然、经济和风险等各种条件的限制,既不可能修建大量水库拦蓄全部洪水,也不可能无限制地加高堤下堤防,必须充分发挥水库、江河堤坊和蓄滞洪区等防洪工程的综合作用,坚持"蓄泄兼筹"的治理方针,在流域中下游地区设置一些能蓄滞超额洪水的蓄滞洪区,以达到流域的整体防洪标准。

1.3.2 控泄出境流量

出境流量是指流经本地出境断面以上的河川径流量,常常受降雨和入境流量的影响。当发生洪水灾害时,河川径流量明显增大,河川出境流量增大,若不对上中游河道出境流量进行控制,将迫使下游河道径流超过安全泄量,威胁下游地区人民生命财产安全。

通常解决超额洪量,控制出境流量的方法有两种:

(1)利用开垦或开挖分洪道的方法分洪。该方法不仅工程浩大,而且易占用大量耕地,实施困难。

(2)在上中游地区建大量水库拦蓄洪水。该方法无法充分发挥河道的泄洪能力,与河道治理原则相悖。

因此,在处理这样一些泄洪能力与实际洪峰不协调的防洪问题时,可以通过修建蓄滞洪区,对过量洪水进行蓄水、引水,从而有效控制出境流量,避免加剧下游地区的洪水灾害风险。

权衡全局利益和局部利益,适当地采取蓄滞洪措施,是合理的,也是行之有效的。蓄滞洪区能够蓄存超额的洪水,通过合理安排蓄滞洪区泄洪,流域干支流错峰,控制出境流量,可以确保下游流域行洪流量平稳,最大限度地减少河道冲刷及河堤险情的发生,最大限度地保障沿河两岸人民生命财产安全。

1.3.3 接纳新增流量

在发生超标准洪水时,蓄滞洪区通过接纳流域新增流量,能有效地降低水位,减轻防洪压力,同时也能减少防汛抢险所消耗的人力、物力,避免了因可能突然发生的溃堤造成的大量人员伤亡和社会的不安定因素。

洪水作为水资源的一种,具有一般水资源及其开发利用的内涵,不同的是,洪水又是水资源中的一个特殊范畴。水多为患,一旦洪水泛滥,将会对生命财产造成巨大损失,因此,洪水历来被称为"洪灾""洪魔""洪水猛兽"[7]。通过修建蓄洪区接纳洪水,可以化"害"

---

① 中华人民共和国水利部.全国蓄滞洪区建设与管理规划,2009.

为利,将洪水资源蓄积起来,使之转化为常规可控的水资源。

蓄滞洪区内蓄滞的洪水可渗入地下含水层,恢复地下水的供给能力。特别是对北方地区,蓄滞洪区中的水对补给地下水有更重要的意义。海河"96·8"大水中,宁晋泊、大陆泽蓄滞洪区进洪 $18.45 \times 10^8 \ \mathrm{m^3}$,而艾新庄枢纽退水仅 $4.87 \times 10^8 \ \mathrm{m^3}$,有 $13.58 \times 10^8 \ \mathrm{m^3}$ 洪水渗入地下,补充了地下水。宁晋泊、大陆泽及周边邻近地区的地下水位抬高了近 6 m,增加了地下水资源,一度缓解了该地区的水资源危机,并为赢得第二年农业丰收创造了条件[8]。

此外,蓄滞的新增洪水还能转化为常规地表水,这是山区有控制工程的河流常常使用的方式;将洪水引向湿地以维系生态环境或回灌地下水,或将洪水集中使用进行冲沙或者放淤等,这是中下游平原地带考虑的方式。

因此,通过蓄滞洪区接纳新增流量,不仅在防洪体系中有着重要地位,同时也是涵养水资源的重要途径。

1.3.4 提高防洪标准

防洪标准是各种防洪保护对象或工程本身要求达到的防御洪水的标准。通常以频率法计算的某一重现期的设计洪水位为防洪标准,或以某一实际洪水(或将其适当放大)作为防洪标准[9]。由水利部负责管理的《防洪标准》(GB 50201—2014)已于 2015 年 5 月 1 日起开始施行。

人类应对洪水的威胁主要是应对洪峰的威胁,水利工程的建设能否达到一定的标准也是以能应对洪峰的大小来检验的。

我们可以用道路上车辆形成的车流高峰来解释洪水洪峰的形成。如果车辆出行时间不集中,一般不会造成堵车现象。然而,如果车辆都在某个特定时间出行,由于道路载量有限,就容易形成车流高峰。此时,如果在高峰道路上有其他道路可以通行,在时间集中点之前车辆能够在路口分开行驶,那么就会缓解交通压力[10]。

洪峰也一样,如果蓄滞洪区能够在洪峰到来前滞留一部分洪水,就可以削减洪峰,降低防洪的风险,缓解下游压力。通过这种手段,在不提高堤防、水库等工程标准的前提下,提高了流域的防洪能力,相应地减少了水利工程投资。

站在防洪的角度,防洪标准的提高,不仅意味着洪水防范能力的提高,也意味着径流调控能力的逐渐提高。与此同时,毋庸置疑的是,随着径流调控能力的提高,抵御干旱的能力也在提高。因此,蓄滞洪区提高防洪标准,也成了调蓄洪水资源的有力手段。

1.3.5 协调人水关系

蓄滞洪区在历史上是蓄滞洪水的天然场所,我国蓄滞洪区大多数位于江河中下游人口较为密集的地区,鉴于我国人多地少的特殊国情,蓄滞洪区仍是区内居民的安身立命之所。随着我国社会进步和人口数增长,大量湖泊、洼地被围垦、开发,蓄滞洪区面积逐渐缩小,洪水调蓄能力急剧降低,发生洪水时往往造成严重的人员、经济损失。

长期的抗洪实践使人们逐步认识到,完全消除洪灾是不可能的,人类在适当控制洪水的同时,更要有节制地开发利用土地,主动适应洪水特点,适度承担洪水风险,给洪水以出路,当发生大洪水时,主动有计划地让出一定数量的土地,为洪水提供足够的蓄滞空间,避免发生影响全局的毁灭性灾害,保证社会经济可持续发展。

我国年降水量时空分布不均,年际变化大,水资源供需矛盾十分突出。近年来,水资源短缺已成为制约我国经济发展的主要因素。而合理利用蓄滞洪区,在保障流域防洪安全、拦蓄超额洪水的同时,可提高洪水利用程度,增加水资源可利用量,有效改善当地水资源供需关系,为其周边地区提供重要的抗旱水源。此外,蓄滞洪区往往具有较大的湖泊面积,是我国陆地江河湿地系统的重要组成部分,具有调节气候、涵养水源、净化水质、维护生物多样性的功能,对维护生态平衡,改善生态环境也具有十分重要的作用。1996 年海河大水时,通过蓄滞洪区滞洪蓄水,有效利用了洪水资源,宁晋泊、大陆泽及周边邻近地区的地下水位抬高了 6 m 左右,对改善当地生态环境起到了良好的作用。

由此可见,蓄滞洪区承担着防洪安保和生产生活基地的双重任务,建立蓄滞洪区不仅是人类适应自然和保护自己的一种行之有效的防洪减灾措施,也是人与自然和谐相处,给洪水以出路的体现。

1.4 蓄滞洪区管理现状

蓄滞洪区承担着蓄滞流域超额洪水的防洪任务,我国蓄滞洪区内居住着大量的人口,蓄滞洪区同时又是区内居民赖以生存和发展的基地。因此,蓄滞洪区承担着社会经济发展和防洪蓄洪的双重功能,其建设与管理需要妥善处理有效分蓄洪水、保障生命安全、促进经济发展之间的矛盾。

1.4.1 蓄滞洪区管理机制

蓄滞洪区内洪水管理方式可分为:暂时性蓄水和永久性蓄水。暂时性蓄水在蓄洪期间短暂蓄滞洪水,在汛期后将洪水排入干流,是蓄滞洪区现有的管理方式;永久性蓄水通过优化蓄滞洪区内的土地利用方式,用于长期蓄滞汛期来水,并进行持续利用,如将农田恢复为湿地或水库,是蓄滞洪区未来可以实践的管理方式,如图 1.2 所示。

1980 年以来,随着我国水利法规体系的逐步完善,蓄滞洪区的管理问题逐步得到重视,与蓄滞洪区管理相关的政策法规体系也不断完善。目前涉及蓄滞洪区建设和管理的法律法规和行政规章主要有《中华人民共和国水法》《中华人民共和国防洪法》《中华人民共和国防汛条例》《蓄滞洪区运用补偿暂行办法》《关于加强蓄滞洪区建设与管理的若干意见》和《关于蓄滞洪区安全与建设指导纲要》等法律法规,以及《国家蓄滞洪区运用财政补

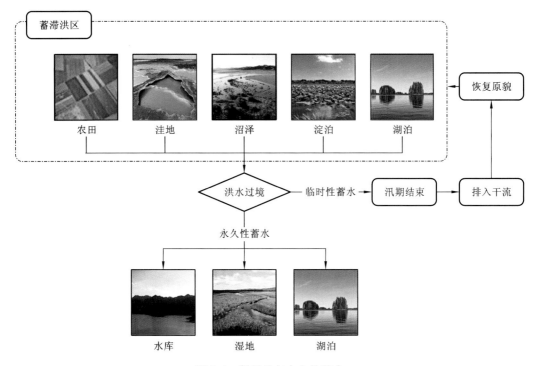

图 1.2　暂时性与永久性蓄水

偿资金管理规定《蓄滞洪区运用补偿核查办法》等行政规章。这些法律法规和行政规章对蓄滞洪区的地位、建设、管理、维护、运用、补偿等作了不同程度的规定。此外,天津、安徽、河北等省市也分别颁布了一些地方性法规,如《天津市蓄滞洪区管理条例》《天津市蓄滞洪区运用补偿暂行办法》《天津市蓄滞洪区安全建设工程管理办法》《安徽省〈蓄滞洪区运用补偿暂行办法〉实施细则》等。

目前,我国蓄滞洪区管理体制的基本架构是各级水行政主管部门与各级地方政府有关部门相互配合,按职责、分工行使相应的管理职能。水行政主管部门主要负责蓄滞洪工程设施、安全设置的建设和管理及防洪运用和补偿;蓄滞洪区的社会管理职能主要由政府其他相关部门承担。

现行蓄滞洪区管理模式主要有三种,即综合管理模式、专门管理模式和职能分管模式。综合管理模式指蓄滞洪区当地政府设有综合管理委员会,对蓄滞洪区的经济社会发展进行规划和管理,对工程设施和安全设施的建设进行协调和管理,如海河流域恩县洼蓄滞洪区成立了综合管理委员会。专门管理模式指当地政府设有专门的蓄滞洪区管理机构,对蓄滞洪区工程设施和安全设施进行专业管理,经济社会管理主要由当地政府其他职能部门负责,如长江流域荆江蓄滞洪区和洪湖蓄滞洪区设立了专门管理局。在职能分管模式下,当地政府不成立专门的管理机构,蓄滞洪区的各类管理职能分别由地方政府各职能部门、各级水行政主管部门及各级防汛机构承担。目前,绝大多数蓄滞洪区采取职能分管模式进行管理。

1.4.2 蓄滞洪区管理面临的挑战

蓄滞洪区是洪水高风险区。中国人口众多,对洪水高风险区的开发是不可回避的。经济发展一方面可能加重灾害威胁,另一方面又提高了防灾减灾抗灾的能力,因此蓄滞洪区管理面临着重重挑战,突出表现以下几个方面。

1. 蓄滞洪区功能单一

我国现有的除少数新开辟的蓄滞洪区,大多划定于1950～1970年,是根据当前的防洪形势,为满足防洪要求设置的。长期以来,我国对蓄滞洪区的定位缺乏调整,绝大多数的蓄滞洪区仅发挥了其单一的防洪功能,没有发挥其在提高洪水利用水平,生态环境保护,改善居民生产、生活条件等方面的功能。

随着我国社会经济的发展和江河防洪形势的变化,许多蓄滞洪区的地位和作用有了相应的改变,已不适应新形势的要求。流域防洪形势的变化,使流域整体防洪能力有了较大提高,部分蓄滞洪区运用概率大为降低,若仍将这些地区设定为蓄滞洪区,势必会制约当地社会经济的发展。另外,地区社会经济的发展对防洪减灾提出了更高的要求,为确保重点地区的防洪安全,提高重点地区的防洪标准,需开辟、设置一些新的蓄滞洪区。因此,需要按照新要求调整蓄滞洪区的布局、功能,统筹水库、湖泊、河道和蓄滞洪区在洪水安排中的关系,使蓄滞洪区布局更加科学,功能更加合理。

2. 政策法规有待健全完善

由于蓄滞洪区的特殊性,区内土地利用、经济发展、人口调控等风险管理均需要针对其特点建立相应的管理制度、制定特殊的政策进行调节。但目前对蓄滞洪区经济社会活动调节的各类法规政策体系还很不完善,缺乏对社会经济行为具有法律效力的具体规定,蓄滞洪区所在地各级政府缺少具体的配套法规和制度,部分已有的政策也存在操作困难的情况,不能起到有效调节各种经济社会活动的作用,达到减少和规避洪水风险的目的。

目前对蓄滞洪区具体范围的规定及其风险评估等工作尚未开展,不同类型蓄滞洪区土地利用的风险管理制度尚未建立,人口控制、土地开发、经济发展和生态环境保护等方面的无序发展严重。

3. 安全设施不足

蓄滞洪区内安全建设严重滞后,安全设施不足,区内大部分居民生命财产在分洪蓄水时尚未得到有效的保护,已有安全设施中大部分建设标准偏低,不能满足分洪时保障居民生命安全和减少财产损失的需要。

在规划的98处蓄滞洪区的分洪影响区内,大部分居民没有安全设施保护。一些传统的安全避险方式也已不适应当地社会经济发展的需要。安全台(庄台)、避水楼等避险方式,建设标准低、安置面积小,往往还需要实施二次转移或再救助。此外,蓄滞洪区内的应急避险设施严重不足,通信、预警设施数量非常少,撤退道路和临时避洪场所不足,组织疏散也很困难,不仅影响防洪决策,而且很可能错过最佳的分洪时机。

4. 社会管理薄弱

由于蓄滞洪区兼有防范洪水和日常用地的双重属性,对蓄滞洪区内社会活动的管理也有着更高的要求。管理任务有别于一般地区,既要对防洪工程进行管理,又要对区内社会活动实施有效管理。由于多年来对蓄滞洪区地位、作用认识不一,对蓄滞洪区建设与管理重视不够,蓄滞洪区社会管理工作十分薄弱。缺乏完善的管理体制,管理制度不健全,缺少相应的政策和具有法律效力的规定,缺乏强有力的政策手段,管理技术水平低。由于管理不到位,部分蓄滞洪区防洪功能与经济发展矛盾突出,存在盲目开发和建设现象,人口增长过快,造成蓄滞洪区启用难度不断加大。

蓄滞洪区的管理多为多部门联合管理,缺乏统一的管理机构。目前,仅有少数几个蓄滞洪区设有专门的管理机构,绝大多数蓄滞洪区还没有设置专管机构。多部门管理存在事权不明、责任不清的种种弊端,大部分蓄滞洪区都存在工程维护和社会管理资金不落实,管理不到位,缺乏管理手段,对区内的土地利用、社会经济发展、人口控制、环境保护、安全设施建设等难以实施有效管理的问题。

5. 社会保障体系不完善

2000 年国务院颁布的《蓄滞洪区运用补偿暂行办法》,仅对区内常住居民蓄滞洪损失给予一定程度的补偿,对区内水毁的公共设施如学校、医院、机关及基础设施没有相应的补偿规定。同时,蓄滞洪区财产登记与核查缺乏专业人员与专项经费,工作难开展。一旦分洪开始,由于制度不健全,基础情况不清,补偿工作中很容易出现瞒报、虚报和不实等现象。此外,由于缺乏有效的扶持政策和引导措施,蓄滞洪区内居民的民生问题没有得到妥善解决,分蓄洪水与经济社会发展的矛盾日益尖锐。

这些问题和矛盾,特别是长期困扰蓄滞洪区管理和运用的民生问题如果得不到及时解决,一旦发生流域性大洪水,将难以有效运用蓄滞洪区,导致流域防洪能力降低。同时,由于蓄滞洪区内人口众多,居民生活水平普遍较低,补偿救助等保障体系不完善,一旦分洪运用,可能影响社会稳定[①]。

因此,针对蓄滞洪区存在的问题和加强蓄滞洪区建设与管理的要求,迫切需要对蓄滞洪区的建设和管理做出全面系统的规划,统筹协调蓄水滞洪与区内人民生命财产安全和经济社会发展问题。

---

① 中华人民共和国水利部. 全国蓄滞洪区建设与管理规划,2009.

1.4.3 蓄滞洪区管理和建设目标

根据《全国蓄滞洪区建设与管理规划》,明确蓄滞洪区管理和建设的总体目标:

(1)发挥蓄滞洪区的除防洪外的多重功能,如提高洪水利用水平,保护生态环境,改善居民生产、生活条件等。根据流域防洪形势,合理优化蓄滞洪区布局,对不再满足防洪需要的蓄滞洪区及时取消,调整为其他土地利用形式。

(2)妥善处理蓄滞洪区有效分蓄洪水、保障生命安全、促进经济发展之间的矛盾。在保障流域整体防洪安全的同时,确保蓄滞洪区内居民生命财产的安全。根据蓄滞洪区特点,合理利用区内资源,改善民生状况,为促进区内经济社会可持续发展创造条件。

(3)加强蓄滞洪区安全设施建设,使蓄滞洪区内居民得到妥善安置。运用较为频繁的蓄滞洪区分蓄洪水时可基本不出现居民频繁、大范围的转移,安全条件和基本生活有保障;需要转移时能够做到有序、快捷、高效,实现"保安全、保稳定、转移快"。

(4)加强蓄滞洪区工程建设,实施有效的蓄滞洪区社会管理和公共服务,实现蓄滞洪区的科学管理和规范运用,使蓄滞洪区布局设置科学,功能定位合理,工程设施完备,安全设施齐全,运行管理规范,补偿扶持及时,经济发展协调,生态环境改善,社会和谐稳定,实现洪水"分得进、蓄得住、退得出"。

(5)按照改善民生和建设社会主义新农村的要求,改善蓄滞洪区内居民的生活和生产条件。根据蓄滞洪区特点,合理利用土地资源,引导调整产业结构,建立与蓄滞洪区洪水风险状况相适应的生产体系和经济社会体系,实现蓄滞洪区经济社会与防洪安全的良性发展,运用后不造成大的动荡和破坏,实现"少损失、易恢复、可致富"。

中期目标是要利用10年左右的时间,基本完成使用频繁、洪水风险较高、在流域防洪中作用突出的蓄滞洪区建设任务,确保能够适时适量运用,可及时有效地发挥其蓄滞洪水的功能;蓄滞洪区内重度风险的居民能够得到妥善安置,居民安全基本有保障,区内居民的生产生活条件得到改善;初步建立较为完善的蓄滞洪区管理体制、管理制度和运行机制,逐步实现从防洪管理向风险管理,从专业管理向社会综合管理与专业管理相结合的转变,改善区内居民状况,促进社会经济发展;使蓄滞洪区防洪安全和经济社会发展的矛盾得到缓解,使蓄滞洪区内的经济社会活动朝着良性方向发展。

远期目标是要用20年左右的时间,建成较为完备的蓄滞洪区防洪工程和安全设施体系,建立较为完善的蓄滞洪区管理体制、制度和运行机制。

1.5 蓄滞洪区信息化管理进展

蓄滞洪区为保护大局而做出了巨大的牺牲,在抗洪斗争中取得了明显的社会、经济效益,社会各界都应重视其在流域防洪中的作用,保护、建设、开发好蓄滞洪区,正确处理好全局与局部、防洪与兴利之间的关系[11]。利用信息技术对蓄滞洪区进行科学管理,才能充分发挥蓄滞洪区在防洪减灾中的作用,促进人与自然和谐相处。

1.5.1 信息化管理的意义

随着经济发展,蓄滞洪区人口数成倍增长,其防洪要求越来越高,分洪安全建设、蓄滞洪区群众安置等,都迫切需要进行科学的管理,为防洪决策提供较为方便的信息支持。蓄滞洪区信息化管理要深刻认识蓄滞洪区的战略地位,为蓄滞洪区的建设和可持续发展服务。

实际的洪水灾害评估是一个极其复杂的问题:众多的影响因子如蓄滞洪区的储水量、淹没面积、淹没水深和淹没历时等具有极大的时空变异特征;蓄滞洪区自然地理背景条件复杂使得数据综合管理困难;人口、经济密度分布状况复杂使得对其进行建模困难。

因此,必须利用多源信息手段和数据资料,对蓄滞洪区洪水的泛滥过程、自然特征的空间变化规律进行管理,最大限度减轻洪灾可能造成的损失,辅助防洪调度信息化建设和洪水资源利用决策。对蓄滞洪区进行信息化建设的意义主要体现在以下几个方面。

1. 信息化管理是实现蓄滞洪区信息共享的必要手段

应用互联网＋水利等信息化技术手段进行信息化管理,能消除不同流域、不同区域蓄滞洪区之间信息流通不畅、信息孤岛的问题,实现资源和信息的有效共享。借助蓄滞洪区的共享信息,便于蓄滞洪区各类信息如基础设施、人口数等的横向比较和统筹管理。

2. 信息化管理是保障区内人员生命财产安全的需要

当发生超额洪水时,蓄滞洪区居民安置问题是应摆在首要地位的问题。利用数据库、物联网等信息化技术手段可以对区内安全设施进行更好的记录和调动,利用移动通信技术可以对突发性洪水做出快速响应,并发出警示,辅助人员撤离和救援工作。

3. 信息化管理将优化蓄滞洪区内结构布局

由于蓄滞洪区地理背景的复杂性和特殊性,数据管理困难。利用信息管理技术,如高分辨率遥感技术对区内土地利用情况进行解译,利用数据库技术对人口密度数据进行数据入库,再利用互联网实现数据共享,能有效实现蓄滞洪区数据在各级管理部门的互联互通,加强蓄滞洪区管理,进一步优化区内结构布局。

4. 信息化管理是满足蓄滞洪区综合治理的需要

近年来,国家加大了对蓄滞洪区综合治理的力度,并在"建、管、养"三方面都取得了巨大进步。针对蓄滞洪区复杂的水环境和综合治理的需要,数据必须统一化、规范化、规模化、快速化和常态化,数据共享与信息服务数据更新应实时化、动态化。利用信息化管理技术可以实现对蓄滞洪区的储水量、淹没面积、淹没水深和淹没历时的监测,同时可以推动区域建设与流域经济的发展。

1.5.2 国内进展

我国自 20 世纪 80 年代中期开始借助信息化手段管理蓄滞洪区,并对一些蓄滞洪区、城镇、水库与流域进行洪水风险电子地图的绘制[12-15]。

1990 年以来,对蓄滞洪区的研究主要集中在对蓄滞洪水演进模型的演进和模拟方面。苏布达等运用德国 Geomer 公司研制的水动力模型 Floodarea 进行了荆江蓄滞洪区的洪水演进模拟,得到了洪水淹没的动态演示模型[16]。刘树坤等用二维不恒定模型模拟永定河中游的小清河蓄滞洪区洪水演进过程,比较精确地进行了模拟计算[17]。刘舒舒等提出了一种以相对独立区分块的蓄量演算模型,也取得了较为理想的模拟结果[18]。

随着遥感技术的发展,运用遥感技术的实时性和宏观性进行蓄滞洪区洪水监测和淹没范围的划定,成为一种及时有效的蓄滞洪区管理途径。

地理信息系统(geographic information system,GIS)是一个用于采集、存储处理、管理、分析、显示和应用地理空间信息的计算机系统,现已广泛地应用于城市规划、国土资源调查、环境监测、灾害预测分析等诸多领域。

国内专家学者对 GIS 在蓄滞洪区信息化管理方面也进行了一些探索和尝试。郭华等基于地理信息系统平台,系统整合了分蓄洪区基础地理数据、水利设施及安全建设等数据,构建了荆江蓄滞洪区信息演示系统[19]。李云等以淮河临淮岗洪水控制工程为例,对蓄滞洪区数据库建设、洪水演进数值模拟、洪水演进动态显示、洪水预报及洪水调度、经济损失评估等进行了研究[20]。丛沛桐等在 MIKE21 平台上建立了珠江流域北江下游滔江天然蓄滞洪区洪水淹没模型,进行了洪水淹没可视化表达和分析计算[21]。陈德清研究了基于遥感与地理信息系统的洪涝灾害监测评估技术方法[22]。陈秀万利用遥感和 GIS 技术对洪涝灾害的损失评估进行了初步的研究,利用遥感影像提取模型提取了受淹范围[23]。

李纪人等基于遥感与空间展布式社会经济数据库进行了洪涝灾害遥感监测评估,实现了对发生洪涝灾害的蓄滞洪区的灾中评估[24]。

GIS 与水文水力学模拟相结合逐步受到业界越来越多的重视,在水文水动力模型基础上,利用 GIS 强有力的空间分析和可视化功能,可以进行洪水演进的动态模拟和灾情评估。例如，何梓霖运用 GIS 和水动力模型相结合，制作了洞庭湖蓄滞洪区数字高程模型(digital elevation model，DEM)和洪水演进三维分析系统[25]。

我国洪涝灾害频发，蓄滞洪区是处理超额洪水的有力手段。由于蓄滞洪区的复杂性，其管理不易进行。国内外研究表明，只有借助信息化手段，才能减轻洪灾损失，实现蓄滞洪区的可持续发展。

1.5.3　国外进展

国外许多有大河流流经的国家，都存在洪水问题。在抵御洪水危害时，各国根据本国实际情况，制定了相应的防洪应急策略。蓄滞洪区作为一种工程防洪措施与非工程防洪措施相结合的手段，也成为各国防洪的重要策略。

北美最大的水系密西西比河，防洪工作经历了漫长的探索、实践，从最初的唯堤防论发展到今天的人水和谐发展政策。1927 年的大洪水，是这条河流防洪史上的重要拐点。严重的洪水威胁迫使美国陆军工兵部队在新奥尔良南部的防洪堤炸出一个 1500 ft[①] 的缺口进行泄洪，缓解新奥尔良其他防洪堤的压力。这次洪水促使美国政府启动密西西比河洪水控制计划。废除了唯堤防论的防洪政策，取而代之的是以"控制洪水"为目标的工程防洪策略，统筹建设堤防、水库、蓄滞洪区、分洪道及河道整治和水土保持设施等。美国在密西西比河下游设置了滞洪区和行洪区，处理超过河道泄洪能力的洪水，包括 New Madrid 蓄滞洪区，以及 West Atchafalaya、Morganza 和 Bonnet Carre 行洪区等。启用顺序为 Bonnet Carre 行洪区、Morganza 行洪区、New Madrid 蓄滞洪区、West Atchafalaya 行洪区。1973 年和 1993 年洪水期间，该蓄滞洪区均发挥了重大作用。

日本渡良濑滞洪区位于日本栃木县境内，历史上为沼泽湿地，于 1929 年日本政府治理渡良濑川时被设置为滞洪区。到 1960 年已有部分土地被围垦耕作，并有村落形成，周边有古河市、小山市、藤冈镇、北川边镇等城镇。沿河道两岸建有分洪堰，洪水超过堰顶，自然溢流入各子区。平时，经引水渠将渡良濑河水引入芦苇区净化，然后给人工湖供水，人工湖与芦苇区间设水泵，维持水循环，使水不断得到净化。人工湖深约 7 m，汛期将水深降至 3 m，以迎接可能发生的需要蓄滞的洪水。区内原有居民被渐次迁移到周边高地及开挖人工湖泊所填起的台地之上，基本免除了洪水的侵袭。人工湖泊之上设有若干浮岛，兼具净化水质、为鸟类提供栖息地、为鱼类提供产卵和生长场所的功效。人工湖泊建成后，渡良濑滞洪区旅游、观光人数逐年增加，滞洪区移民单靠旅游的收入就已远超原来从事农业生产的收入，使滞洪区得到良性发展。

莱茵河发源于阿尔卑斯山，流经瑞士、德国、法国和荷兰汇入北海，莱茵河全长 1320 km、流域面积 18.5×10^4 km²，是欧洲重要的水运航道，也是流域内工业、生活用水的重要水源。1993 年、1995 年两次洪水造成的经济损失估计达几十亿欧元。这两次洪灾使瑞士、德国、

---

① 1 ft＝0.3048 m。

法国和荷兰认识到防洪工作措施仍有不足。根据莱茵河国际管理保护委员会部长会议精神，莱茵河国际管理保护委员会提出并制订了莱茵河 2005 年、2020 年防洪工程计划。在防洪计划中，国土规划、自然保护、水利措施、农林措施并举，防洪减灾与自然环境兼顾。自然保护方面，提出恢复河流两岸滩地，维持或重新恢复流域土壤储水湿润带，进行河流回归自然的改造，降低河流洪峰流量。莱茵河三个不同支流都有滞洪区，具体的水文功能各有不同，使用频率也不同。

世界各国在洪水灾害面前通过不断调整防洪策略，逐渐降低了洪水灾害损失，建立了疏堵结合的人水和谐的观念。蓄滞洪区在防洪功能中的作用日益提升，它作为工程措施与非工程措施相结合的产物在抵御洪水侵害中发挥了重要作用。

参 考 文 献

[1] 刘国纬.论防洪减灾非工程措施的定义与分类[J].水科学进展,2003,14(1):98-103.

[2] 河北省地方志纂委员会.河北省志[M].石家庄:河北科学技术出版社,1993.

[3] 林晖,陈春园.海河流域多条河流发生洪水[EB/OL].(2016-07-20)[2016-07-20].http://news.xinhuanet.com/politics/2016/07/20/c 1291 63963.htm.

[4] 崔宗培.中国水利百科全书[M].北京:水利电力出版社,1991.

[5] 刘德润.中国农业百科全书:水利卷[M].北京:农业出版社,1987.

[6] 蔡文清.中科院研究数据确定珠江为我国第二大河流[EB/OL].(2012-02-22)[2012-02-23].http://tech.qq.com/a/20120224/000188.htm.

[7] 张建.黄河流域洪水资源利用水平及潜力分析[D].北京:清华大学,2009.

[8] 王薇,李传奇.蓄滞洪区的功能、价值与多目标利用[J].水利发展研究,2004,4(9):26-28.

[9] 徐乾清.水利百科全书[M].北京:中国水利水电出版社,2006.

[10] 王晓宁.蓄滞洪区运用对当地社会经济发展影响分析[D].北京:北京工业大学,2007.

[11] 王章立.浅谈蓄滞洪区在防洪减灾中的作用[J].水利管理技术,1998,4(18):13-16.

[12] 刘树坤,周魁一,富曾慈,等.全民防洪减灾手册[M].沈阳:辽宁人民出版社,1993.

[13] 周毅.编制城镇洪水风险图减轻洪水灾害损失[J].防汛与抗旱,1996(2):3-10.

[14] 张硕辅,薛光达,曾务书.湖南省洪水风险分析防洪风险图编制及其应用[J].湖南水利水电,2001(1):22-24.

[15] 赵咸榕.黄河流域洪水风险图的分析与制作[J].人民黄河,1998,20(7):4-6.

[16] 苏布达,姜彤,郭业友,等.基于GIS栅格数据的洪水风险动态模拟模型及其应用[J].河海大学学报(自然科学版),2005,33(4):370-374.

[17] 刘树坤,李小佩,李士功,等.小清河分洪区洪水演进的数值模拟水科学进展[J].水科学进展,1991,2(3):188-193.

[18] 刘舒舒,文康.泛区洪水演进的一种简单方法[J].水科学进展,1992,3(1):53-58.

[19] 郭华,苏布达,原峰,等.荆江分蓄洪区防洪基础信息演示系统的构建和运行[J].长江流域资源与环境,2005,14(5):655-659.

[20] 李云,范子武,吴时强,等.大型行蓄洪区洪水演进数值模拟与三维可视化技术[J].水利学报,2005,

36(10):1158-1164.

[21] 丛沛桐,王志刚,汪圻,等.GIS 技术在洪水淹没分析中的应用[J].东北水利水电,2006,24(1):33-34.

[22] 陈德清.基于遥感与地理信息系统技术的洪涝灾害评估方法及其应用研究汇[D].北京:中国科学院大学,1999.

[23] 陈秀万.洪涝灾害损失评估系统:遥感与 GIS 技术应用研究[M].北京:中国水利水电出版社,1999.

[24] 李纪人,黄诗峰."3S"技术水利应用指南[M].北京:中国水利水电出版社,2003.

[25] 何梓霖.洞庭湖区蓄洪垸分洪洪水演进模拟研究:以澧南垸为例[D].长沙:湖南师范大学,2008.

第2章
蓄滞洪区信息化管理新技术新方法

2.1 遥感技术

2.1.1 遥感概念

1. 广义的遥感

遥感一词来自英语 remote sensing，即"遥远的感知"。广义理解，泛指一切无接触的远距离探测，包括对电磁场、力场、机械波（声波、地震波）等的探测。实际工作中，重力、磁力、声波、地震波等的探测被划为物探（物理探测）的范畴，只有电磁波探测属于遥感的范畴。

2. 狭义的遥感

在狭义上理解遥感技术为应用探测仪器，不与探测目标相接触，在远处把目标的电磁波特性记录下来，通过分析揭示出物体的特征性质及其变化的综合性探测技术。从现代技术层面来看，遥感是运用现代化的运载工具和传感器，远距离获取目标物体的电磁波特性，通过该信息的传输、储存、修正、识别目标物体，最终实现定时、定位、定性、定量等功能的技术。

在空间信息领域，遥感技术是在远离地面的不同工作平台上，如高塔、气球、飞机、火箭、人造地球卫星、宇宙飞船和航天飞机等，在不接触目标物体条件下通过传感器对地球表面的电磁波辐射信息进行探测，获取其反射、辐射或散射的电磁波信息，并对信息进行传输、处理和判读分析，实现对地球的资源与环境进行探测与监测目的的技术。遥感技术从远距离采用高空鸟瞰的形式进行探测，包括多点位、多谱段、多时段、多高度的遥感影像及多次增强的遥感信息，能提供综合系统性、瞬时或同步性的连续区域性同步信息，在地球空间科学领域的应用方面具有很大优越性。

2.1.2 遥感分类

根据遥感信息采集及处理原理的差异，专业技术人员从不同的角度对其作如下分类。

1. 按搭载传感器的遥感平台分类

（1）地面遥感，即把传感器设置在地面平台上，如车载、船载、手提、固定或活动高架平台等。

（2）航空遥感，即把传感器设置在航空器上，如气球、航模、飞机及其他航空器等。

（3）航天遥感，即把传感器设置在航天器上，如人造卫星、宇宙飞船、空间实验室等。

2. 按遥感探测的工作方式分类

（1）主动式遥感，即由传感器主动地向被探测的目标物发射一定波长的电磁波，然后接收并记录从目标物反射回来的电磁波。

（2）被动式遥感，即传感器不向被探测的目标物发射电磁波，而是直接接收并记录目标物反射太阳辐射或目标物自身发射的电磁波。

3. 按遥感探测的工作波段分类

（1）紫外遥感，其探测波段在 $0.30\sim0.38~\mu m$。

（2）可见光遥感，其探测波段在 $0.38\sim0.76~\mu m$。

（3）红外遥感，其探测波段在 $0.76\sim1000~\mu m$；

（4）微波遥感，其探测波段在 $0.001\sim1.000~m$；

（5）多光谱遥感，其探测波段在可见光与红外波段范围之内。

2.1.3 高光谱遥感

经过几十年的发展，无论在遥感平台、遥感传感器，还是遥感信息处理、遥感应用等方面，都获得了飞速的发展。目前，遥感正进入一个以高光谱遥感技术、微波遥感技术为主的时代。

高光谱遥感技术集探测器技术、精密光学机械、微弱信号检测、计算机技术、信息处理技术于一体，已成为当前遥感领域的前沿技术[1]，并广泛深入地应用于蓄滞洪区信息化管理领域。本节阐述高光谱遥感技术的发展及应用概况。

1. 高光谱遥感的概念

高光谱遥感指利用很多很窄的电磁波波段（波段通常<10nm）从感兴趣的物体获取有关数据；与之相对的则是传统的宽光谱遥感，波段通常>100 nm，且波段并不连续[2]。

高光谱图像是由成像光谱仪获取的，成像光谱仪为每个像元提供数十至数百个窄波段光谱信息，产生一条完整而连续的光谱曲线。它使本来在宽波段遥感中不可探测的物质，在高光谱中能被探测。

2. 高光谱遥感特点

同传统遥感相比，高光谱遥感具有以下特点。

（1）波段多。成像光谱仪在可见光和近红外光谱区内有数十甚至数百个波段。

（2）光谱分辨率高。成像光谱仪采样的间隔小，一般为10nm左右。精细的光谱分辨率反映了地物光谱的细微特征。

（3）数据量大。随着波段数的增加，数据量呈指数增加。

（4）信息冗余增加。由于相邻波段的相关性高，信息冗余度增加。

（5）可提供空间域信息和光谱域信息，即"图谱合一"，并且由成像光谱仪得到的光谱曲线可以与地面实测的同类地物光谱曲线相类比。

3. 高光谱数据处理技术

高光谱遥感波段数众多，致使其数据量也呈指数增加，科研人员通过大量的科研实践，发展了新的数据处理方法来利用成像光谱数据做定量分析。

1）基于纯像元的分析方法

（1）基于光谱特征的分析方法。基于光谱特征的分析方法主要从地物光谱特征出发，表征地物的特征光谱区间和参数。高光谱遥感中的吸收谱线较传统的遥感更为细化和连续，一些在传统遥感的光谱曲线中不可分的特征变得显著起来。这一方法可以通过对比分析地面实测的地物光谱曲线来区分地物。"光谱匹配"是利用成像光谱仪探测数据进行地物分析的主要方法之一。

（2）基于统计模型的分类方法。基于统计模型的分类方法主要是对高光谱数据样本的总体特征进行统计分析。对样本采样点统计分布特征的分析可以帮助识别不同的目标物。按照距离来度量模式相似性的几何分类法和基于 Bayes 准则的最大似然法是统计模式识别的两种基本方法。

2）基于混合像元的分析方法

由于传感器空间分辨率的限制及地物的复杂多样性，遥感影像中的像元大多数都是几种地物的混合体，而它的光谱特征也就成了几种地物光谱特征的混合体。将该像元作为一种地物分析，势必会带来分类误差，不能真实地反映地面情况。概括起来，混合模型有线性光谱混合模型、非线性光谱混合模型和模糊模型三种。线性光谱混合模型假定混合像元的反射率为它的端元组分的反射率的线性组合，这种模型较为简单，因而也是目前使用最广泛的一种模型。

4. 高光谱典型应用

1）植被检测应用

高光谱遥感在植被检测中具有极高的光谱分辨率，通过对来源不同的植被高光谱遥感数据采取相应的技术处理后，可将其用于植被参数估算与分析，对蓄滞洪区植被长势进行监测分析。

目前比较常用的技术方法有以下几种。

（1）植物的"红边"效应。"红边"是位于红光低谷及红光过渡到近红外区域的拐点，通过其位置和斜率的特征来体现，是植物光谱曲线最典型的特征，能很好地描述植物的健康及色素状态。当绿色植物叶绿素含量高、生长活力旺盛时，"红边"会向红外方向偏移，当植物患病时叶绿素减少,"红边"会向蓝光方向移动。植物缺水等原因造成叶片枯黄,"红边"会向近红外方向移动。当植物覆盖度增大时,"红边"的斜率会变陡。

（2）植被指数。植被指数是利用遥感光谱数据监测地面植物的生长和分布,定性、定量评估植被的一种有效方法。根据不同的研究目的,人们已经提出了几十种植被指数,如归一化植被指数 NDVI、比值植被指数 RVI、土壤调整植被指数 SAVI 等。目前,植被指数已被广泛用来定性和定量评价植被覆盖及其生长状况。

2）大气环境应用

大气中的分子和粒子成分在太阳反射光谱中有强烈反应,这些成分包括水汽、二氧化碳、氧气、臭氧、云和气溶胶等。传统宽波段遥感方法无法识别出由于大气成分的变化而引起的光谱差异,而波段很窄的高光谱则能够识别出这种光谱差异。此外,高光谱遥感可以对人们周围的生态环境情况做出定量的分析。利用高光谱技术可以探测到污染地区的化学物质异样,从而确定污染区域及污染原因。高光谱图像也可用来探测危险环境因素,如精确识别危险废矿物、编制特殊蚀变矿物分布图、评价野火的危险等级、识别和探测燃烧区域等。

2.1.4　微波遥感

微波遥感技术在我国起步于 20 世纪 70 年代,比其他波段研究时间短,但是近 50 年里,在国家的多个科技攻关中,微波遥感技术一直是重要研究项目[3]。微波遥感技术经过若干阶段航天技术、电子技术和信息技术的发展及对相关理论的研究,取得了迅速的发展,已经形成了较为完整的技术和理论体系。

微波遥感是遥感的一种,微波遥感应用波段波长范围为 1～1000 mm。由于波长比较长,微波遥感不受或很少受云层、雨雾的影响,而且也不受太阳辐射的影响,可全天时全天候地获取影像和数据。同时微波又具有一定的穿透能力,能获得较深层的信息。

经过近 50 年的发展,我国的微波遥感事业在理论基础、技术实现和工程的层面上已形成实用而且可持续发展的技术、科学与应用体系。1975 年召开的全国遥感规划通县会议拟定了我国遥感发展规划,其中微波遥感发展规划指导着我国微波遥感的发展。其后,我国将微波遥感作为重点项目,进行科技攻关,进行了遥感器的基本研制和基础及若干应用的研究。随着我国进入航天遥感阶段,星载遥感设备和遥感器得以研制,2000 年 12 月 30 日在神舟四号飞船上首次飞行了我国的多模态微波遥感器,成功突破了我国航天微波遥感零的纪录[4]。目前我国多个型号卫星都载有微波遥感器,如遥感系列卫星、风云二号 G 星(FY-2G)、风云三号(FY-3)、高分二号、海洋二号(HY-2)。

微波遥感有着可见光、红外遥感无法比拟的特点,在其自身独特的优越性和相关技术迅速发展的情况下,被广泛用于研究人类活动对全球影响,保卫国家安全和探测非常事件,其应用包括海洋、冰雪、大气、洪水监测等方面。

在蓄滞洪区洪水灾害监测中,微波遥感技术为洪水灾害监测提供有力的技术支撑。丁志雄等提出了基于实时水文信息、基础背景数据库及多时相遥感影像对比等,对洪水汛情进行遥感监测分析的方法,并在 2003 年淮河大洪水中得以应用,对整个流域洪水的汛情状况及其发展变化趋势有了比较准确、全面的掌握,起到了防洪减灾的作用[5]。孙涛等研究了多极化数据 Envisat ASAR 在洪水监测中的应用,并成功应用于 2005 年广西特大洪涝灾害中[6]。

2.2 地理信息系统

2.2.1 地理信息系统概述

地理信息系统(GIS)以计算机及其附属设备硬件为载体,以计算机技术、信息技术为依托,以地球大气层以下部分或整体为工作对象,通过对地区地理信息数据采集、整理、分析、储存和处理、显示等功能为人类开展工农业生产、医疗卫生、科学研究、军事国防、救援抢险等各类社会活动提供信息支持,是人类制定活动方案、进行决策的基础保障。简单而言,地理信息系统是以采集、存储、管理、分析、描述和应用整个或部分地球表面(包括大气层在内)与空间地理分布有关的数据信息的计算机系统[7]。它由硬件、软件、数据和用户有机结合而成。它的主要功能是实现地理空间数据的采集、编辑、管理、分析、统计与制图等,功能丰富,适用性强,具有极高的应用范围,是地理空间分析中不可或缺的重要工具,它是传统地理信息管理和现代化信息技术相结合而形成的产物,在国计民生各个领域发挥着举足轻重的作用。

GIS 是现代计算机技术与传统地球科学巧妙结合的产物[8]。20 世纪 60 年代 GIS 始于加拿大与美国,其后各国相继投入了大量的研究工作。自 80 年代末以来,特别是随着计算机技术的迅速发展,地理信息的处理、分析手段日趋先进,GIS 技术日臻成熟,已广泛地应用于城市规划、市政管理、政府管理、环境、资源、交通、公安、灾害预测、经济咨询、投资评价和军事等与地理信息相关的几乎所有领域。

从 GIS 技术体系的发展历程来看,计算机技术的发展起到了至关重要的作用。GIS 技术的发展经历了从单机版的 GIS 应用到网络版的 GIS 应用,从数据管理与制图到空间决策支持,从面向少数群体的专业应用到面向社会的普通个人用户等阶段。近年来,随着云计算概念的提出及技术的逐步发展,在海量数据处理、大规模计算、对用户透明、按需服务、减少系统设备投入和维护等方面展现出无与伦比的优势。云计算正在成为一种通用型计算技术,正在改变 GIS 的传统方法和模式,它使用户在云中随时获取所需的各种 GIS 资源,并且这种资源是可以计量和灵活扩展的。

2.2.2 地理信息系统技术

GIS 区别于普通的管理信息系统(management information system,MIS),具有表达时空特性的特点。MIS 是由人、计算机及其他外围设备等组成的能进行信息的收集、传递、处理及分析的管理系统,而 GIS 是解决空间问题的工具、方法和技术,它能对管理对象的时空特性进行唯一清晰表达。基于这一特性,GIS 在蓄滞洪区信息化管理应用中能发挥独特作用,为管理层提供专业的空间分析成果。

从功能上分析,GIS 能够进行空间数据的获取、存储、显示、编辑、处理、分析、输出和应用;从系统学的角度,GIS 具有一定的结构和功能,是一个完整的系统。简而言之,GIS 是一个基于数据库管理系统的分析和管理空间对象的信息系统。

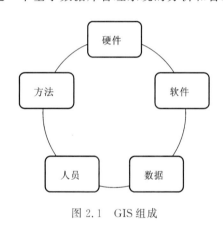

图 2.1　GIS组成

从应用的角度,GIS 由硬件、软件、数据、人员和方法五部分组成(图 2.1)。硬件和数据是 GIS 的重要内容,方法为 GIS 建设提供解决方案。硬件主要包括计算机和网络设备,存储设备,数据输入、显示和输出的外围设备等。软件主要包括操作系统软件、数据库管理软件、系统开发软件、GIS 软件。数据组织和处理是 GIS 应用系统中的关键环节。方法指系统需要采用何种技术路线,采用何种解决方案来实现系统目标。方法的采用直接影响系统性能,影响系统的可用性和可维护性。人是 GIS 的能动部分。人员的技术水平和组织管理能力是决定系统建设成败的重要因素。系统人员按不同分工分为项目经理、项目开发人员、项目数据人员、系统文档撰写和系统测试人员等。

下面将对 GIS 的主要技术原理方法进行阐述。

1. 数据组织

蓄滞洪区数据库建立在数据组织方法上,可以分为分幅组织、分区域组织、分要素组织和混合组织。

1) 分幅组织

分幅组织根据空间位置将地理空间划分为不同的图幅,一般是按照一定的间隔(如经纬度、格网等)水平地将地理空间划分为很多个图幅。根据分幅方法,给图幅赋予一个唯一的编号并使之有一定的规则。分幅编号的最基本方法是行列号,即根据分幅的地理范围,将分幅的行号和列号组成一个号码,保证其唯一性,并在文件存储时用此编号对文件或文件夹进行命名。这种方法对于以文件形式存储数据的 GIS 非常重要,并获得了广泛的应用,这是因为在文件方式下,GIS 对数据的管理是以文件为单位的,即系统处理数据时,将整幅图形数据调入内存进行处理。利用分幅,可以将数据量大的空间数据分为若干个小的数据,便于处理。

2)分区域组织

分区域组织往往是根据一定范围(如行政区、测区、河段)将整个数据建库区域划分成若干个小区域,在小区域内组织数据。这种方法与分幅组织有一定的相同之处,两者都是在水平方向上对建库区域进行划分。但是其范围比图幅方式大,能够保证地物在该区域内的完整性,只是数据更新比较麻烦。

3)分要素组织

分要素组织需要兼顾各种地理要素的不同空间和属性特征,如将地理空间划分为房屋、道路、水系、构筑物、植被等类别,并根据研究的需要,将其抽象为 GIS 中的点、线和面等数据类型,分别存储在不同的数据层中,并建立相应的地物属性。这种数据组织方法具有简单、明确的特点。这种数据组织方法非常适合采用数据库进行空间数据管理。因为数据库具有海量数据存储的优点,将每个要素层存储在数据库中时,要素层转换为数据库中的一个数据表,每个空间要素则转换为数据库中的一条记录。在应用系统开发时,可根据需要,叠加显示相应的要素层,同时空间数据库管理系统能够根据应用系统的显示范围提取相应的数据,提高系统的显示速度。

4)混合组织

分幅组织和分区域组织的方法都是在水平方向上将研究区域划分成不同的块,再进行数据组织,而分要素组织方法是在垂直方向上对地理空间进行划分。在实际空间数据基础设施数据库建设过程中,以上几种数据组织方法混合使用,可充分发挥各种数据组织方法的优势。

2. 金字塔模型

栅格数据是将空间分割成有规律的网格,每一个网格称为一个单元,并在各单元上赋予相应的属性值来表示实体的一种数据形式。每一个单元(像素)的位置由它的行列号定义,所表示的实体位置隐含在栅格行列位置中。数据组织中的每个数据表示地物或现象的非几何属性或指向其属性的指针。

不同分辨率的 DEM 及其与数字正射影像(digital orthophoto map,DOM)的融合,将使用户得到一个宏观的地形景观体验。低分辨率卫星影像被用于描述大范围的宏观地形特征,而高分辨率航空影像则用于描述局部地区的详细景观特征。为了满足视点高度变化对不同细节层次数据快速浏览的需要,一般在物理上要建立金字塔层次结构的多分辨率数据库。而不同分辨率的数据库之间可以自适应地进行数据调度。金字塔结构是分层组织海量栅格数据行之有效的方式,不同层的数据具有不同的分辨率、数据量和地形描述的细节程度,分别用于不同细节层次的地形表示,如图2.2所示。这样,既可以在瞬时一览全貌,也可以迅速看到局部地方的微小细节。

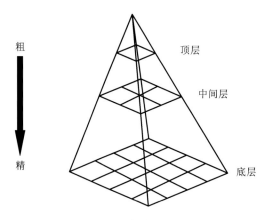

图 2.2　金字塔层次结构

典型的基于格网索引方式的栅格数据分区组织方法如图2.2所示。对同一细节层次的数据按照"片-块-行列"方式进行分区组织。一个细节层次的数据区域被划分为若干片连续的均匀的数据子区域,片是整个区域数据的逻辑分区并作为空间索引的基础,每一个片包含若干数量的块。片与块是基本的数据存储与访问单元,块也是图形绘制的基本单元。一个片中的所有块在存储时依次排列,相邻块在相邻边上的数据相互重叠。每个块包含若干行列的最基本栅格单元,如一个影像像元和DEM网格。基于上述这种分层分区组织方式,根据细节程度要求和(X,Y)位置便可以快速定位数据库中任意层次任意位置的栅格数据。

3. 空间查询分析

空间分析是对于地理空间现象的定量研究,其常规能力是操纵空间数据使之成为不同的形式,并且提取其潜在的信息。空间分析是GIS的核心。空间分析能力,尤其是对空间隐含信息的提取和传输能力,是地理信息系统区别于一般信息系统的主要方面。

空间分析主要通过空间数据和空间模型的联合分析来挖掘空间目标的潜在信息,这些空间目标的基本信息包括:空间位置、分布、形态、距离、方位、拓扑关系等,其中距离、方位、拓扑关系组成了空间目标的空间关系,它是地理实体之间的空间特性,可以作为数据组织、查询、分析和推理的基础。通过将地理空间目标划分为点、线、面不同的类型,可以获得这些不同类型目标的形态结构。将空间目标的空间数据和属性数据结合起来,可以进行许多特定任务的空间计算与分析。

4. 叠加分析

GIS 以分层组织方式实现完整的地区地理景观表达,即将地理景观按主题分层存储。GIS 的叠加分析是将有关主题层组成的数据层面进行叠加,产生一个新数据层面的操作,其结果综合了原来两层或多层要素所具有的属性。叠加分析不仅包含空间关系的比较,还包含属性关系的比较。叠加分析可以分为视觉信息叠加、点与多边形叠加、线与多边形叠加、多边形叠加、栅格图层叠加。

5. 缓冲区分析

缓冲区分析是针对点、线、面等地理实体,自动在其周围建立的一定宽度范围的缓冲区多边形。邻近度描述了地理空间中两个地物距离相近的程度,其确定是空间分析的一个重要手段。交通沿线或河流沿线的地物有其独特的重要性,公共设施的服务半径,大型水库建设引起的搬迁,铁路、公路及航运河道对其所穿过区域经济发展的重要性等,均是邻近度问题。缓冲区分析是解决邻近度问题的空间分析工具之一。

6. 网络分析

GIS 中网络分析功能是对地理网络(如交通网络)、城市基础设施网络(如各种网线、电力线、电话线、供排水管线等)进行地理分析和模型化。网络分析是运筹学模型中的一个基本模型,它的根本目的是研究、筹划如何安排一项网络工程,使其运行效果最好,如蓄滞洪区防洪物资的最佳分配、快速转移路线最优化设计等。网络分析包括路径分析(寻求最佳路径)、地址匹配(实质是对地理位置的查询)和资源分配。

7. 地形分析

数字地形分析是在 DEM 上进行地形属性计算和特征提取的数字信息处理技术[9]。它是对 DEM 应用范围的拓展和延伸,除包括 DEM 的基本应用内容,如点高程内插、等高线追踪、地形曲面拟合、剖面计算、面(体)积计算、坡度坡向分析、可视区域分析、流域网络与地形特征等提取外,还包括在土壤、水文、环境、地质灾害等地学领域广泛应用的复合地形属性,如地形湿度指数、水流强度指数及太阳辐射指数等。

DEM 地形分析方法分为坡面地形因子提取、特征地形要素提取、地形统计分析及基于 DEM 的地学模型分析四个方面[10]。

坡面地形因子是为有效研究与表达地貌形态特征所设定的具有一定意义的参数与指标。DEM 作为地形的数字化表达,为坡面地形因子研究提供了良好的数据源。坡面地形因子的提取也是一个复杂的过程,最常见的坡度因子,主要提取算法就有二阶差分、三阶不带权差分、三阶反距离平方权差分、三阶反距离权差分、简单差分、Frame 差分等。

特征地形要素,主要指地形在地表的空间分布特征具有控制作用的点、线或面状要素,包括地形特征点、山脊线、山谷线、沟沿线、水系、流域等方面的内容。水系和沟谷网络是重要的地形特征线,基于 DEM 的水系及流域提取能达到较好的效果,特征要素提取被广泛应用于蓄滞洪区信息化分析过程中。

地形统计分析是指应用统计方法对描述地形特征的各种可量化的因子或参数进行相关、回归、趋势面、聚类等统计分析,找出各因子或参数的变化规律和内在联系,并选择合适的因子或参数建立地学模型,从更深层次探讨地形演化及其空间变异规律。

DEM 分析是以 DEM 为对象的模型构建。利用 DEM 所具有的高程和位置信息可直接建模,包括 DEM 工程土方计算、水库库容计算及洪水淹没分析等主要利用 DEM 的高程信息进行的建模。

2.2.3　地理信息系统应用

GIS 因具有较强的专业性和学科综合性,被广泛应用于洪水淹没分析、洪水演进等水灾害研究分析中,为蓄滞洪区洪涝灾害防治工作提供了决策支持依据。GIS 为蓄滞洪区信息化管理赋予了更多的功能,在环境制图、专题分析、统计分析表现、空间等值分析、模拟结果表现、信息查询等方面均有突出表现,使人们对蓄滞洪区的地理情况有着一个较为全面和清晰的认识,从而令决策制定变得更加准确。

当前,GIS 被广泛应用于洪水风险图的绘制。洪水风险图绘制是防洪减灾工程措施中的一种重要方法,不但可以有效地减轻洪水带来的灾害损失,而且可以为及时掌握洪水灾情提供预测。运用 GIS 反演技术,可以建立水力学洪水演进模型进行洪水风险分析,对蓄滞洪区进行危险程度分区,并计算不同运用情况下的洪水淹没范围。渲染后的图层经过叠加获得的蓄滞洪区洪水风险图,将为各级水利防汛指挥机构的抗洪抢险救灾行动提供决策依据,也为合理地制定和实施蓄滞洪区长效管理机制提供科学依据。运用 GIS 的空间数据分析和制图等基本功能,以 DEM、行政区划图、防洪工程分布图、地形图等矢量图为底图,通过水文、水力学法等方法对洪水分析的成果进行危险程度分区,可绘制不同运用情况下的洪水淹没范围。不同类型的洪水风险图层,按照颜色区别,将渲染后的图层与其他空间数据图层进行叠加,得到最终的数字化蓄滞洪区洪水风险图。

2.3　空天地一体化观测

2.3.1　概述

空天地一体化观测指利用多种手段从不同的层面对区域进行观测。空天地一体化观测具有大范围、动态、全天候、全天时等优势。一体化观测平台包括航天卫星、空中无人机、地面无人测量船、移动测量车等。通过对不同位置、不同时相、不同精度的信息采集,利用协同观测、多传感网数据同化与信息融合、数据解译与信息服务等关键技术,拓展观测的时空连续性和精度,为蓄滞洪区信息化管理与保护提供强有力的科技支撑,构造无缝衔接的立体观测体系。

空天地一体化观测网络是对地观测领域的科学前沿,其概念产生于空间信息领域。2003年,美国、中国和欧盟等50多个国家和组织发起讨论,通过了一体化的"全球对地观测集成系统十年行动计划",旨在建立一个分布式的一体化全球对地观测的多系统集成系统,形成空天地传感器一体化组网,联合应对社会可持续发展的重大问题。

《中国计算机科学技术发展报告(2015)》通过对国际现状的调研与分析,并结合中国的实际情况,对空天地一体化网络做了如下定义:

空天地一体化网络是以地面网络为基础,以空间网络为延伸,覆盖太空、空中、陆地、海洋等自然空间,为天基、空基、陆基、海基等各类用户的活动提供信息保障的基础设施。

空天地一体化网络是利用互联网技术实现互联网、移动通信网络、空间网络的互联互通,将三种网络业务承载方式打通,采用通用平台承载实现各类信息覆盖的网络系统。空天地一体化网络不仅符合未来技术发展的趋势,也是中国重大战略需求。

空天地一体化对地观测传感网是对地观测的物联网,是一体化全球对地观测集成系统(global earth observation system of systems,GEOSS)的核心,它具有全面的事件感知能力、强大的协同观测能力、高效的数据处理能力和智能的决策支持能力,具有以下三大内涵。

(1)它是集成化的协同感知网。对地观测传感网将各种传感器资源组成对地观测传感网,形成一个自组织的动态协同观测系统,每个传感器节点都具有独立的事件感知和观测能力,可以动态地整合成为一个整体,形成全局观测系统。

(2)它是网络化的服务网。根据面向服务的构架和Web服务环境,传感网可以定义为一组遵循特定传感器行为和接口规范的互操作的Web服务。任何包含算法或仿真模型的Web服务都可以成为传感网里的一个传感器,只要这个Web服务遵循了标准规范接口和操作,就可以称为虚拟传感器。并且从这个定义角度出发,可以根据遵循的规范来划分不同的传感网。

(3)它是可互操作的模型网。对地观测传感网可以认为是沟通异构传感器系统、模型与仿真和决策支持系统之间的桥梁,它能提供传感器、观测和模型的标准化描述,为多粒度、不对称、高动态复杂网络环境下多用户任务和可变传感器资源提供一致性理解,为综合定量应用模型的建立与精化、应用模型驱动与优化观测奠定基础。

空天地一体化观测技术可以更加充分合理地利用观测资源,满足日益多样的观测需求,使人们能够透明、高效、可定制地使用观测资源,从而真正实现网络环境下多传感器资源的动态管理、事件智能感知、多平台系统耦合和空间信息实时服务。

2.3.2　无人机倾斜摄影测量

倾斜摄影技术是测绘领域近年来发展起来的一项高新技术,可通过在同一飞行平台搭载多台传感器,从1个垂直、4个倾斜5个角度同步曝光采集影像,获取真实地物信息,并采用街景工厂后处理软件构建实景三维模型,应用于智慧城市的三维建设(图2.3)。无人机系统低空数码系统具有高机动性、小型化、作业方便、快捷、数据采集成本低等优点,能够快速获取高分辨率影像,已经被广泛应用于测绘行业中的大比例尺地形测图中,完全能够满足蓄滞洪区监控的需求。随着该技术的发展,人们对实景三维模型的分辨率、材质颜色、清晰度提出了更高的要求,这就促使飞行载具高度不断降低,期间催生出动力三角翼、多旋翼无人机等多种中低空倾斜摄影数据采集方案。在《国家地理信息产业发展规划(2014~2020年)》中,明确提出:重点发展低空和无人机航空遥感数据服务,加强高安全度低空遥感平台的产品化和产业化推广。

(a) (b)

图2.3 无人机航拍施工图

无人机作业时受天气影响小,六级风以下均可正常飞行;飞行高度低于云层时,不受云高影响;对空中能见度要求较低。本书采用无人机搭载多角度摄像机采集试验区域的地面影像,并通过影像建模软件Smart3D合成试验区域的三维模型。该方法耗时短,机动灵活,可以在几个工作日内完成试验区域的三维快速建模工作,为蓄滞洪区信息化平台构建提供了显示技术支撑。

倾斜摄影测量技术的数据获取由飞行平台搭载4个倾斜摄影相机和1个垂直摄影相机,结合GPS接收机、高精度IMU来完成。摄影相机用来获取一组正射前后左右4个方向的相片,GPS和IMU分别提供位置和坐标信息。在数据后处理中,通常采用空中三角测量方法来为每张相片提供精确的位置姿态信息。

倾斜摄影获取的倾斜影像经过影像加工处理,通过专用测绘软件可以生产倾斜摄影模型,模型有两种成果数据:单体化的模型数据及非单体化的模型数据。

单体化的模型成果数据,利用倾斜影像的丰富可视细节,结合现有的三维线框模型或者其他无纹理模型,通过纹理映射,生产三维模型。这种工艺流程生产的模型数据是对象化的模型,单独建筑物可以删除、修改及替换,其纹理也可以修改。

非单体化的模型成果数据,采用全自动化的生产方式生产模型,模型生产周期短,成本低。获取倾斜影像后,经过匀光匀色等步骤,通过专业的自动化建模软件生产三维模型。这种工艺流程一般会经过多视角影像的几何校正、联合平差等处理流程,可运算生成基于影像的超高密度点云,用点云构建 TIN 模型,并以此生成基于影像纹理的高分辨率倾斜摄影三维模型。

2.3.3 无人船水下地形测量

现代水下地形测量是利用自动化仪器设备同步采集坐标点和水深,实现坐标点和水深数据自动存储的技术,是一种全自动化的水下地形数据采集技术,具有自动化程度高、测量精确等特点。

随着经济快速发展,快速获取高精度的水下地形数据对于蓄滞洪区信息化管理及生态环境资源调查等方面都有着重要意义。采用先进的水下地形测量方式,可大大提高水下地形测量的工作效率和精度。

灵活轻便的测量船一直是水下测量工作中的重要设备。尤其是困难水域,常给依托母船,人工参与的水下地形测量方式带来巨大困难。实时、无人、自动测量是现代水下地形测量的一个发展趋势。其中无人船是一种多用途的观测平台,可搭载多种水下测量传感器用于相关测量,成为水体测绘的一种重要技术手段。

无人船水下地形测量系统以无人船为载体,集成 GNSS 系统、测深仪系统(多波速声呐系统和侧扫声呐系统)、三维激光扫描系统、CCD 相机、水下摄像机等多种高精度传感器。信息传输采用无线传输方式,在岸基实时接收并分析处理船载系统所采集的数据,以自控或遥控方式对船体及船载传感器进行操作和控制。系统分为遥控测量无人船子系统和岸基控制子系统,如图 2.4 所示。

(a) 遥控测量无人船子系统　　　　　(b) 岸基控制子系统

图 2.4　无人船遥控测量及岸基控制

2.3.4 车载激光扫描

车载激光扫描(vehicle-borne laser scanning,VLS)又称为移动激光扫描(mobile laser scanning,MLS),是新近出现的一种信息获取方式。VLS以汽车作为平台,使用激光扫描仪获取所探测物体表面密集的激光点云数据,以卫星定位系统动态定位,以惯性测量装置IMU获取测量系统的姿态参数。因其搭载平台和作业方式的特点,VLS可以获取道路、湖泊岸线等城市物体的表面信息,适用于城市近景三维空间信息的快速准确测量。

车载激光扫描能够通过惯性制导定位系统和轮距系统,将扫描到的地物激光点云和视频图像精确地结合在一起,图像视频资料提供贴图信息,点云提供地物三维位置信息,然后通过三维建模技术能够生产出三维仿真产品,实现三维建模数据的一站式采集。

车载测量系统由定位定姿系统、激光扫描仪与数字工业相机、车轮编码器、工业化计算机系统组成。在移动数据采集过程中,激光扫描仪能获取目标的几何形状信息,CCD相机能采集目标的纹理信息,POS系统能进行高频率、高精度的定位定姿。并且在GNSS信号失锁的情况下,依靠惯性测量装置与车轮编码器依然能保证系统正常工作。该系统可快速有效地提取航道、库岸等的地表地形和全景影像,并通过水上水下公共标识的采集,与水下地形数据进行拼接。

按照成像方式,激光雷达技术可分为点扫描激光和面阵激光两种。点扫描激光雷达的研究相对比较成熟,主要是在单点测距的基础上加入了扫描机械装置,采用单点光束对地面目标进行距离测量,通过测量光脉冲从发出到获得回波之间的时长来计算与目标之间的距离。采用这种测距方法需要将扫描速度保持在较高的频率上,从而获得目标物的点云图像,而测距的精度由脉冲宽度来决定,越窄的脉宽能获得越精确的测距结果。

激光雷达测距步骤:通过电光转换将电脉冲转化成光脉冲信号,光脉冲经过一系列光学系统,返回到激光雷达的接收电路。接收电路需再经过一次光电转换,此次光电转换中的光信号和电信号的强度都较低,强度较低的电信号被在后级处理电路中放大,强度较高的电信号被送至控制系统,控制系统对返回并转换、放大后的信号用预制好的手段进行处理。

回波光信号,作为目标物的反射信号,可能在不同的情况下会受到不同的影响,如光学镜头会发生不可避免的衰减,目标物会发生难以避免的漫反射现象等。因此与发射光相比,回波光的光信号功率较小。根据基本光学原理,目标物截面情况、发射发散角度、发射光功率和接收镜头的面积大小等均将影响回波光的信号强度。激光测量车外观如图2.5所示。

图 2.5　激光测量车

2.4　物联网及云平台

2.4.1　物联网

物联网技术是互联网技术的发展和延伸,通过物联网感知技术、物联网传输技术、物联网定位技术和物联网云计算实现资源整合,进行统一化信息管理。物联网技术的优势为它强调信息的自动化分析与联动处理,实现资源信息采集到虚拟化信息处理再到资源间操作的自动化联动过程,为信息化管理带来便捷。

物联网服务的主要工作是信息的收集、存储、分析和传送,实现"数据→信息→知识→智慧"的高效转化,并通过智慧自动操作现实世界的资源。物联网技术产业化的趋势越发明显,在硬件与软件水平不断提高,业务水平与要求不断提升的趋势下,将所有设备接入网络并进行控制的潮流已经不可逆转。越来越多的设备需要进行集约化、自动化和远程化管理,这一需求将不断推进物联网技术走向前进,服务将是物联网技术最核心的代名词。

物联网服务平台以服务为核心,提供服务配置与实现的载体。多业务将是物联网平台的横向发展方向。将多种服务融合,抽取其共性,并提供个性的接口,使之能够在服务层面上完成信息的多业务处理是多业务服务的研究重点。物联网多业务服务平台的建立不仅可以提升业务的开发效率,同时也是技术先进性的体现。建立完善的物联网多业务服务平台既可以满足各业务的接入需要,又可以满足信息的统一化管理,是信息产业化必不可少的实施方案,也将帮助各行业专注于自身优势,转化自身资源提供更优质的服务,利国利民。

标准的物联网系统可以大致分为四个层面:感知识别层、网络构建层、管理服务层、综合应用层。

1. 感知识别层

感知识别层位于物联网四层模型的最前沿,是上层结构的基础。多种传感器被安放在物理物体上,如氧气传感器、压力传感器、光强传感器、声音传感器等,形成一定规模的传感网。通过这些传感器,感知这个物理物体周围的环境信息。

蓄滞洪区信息化管理领域中,感知对象为水体,传感器类型为各种水体的指标测量传感器,如温度传感器、水质传感器、流量传感器。随着当前传感手段的快速发展,传感器的平台载体也实现着跨越式的进步。过去,传感器一般需要人工辅助进行各种指标的监测,现在无人机、无人船等各种载体的出现改变了这一现状。

2. 网络构建层

网络构建层将感知的信息发出和收回,使其得到及时的利用。网络是物联网最重要的基础设施之一。网络构建层在物联网四层模型中连接感知识别层和管理服务层,具有纽带作用,它负责向上层传输感知信息和向下层传输命令。简而言之,它就是利用互联网、无线宽带网、无线低速网络、移动通信网络等各种网络形式传递海量的信息。

3. 管理服务层

当感知识别层生成的大量信息经过网络构建层传输汇聚到管理服务层时,必须得到有效的整合与利用。管理服务层主要解决数据如何存储、如何检索、如何使用、如何不被滥用等问题。

4. 综合应用层

物联网丰富的内涵催生出更加丰富的外延应用。传统互联网经历了以数据为中心到以人为中心的转化,典型应用包括文件传输、电子邮件、万维网、电子商务、视频点播、在线游戏和社交网络等;而物联网应用以"物"或者物理世界为中心,涵盖我们现在常听到的比较新鲜的高级词汇,如物品追踪、环境感知、智能物流、智能交通、智能电网等。

2.4.2　云计算

云计算是一种基于因特网的超级计算模式。在远程的数据中心里,由多台电脑和服务器连接成电脑云,其计算能力高达每秒 10 万亿次。云计算强大的计算能力在模拟洪水演进、预测气候变化等方面能够得到充分发挥。美国国家标准与技术研究院对云计算的定义被行业普遍认可:云计算是一种按使用量付费的模式,使用者通过使用可配置的计算资源共享池(资源包括网络、服务器、存储、应用软件、服务)来实现便捷的、按需的网络访问。云计算包括以下几个层次结构:Infrastructure-as-a-Service(IaaS 基础设施即服务)、Platform-as-a-Service(PaaS 平台即服务)、Software-as-a-Service(SaaS 软件即服务)。基础设施处于底层,提供服务器、网络环境等硬件措施;平台处于中间层,提供各种开发和分发应用的解决方案,比如虚拟服务器和操作系统;软件处于顶端,提供专业的应用服务。

蓄滞洪区信息化管理建设中运用云计算技术,构建蓄滞洪区立体监测云平台,能为管理决策提供快速准确的决策参考依据。蓄滞洪区立体监测云平台定位为依托物联网、大数据计算等高新技术,结合遥感、地理信息系统、全球定位系统、三维仿真技术,架构于云化资源环境上的新型蓄滞洪区智慧综合管理平台。

云计算数据管理平台基于多个节点上的数据库和文件系统形成虚拟"云数据库",提供面向海量数据的高效存储平台,为不同应用实现数据集成与协同支持。云管理平台对IaaS 设施和部署的中间件资源进行统一监控管理服务,通过屏蔽不同厂商的设施间、不同资源目标间的技术差异,为平台管理者提供一致化的技术运维支持。智慧云平台提供基于蓄滞洪区的统一基础空间地图服务,涵盖基础地理、水利工程、水资源利用等信息。通过基础服务的架构平台,可简化流域应用服务系统的开发环节,为防汛抗旱、水资源管理等工作提供统一的数据基础。云计算 PaaS 平台对客户端的接入提供了多协议、多终端、多途径的支持,支持计算机网络、无线网络、射频网络、传感网络等途径,支持 PC、瘦客户机、智能手机、平板电脑、嵌入式设备等终端。智慧云平台建设依托云化资源,打破了普通计算机服务器处理能力的限制,摆脱了现有网络架构对虚拟化环境的束缚,可实现资源的高效利用。SaaS 以空天地一体化立体监测网络海量水利空间数据为基础,搭建蓄滞洪区专业软件应用,实现蓄滞洪区的信息化管理。

2.5　大众社交媒体大数据分析

蓄滞洪区洪水灾害具有洪峰高、洪量大、时间长等特点,为了保障干流堤防安全,蓄滞洪区的启用必须科学、及时、迅速,这对蓄滞洪区运用的应急管理及灾害信息的有效传播提出了很高的要求。大众媒体信息在蓄滞洪区洪水灾害信息反馈中起到了补充作用。大众社交媒体为灾害信息的传播提供了新的信息传播渠道。大众媒体传播渠道包括手机短信互发、网络自媒体及自发网络位置标注等形式，它为蓄滞洪区运用前后的撤退、安置和恢复工作提供了辅助参考信息。但是在大众社交媒体信息中，具有偏差的干扰信息普遍存在，主要是因为传播主体缺乏对灾害信息编码和解码的专业知识。利用大数据分析基础，有助于从大众社交媒体中分析获取较为准确的信息。

社交媒体提供了一种新的了解社会、传播信息的数据源，特别是大众网络标注，包括网络用户的自发性网络地图标注，弥补了传统数据的不足。用户自发地通过社交网络出口提交的生成的数据内容越来越多地被利用和挖掘用于专题实施。社交媒体用户发布信息比传统数据源提供更及时，而且这些信息具有较强的时间特征和动态性。

信息传播媒介的终端方便性及信息整理的分散化、广泛性，使得信息搜求、信息共享越来越便捷。理论上来说，任何人（anyone）可以通过任何渠道（any channel）获取任何时间（any time）发生的任何事情（anything）的结果，并通过社会媒体向任何人（any whom）发布，既往的 5 个 W（who、why、when、where、what）传播模式被 5 个 A 所取代，从根本性上改变了大众传播的模式，也带来了巨大的数据更新和数据集。大数据的数据集大小快速增长，给数据处理带来了极大的挑战。大数据分析必须在不同层次高效地挖掘数据以提高决策效率。

国际数据中心 IDC 是研究大数据及其影响的先驱，在 2011 年的报告中定义了大数据："大数据技术描述了一个技术和体系的新时代，被设计于从大规模多样化的数据中通过高速捕获、发现和分析技术提取数据的价值"[11]。这个定义刻画了大数据的四个显著特点，即容量（volume）、多样性（variety）、速度（velocity）和价值（value）。大数据技术是指对数据规模大、结构复杂度高、关联度强的数据集进行处理与应用的信息技术。

随着 Web 2.0 技术的发展，大众自主创造内容在社交网络中取得了爆炸性的增长。社交媒体是指这些用户自主创造的内容，包括博客、微博、图片和视频分享、社交图书营销、社交网络站点和社交新闻等。社交媒体数据包括文本、多媒体、位置和评论等信息。几乎所有的对结构化进行数据分析、文本分析和多媒体分析的研究主题都能转移到社交媒体分析中。社交媒体数据每天不断增长，并且包含许多干扰数据。社交媒体分析即社交网络环境下的文本分析和多媒体分析，包括关键词搜索、分类、聚类和异构网络中的迁移学习[12]。在社交网络中，多媒体数据集是结构化的，并且具有语义本体、社交互动、社区媒体、地理地图和多媒体内容等丰富的信息。在蓄滞洪区管理过程中，了解社交用户的行为特征有助于制定出科学合理的应急响应和舆论引导措施。对微博用户进行分析，可以发现微博用户行为特征在泄洪过程中的变化，及时获取民众关注点。通过大数据分析，掌握民众在应急转移中用户的地理位置状态变化有助于及时跟踪蓄滞洪区管理进展。

参 考 文 献

[1] 袁迎辉,林子瑜.高光谱遥感技术综述[J].中国水运,2007,7(8):155-157.

[2] 浦瑞良,宫鹏.高光谱遥感及其应用[M].北京:高等教育出版社,2000.

[3] 姜景山.中国微波遥感的现状与未来[J].遥感技术与应用,2000,15(2):71-73.

[4] 雷博恩,王世航.微波遥感应用现状综述[J].科技广场,2016,(6):171-174.

[5] 丁志雄,李纪人.流域洪水汛情的遥感监测分析方法及其应用[J].水利水电科技进展,2004,24(3):8-11.

[6] 孙涛,黄诗峰.Envisat ASAR 在特大洪涝灾害监测中的应用[J].南水北调与水利科技,2006,4(2):33-35.

[7] 毛志红.地理信息系统(GIS)发展趋势综述[J].城市勘测,2002(1):25-28.

[8] 吕佩育.关于地理信息系统 GIS 发展探究[J].科技创新与应用,2016(32):294.

[9] 周启鸣,刘学军.数字地形分析[M].北京:科学出版社,2006.

[10] 杨昕,汤国安,刘学军,等.数字地形分析的理论方法与应用[J].地理学报,2009,64(9):1058-1070.

[11] GANTZ J,REINSEL D. Extracting value from chaos[J]. Idcemc2 Report,2011:1-12.

[12] 李学龙,龚海刚.大数据系统综述[J].中国科学:信息科学,2015,45(1):1-44.

第 3 章

基础数据与数据库建设

3.1 基础数据类型

3.1.1 基础地理信息数据

基础地理信息主要是指通用性最强,共享需求最大,几乎为所有与地理信息有关的行业采用作为统一的空间定位和进行空间分析的基础地理单元,主要由自然地理信息中的地貌、水系、植被及社会地理信息中的居民地、交通、境界、特殊地物、地名等要素构成,另外,还有用于地理信息定位的地理坐标系格网。

从数据类型来看,基础地理信息数据主要包括大地测量数据、数字线划图(DLG)数据、数字正射影像图(DOM)数据、数字高程模型(DEM)数据、卫星像片、航空像片等。

1. 大地测量数据

大地测量数据包括参考基准数据、大地控制网数据、高程控制网数据和重力控制网数据等[1]。

1)参考基准数据

参考基准数据包括大地基准、高程基准、重力基准和深度基准等数据。其中,大地基准由大地坐标系统和大地坐标框架组成。国家采用 2000 国家大地坐标系,过渡期内,可采用 1954 年北京坐标系和 1980 西安坐标系作为全国统一的大地坐标系统。高程基准是推算国家统一高程控制网中所有水准高程的起算依据,它包括一个水准基面和一个永久性水准原点。我国采用 1985 国家高程基准。重力基准是指绝对重力值已知的重力点,作为相对重力测量(两点间重力差的重力测量)的起始点。2000 国家重力基准网是我国的重力测量基准,于 1999~2002 年完成建设,它由 259 个点组成,其中基准点 21 个,基本点 126 个,基本点引点 112 个。重力系统采用 GRS80 椭球常数及相应重力场。深度基准是在沿岸海域采用的理论最低潮位,在内陆水域采用设计水位深度基准,与国家高程基准通过验潮站的水准连测建立联系。

2)大地控制网数据

大地控制网数据主要包括大地控制网观测数据、成果数据及文档资料。

其中,观测数据主要包括仪器校验资料,如经纬仪、测距仪、全站仪和全球导航卫星系统接收机等各种大地控制测量仪器等的年检记录和校正记录,还包括外业观测数据,如在大地控制网施测过程中获得的水平角、起始方位角、起始边长、原始观测数据等。

大地控制网成果数据主要包括三维坐标成果、GPS 点之记、GPS 测量基线成果等。三维坐标成果包括空间直角坐标、空间直角坐标中误差、空间直角坐标方向速率、空间直角坐标方向速率中误差、大地经纬度、高程、大地坐标误差。GPS点之记包括点编码、点名、正常高、高程系统编号、行政区编码、点位所在地、最近住所及距离、地类编号、最近邮电设施、供电情况、最近水源及距离、本点交通情况、选点单位、选点员姓名、选点日期、坐标与高程、起始水准点编号、与最近水准点距离、重合点名称、重合点类型、重合点等级等。GPS测量基线成果包括起始点编码、方向向量、方向向量中误差、基线长度、基线相对中误差、误差椭球。

大地控制网文档资料主要包括技术设计书、仪器检验报告、破坏点情况报告、破坏点照片、测站信息表、工作报告、技术总结、检查报告、标石建造照片、标石远近景照片、材质证明、点之记、测量标志委托保管书、点位分布图、计算手簿及过程资料、成果验收报告。

3）高程控制网数据

高程控制网数据主要包括水准测量观测数据、成果数据和文档资料。水准测量观测数据主要包括原始观测数据、观测手簿、外业计算资料和仪器检验资料等。成果数据主要包括水准测量成果数据和似大地水准面数据。

4）重力控制网数据

重力控制网数据主要包括重力测量的观测数据、成果数据和文档资料。

重力测量的观测数据可分为绝对重力测量观测数据和相对重力观测数据。绝对重力测量观测数据主要包括绝对重力测量观测记录、绝对重力测量计算资料、绝对重力测量成果表、垂直梯度观测手簿、垂直梯度计算资料、绝对重力点点位与环境说明等[2]。相对重力观测数据包括段差计算及精度计算资料、相对重力观测记录、长基线联测与比例因子标定计算资料、重力仪器检验资料等。

2. 数字线划图数据

数字线划图（digital line graph，DLG）是数字线划图地形图或专题图经过扫描后，对一种或多种地图要素进行跟踪矢量化，再进行矢量纠正形成的一种矢量数据文件[3]。它是以点、线、面形式或地图特定图形符号形式，表达地形要素的地理信息矢量数据集。点要素在矢量数据中表示为一组坐标及相应的属性值；线要素表示为一串坐标组及相应的属性值；面要素表示为首尾点重合的一串坐标组及相应的属性值。以矢量为基础的地图数据都可视为DLG[4-6]。

数字线划图（DLG）的技术特征为：地图地理内容、分幅、投影、精度、坐标系统与同比例尺地形图一致。图形输出为矢量格式，任意缩放均不变形。

3. 数字正射影像数据

数字正射影像（digital orthophoto map，DOM）是对航空（或航天）像片进行数字微分纠正和数字镶嵌，按一定图幅范围裁剪生成的数字正射影像集。它是同时具有地图几何精度和影像特征的图像。

数字正射影像是数字化测绘"4D"产品的重要组成部分之一,是有着广阔应用前景的基础地理信息数据。它不仅可用于对数字线划地图数据的更新,提高数据的现势性,加快地形图的更新速度,也可作为背景图直接应用于城市各种地理信息系统。它广泛应用于城市规划、土地管理、环境分析、绿地调查、地籍测量等方面,也可以与线划图、文字注记进行叠加形成影像地图,丰富地图的形式,增加地图的信息量。利用数字正射影像与数字地面模型或者建筑结构模型可建立三维立体景观图,丰富城市管理、规划的手段与方法。

4. 数字高程模型数据

数字高程模型(digital elevation model,DEM)通过有限的地形高程数据实现对地面地形的数字化模拟(即地形表面形态的数字化表达)。它是用一组有序数值阵列形式表示地面高程的一种实体地面模型,是数字地形模型(digital terrain model,DTM)的一个分支,其他各种地形特征值均可由此派生。

一般认为,DTM 是用来描述包括高程在内的各种地貌因子的,如坡度、坡向、坡度变化率等因子在内的线性和非线性组合的空间分布,其中 DEM 是零阶单纯的单项数字地貌模型,其他如坡度、坡向及坡度变化率等地貌特性可在 DEM 的基础上派生出来。

由于 DEM 描述的是地面高程信息,它在测绘、水文、气象、地貌、地质、土壤、工程建设、通信、军事等国民经济和国防建设及人文和自然科学领域有着广泛的应用。如在工程建设方面,可用于土方量计算、通视分析等;在防洪减灾方面,DEM 是进行水文分析如汇水区分析、水系网络分析、降雨分析、蓄洪计算、淹没分析等的基础;在无线通信方面,可用于蜂窝电话的基站分析等。

数字高程模型的数据组织表达形式有多种,主要有规则矩形格网结构、不规则三角网结构及混合结构三种。

1) 规则矩形格网结构

规则矩形格网是高斯投影平台上,在 z、y 轴方向按等间隔排列的地形点的平面坐标 (z,y) 及其方程(z)的数据集,其任一点 $P_{(i,j)}$ 的平面坐标,可根据该点在 DEM 中的行列号 i,j 及存放在该 DEM 文件中的基本信息推算出来。矩形格网 DEM 的优点是存储量较小,可以压缩存储,便于使用和管理。但存在计算效率较低、数据冗余的缺点。

2) 不规则三角网结构

不规则三角网(triangulated irregular network,TIN)是用不规则的三角网表示的 DEM。由于构成 TIN 的每个点都是原始数据,避免了内插精度损失,所以 TIN 具有良好的拓扑结构,能较好地估计地貌的特征点、线,在表示复杂地形时比矩形格网精确。但是 TIN 的数据量较大,除存储其三维坐标外还要设网点连线的拓扑关系,表面分析能力较差,构建较为费时间,算法设计比较复杂,一般应用于较大范围采用航摄测量方式获取数值的情况[7]。

3）混合结构

混合结构的研究主要针对在已有的规则格网基础上增加地形特征线和特殊范围线的情况，此时规则的格网被分割形成一个局部的不规则三角网。但由于特征线作为矢量数据具有比规则格网更为复杂的拓扑结构和属性内容，一般对混合的数据结构采用分别处理的方法。

3.1.2　水利工程数据

1. 河道信息

我国河流众多，湖泊密布，科学合理地管理河道资源信息是必不可少的。河道信息主要包括河道基础信息、河道蓝线、河道占用信息、河道长效管理信息、河道疏浚、护岸信息、排污口信息等。

1）河道基础信息

河道基础信息主要包括河道地理信息、名称、水深、宽度、流速、水色、排污口地理位置及数量、河道蓝线范围、河道岸线土地利用情况等。

2）河道蓝线

河道蓝线是河道保护和管理的规划控制线，是指导河道建设和管理的重要依据[8]。其主要作用是控制水面积不被违法填堵，确保防汛安全。它包括河道水域、沙洲、滩地、堤防、岸线等及河道管理范围外侧因河道拓宽、整治、生态景观、绿化等目的而规划预留的河道控制保护范围。

3）河道占用信息

河道占用信息主要包括河道管理部门信息、岸线土地利用监控等。

4）护岸信息

护岸是河道水域生态系统与陆地生态系统进行物质、能量、信息交换的一个重要过渡带，能为各种水生生物提供生存和繁衍的空间，同时能够提高生物多样性，治理水土流失，稳定河岸，调节微气候和美化环境等[9]。河道护岸信息包括护岸类型及功能、护岸长度等。

5）排污口信息

入河排污口是污染物进入水体的主要通道之一。排污口信息主要包括入河排污设置单位情况信息即排污口名称、所在行政区域名称、所在水资源分区、设置单位、单位性质、法人代表、单位所在地、所属行业、取水量或用水量、排污口允许排污量和应削减量；入河排污口性质即排污口性质、建成时间、排入的水体、排入的水功能区、排污口地理位置、污水入河方式、排放方式、设计排污水量、实际排污量、污水处理方式;入河排污口污染物排放情况,即 pH、化学需氧量(COD)、氨氮、总磷、总氮、磷酸盐、生物需氧量(BOD)、石油类、悬浮物等。

2. 工情数据

水利工程的工情信息作为描述和反映水利工程运行状况的手段,是抗洪抢险指挥决策的重要依据。及时准确的工情信息,可以使防汛指挥变得主动;缺乏工情信息或实时工情信息采集、传输上报不及时,将可能影响对防洪形势的正确分析和客观判断。工情信息包括基础工情信息和实时工情信息两类[10,11]。

1)基础工情信息

一般指在一定时期内不需要更新的长周期型工程特征数据,以及部分反映工程特征的静态图像、图形和声音数据。以水库为例,基础工情信息包括基本信息(水库名称、所在位置、所在河流、建设时间),设计标准(集水面积、总库容、设计洪水位、正常蓄水位、汛限水位、坝体类型、坝长、坝高、坝顶高程、溢洪道形式、泄流能力、设计洪水频率、校核洪水频率、现状洪水频率、设计泄流能力、校核泄流能力、安全泄流能力),险情数据(调度主管部门、近期安全鉴定日期、安全类别、水库病险情况、影响社会经济指标、预警设施手段、溃坝可能影响的范围、人口及重要基础设施情况)等。

2)实时工情信息

实时工情信息主要包括水利工程运行现状信息、险情信息和防汛动态信息,如水库监测数据(水库站进出库流量、需水量、风力风向、波浪高度),闸门监测数据(闸上下水位、闸门启闭情况、闸门开度),泵站险情数据(泵房失事可能影响范围、人口及重要基础设施情况)等。

3.1.3 气象数据

天气资料和气候资料的主要区别是:天气资料随着时间的推移转化为气候资料;气候资料的内容比天气资料要广泛得多;气候资料是长时间序列的资料,而天气资料是短时间内的资料。

1. 气候数据

气候数据通常指的是用常规气象仪器和专业气象器材观测到各种原始资料的集合及加工、整理、整编形成的各种信息,是研究气候和气候变化的基础数据,长度一般不少于30年。随着现代气候的发展,气候研究内容不断扩大和深化,气候数据的概念和内涵得以进一步延伸,现泛指整个气候系统的有关原始资料的集合和加工产品。

气候数据包括大气数据、海洋数据、冰雪数据、射出长波辐射数据和台站数据[12]。

1）大气数据

大气数据有全球不同层次的高度场、经纬向风场、矢量风场、水汽输送场、海平面气压场等要素，包括日、候、月、季等时间尺度。

2）海洋数据

海洋数据包括表层海温和次表层海温两类数据。前者又可分为日平均表层海温数据和月平均表层海温数据。月平均表层海温数据和次表层海温数据都由美国国家环境预报中心提供。

3）冰雪数据

冰雪数据是通过卫星遥感获取的。美国海洋大气局提供北半球逐周积雪面积。

4）射出长波辐射数据

射出长波辐射数据由美国国家环境预报中心提供，时间尺度为候、月平均，数据格点为 $2.5° \times 2.5°$。

5）台站数据

全球地面气温、降水实时数据来自世界气象组织的每月地面气候报和全球电信系统的每日多时次地面观测发报。中国部分的月平均地面气温和降水实时数据来自国内每月地面气候旬月报。

2. 天气数据

天气数据通常指为天气分析和预报服务的一种实时性很强的气象数据。天气数据是天气观测数据的简称，是在一定区域段时间内的大气状态，即大气的温、湿、压、风、云、降水等各种气象要素和天气现象的原始观测数据及其综合加工信息产品的统称。

天气数据的概念强调常规天气观测，与现代发展起来的遥感数据、数值预报产品等其他数据相区别。天气数据包括实时天气数据和历史天气数据。传真气象数据也可能是天气数据的一部分，仅传送和获得的手段不同。与常规气象观测有关的图表、文字、信息都称为天气数据[13]。

3.1.4 水文数据

水文数据通常专指水文的实测数据，即通过水文测验所收集的各种水文要素的原始记录。水文数据包括水位、流量、泥沙、降水量、蒸发量等。广义的水文数据还包括水文年鉴、水文统计值、水文图集及水文调查数据等。随着通信、计算机、缩微摄影等新技术的发展和应用，一些国家已建成水文数据库。

1. 水位

水位是指自由水面相对于某一基面的高程,水面离河底的距离称水深。计算水位所用基面可以是以某处特征海平面高程作为零点的水准基面,称为绝对基面,常用的是黄海基面。也可以用特定点高程作为计算水位的零点,这种水准基面称测站基面。水位是反映水体水情最直观的因素,它的变化主要由水体水量的增减变化引起。水位过程线是某处水位随时间变化的曲线,横坐标为时间,纵坐标为水位。

水位是反映水体、水流变化的重要标志,是水文测验中最基本的观测要素,是水文测站常规的观测项目。水位观测数据可以直接应用于堤防、水库、电站、堰闸、浇灌、排涝、航道、桥梁等工程的规划、设计、施工等过程中。水位数据是水库、堤防等防汛的重要数据,是防汛抢险的主要依据,是掌握水文情况和进行水文预报的依据。同时水位也是推算其他水文要素并掌握其变化过程的间接数据。在水文测验中,常用水位直接或间接地推算其他水文要素,如由水位通过水位流量关系推求流量,通过流量推算输沙率,由水位计算水面比降等,从而确定其他水文要素的变化特征。

水位的变化主要取决于水体自身水量的变化、约束水体条件的改变及水体受干扰的影响等因素。在水体自身水量的变化方面,江河、渠道来水量的变化,水库、湖泊引入引出水量的变化和蒸发、渗漏等引起的总水量的变化,都会使水位发生相应的涨落变化。在约束水体条件的改变方面,河道的冲淤和水库、湖泊的淤积,会改变河、湖、水库底部的平均高程;闸门的开启与关闭会引起水位的变化;河道内水生植物的生长、死亡引起的河道糙率的变化会导致水位的变化。另处,有些特殊情况,如堤防的溃决,洪水的分洪,以及北方河流结冰、冰塞、冰坝的产生与消亡,河流的封冻与开河等,都会导致水位的急剧变化。水体的相互干扰影响也会使水位发生变化,如河口汇流处的水流之间会相互顶托,水库蓄水产生的回水,使水库末端的水位抬升,潮汐、风浪的干扰下水位发生变化。

2. 流量

流量是指单位时间内流经封闭管道或明渠有效截面的流体量,又称瞬时流量。当流体量以体积表示时,称为体积流量;当流体量以质量表示时,称为质量流量。单位时间内流过某一段管道的流体的体积,称为该横截面的体积流量,简称为流量,用 Q 来表示。

流量是天然河流、人工河渠、水库、湖泊等径流过程的瞬时特征,是推算河段上下游、湖库水体入出水量及水情变化趋势的依据。流量过程是区域(流域)下垫面对降水调节或河段对上游径流过程调节后的综合响应结果。天然河流的流量可直接反映汛情,受工程影响水域的入出流量是推算水体汛情的基础。简单地说,流量是特定断面径流计算的依据,而区域径流是水文循环的核心要素之一,也是区域自然地理特征的重要表征要素。在进行流域水资源评价、防洪规划、水能资源规划及航运、桥梁等涉水项目建设时都要应用流量数据作为依据。防汛抗旱和水利工程的管理运用,要积累江河、湖库流量数据,分析径流与降水等相关水文要素的相关关系和径流要素的时空变化规律,从而进行水文预报和水量计算,有效增强防汛抗旱的预见性和水利工程调度的科学性。

3. 泥沙

表征河流沙情的指标是含沙量。一方面,江河水流挟带的泥沙会造成河床游移变迁和水库、湖泊、渠道的淤积,给防洪、灌溉、航运等带来影响。另一方面,用挟沙的水流淤灌农田能改良土壤。因此,进行流域规划、水库闸坝设计、防洪、河道治理、灌溉放淤、城市供水和水利工程管理运用等工作,都需要掌握泥沙数据。另外,泥沙数据也是计算水土保持效益及有关科学研究的重要依据。施测悬移质(包括输沙率和单位含沙量)的目的是要取得各个时期的输沙量和含沙量及其特征值,为各应用部门提供基本数据。

4. 降水量

地面从大气中获得的水汽凝结物,总称为降水。它包括两部分:一部分是大气中水汽直接在地面或地物表面及低空的凝结物,如霜、露、雾和雾凇,又称为水平降水;另一部分是由空中降落到地面上的水汽凝结物,如雨、雪、霰雹和雨凇等,又称为垂直降水。我国国家气象局地面观测规范规定,降水量指的是垂直降水。

降水是水文循环的基本要素之一,也是区域自然地理特征的重要表征要素,是雨情的表征。它是地表水和地下水的来源,与人类的生活、生产方式关系密切,又与区域自然生态紧密关联。降水是区域洪涝灾害的直接因素,是水文预报的重要依据。在人类活动的许多方面需要掌握降水数据,研究降水空间与时间变化规律,如农业生产、防汛抗旱等都要及时了解降水情况,并通过降水数据分析旱涝规律情势,在水文预报方案编制和水文分析研究中也需要降水数据。

5. 蒸发量

蒸发量分为水面蒸发量和陆面蒸发量两类。其中,水面蒸发量是表征一个地区蒸发能力的参数。陆面蒸发量是指当地降水量中通过陆面表面土壤蒸发、植物散发及水体蒸发而消耗的总水量,这部分水量也是当地降水形成的土壤水补给通量。

水面蒸发是水循环过程中的一个重要环节,是水文学研究中的一个重要课题。它是水库、湖泊等水体水量损失的主要部分,也是研究陆面蒸发的基本参证数据。在水资源评价、水文模型确定、水利水电工程和用水量较大的工矿企业规划设计和管理中都需要水面蒸发数据。随着国民经济的不断发展,水资源的开发、利用急剧增长,供需矛盾日益尖锐,这就要求我们更精确地进行水资源的评价。水面蒸发观测工作,就是为了探索水体的水面蒸发及蒸发能力在不同地区和时间上的变化规律,以满足国民经济各部门的需要,为水资源评价和科学研究提供可靠的依据。

3.2 数据库概述

数据库技术最初产生于 20 世纪 60 年代中期。60 年代后期,随着计算机管理数据的规模越来越大,以及应用越来越广泛,数据库技术也在不断地发展和提高。第一个商用数据库系统发布于 60 年代末,其来自于文件系统,继承了文件系统的优点,可以长期存储数据,允许大量存储数据,支持对数据进行查询等;但文件系统的缺点是数据组织方式不统一,没有专用的查询语言,数据维护困难,以及不支持用户的并发访问。数据库技术以解决文件系统的缺点为任务,展开了以数据模型为核心的相关技术研究,先后经历了第一代的网状、层次数据库系统,第二代的关系数据库系统,第三代的以面向对象模型为主要特征的数据库系统等。数据库技术的核心思想是利用统一的数据结构组织数据,利用高效的查询语言获取数据,利用有效的机制控制数据库系统的稳定运行。

数据库技术是实现水利信息化的重要工具之一,可以有效地把各种数据集成到统一的环境中,以提供决策型数据访问。为适应水利信息化建设的要求,专业人员广泛应用数据库技术处理大量的信息,为水资源调度、合理使用及保护等决策提供及时准确的信息支持。数据库对信息起着集中、净化和决策支持等作用,兼容并蓄各种来源的信息,对数据进行管理、查询和检索,通过相关分析、模拟和预测等手段进行科学加工与决策,并提供多层次和多功能的信息服务。通过数据库技术,可以实现对水情信息的采集、防汛抗旱信息的自动接收与处理,并进行汛情分析、暴雨洪水预报、调度、灾情评估及旱情预测等。

本节围绕基于水利领域的数据库管理系统(database management system,DBMS),介绍了相关基本概念和主流数据库管理系统,之后描述了数据的具体组织方案与数据库体系架构,紧接着也详细讲解了数据库设计的一般流程,最后针对数据安全问题,讲解了数据备份及运行维护技术。

3.2.1 基本概念

数据是描述现实世界中各种具体事物或抽象概念的,可存储并具有明确意义的信息。

数据库是长期存储在计算机内有结构的大量的共享的数据集合。数据模型是数据库技术的核心,数据库涉及的所有技术,包括数据的组织、存储、获取、展示,数据库运行时的故障处理及并发控制,均以数据模型为基础。数据模型必须能描述事物的静态、动态特性,以及完整的约束条件,因此通常包括以下三个要素[14]。

(1)数据结构。描述事物特征的数据的组织方式。

(2)数据操作。指以数据结构为基础,对特征数据进行操作的集合,包括各种操作及操作规则。

（3）数据约束条件。数据模型中限制数据之间的依存和制约规则，用于保证数据的正确性、有效性、相容性。

在数据库领域中，数据模型主要分三个层次：概念模型、逻辑模型和物理模型。概念模型主要用于信息世界的建模，是对现实世界的第一层抽象，是数据库设计人员与用户进行交流的语言和工具，因此它更简单、清晰，易于理解，着重于语义的表达，并且不依赖于某一个数据库管理系统。在应用中，概念模型的表达方法有很多，其中最著名的是实体-联系模型，采用 E-R 图来描述现实世界。逻辑模型是计算机能够处理的数据模型，具体来说就是某一数据库管理系统所支持的数据模型。由于将现实世界中的数据直接抽象成逻辑模型比较复杂，所以往往是先建立概念模型，再转换为逻辑模型。物理模型用于描述数据在物理存储介质上的存储结构和存储方法，如数据按何种顺序存储、采用哪种索引、是否应用数据压缩技术等。物理模型不但与具体的数据库管理系统有关，而且与操作系统、计算机硬件密切相关。每种逻辑模型在实现时都有对应的物理模型。而且数据库管理系统为了保证其独立性与可移植性，其物理结构一般都向用户隐蔽，大部分物理模型的实现工作由系统自动完成，设计者只负责分配数据存储空间、设计索引类型等，不需要了解详细细节。

数据库管理系统是位于用户和操作系统之间的一层数据管理软件。数据库在建立、运用和维护时由数据库管理系统统一管理、统一控制。数据库管理系统为用户提供一个应用管理和操作的平台，使其能方便地定义数据和操纵数据（创建、维护、检索、存取和处理数据库中的信息），并能够保证数据的安全性、完整性、多用户对数据的并发使用及发生故障后的系统恢复。数据库管理系统主要包括以下功能[14]。

（1）实现数据库定义。提供数据定义语言（data definition language，DDL），用户通过它可以方便地对数据库对象，包括数据库、表、索引、视图、存储过程等进行定义。

（2）实现数据操纵。提供数据操纵语言（data manipulation language，DML），用户通过它可以实现对数据的查询、增、删、改功能。

（3）数据库的运行控制。数据库管理系统要能对数据库的运行和维护进行统一管理、统一控制，确保数据库的安全性、完整性、并发性及数据库发生故障后的可恢复性等。

目前为止，水利领域最主流的数据库管理系统仍为关系数据库管理系统，结构主要由三个核心模块构成：查询处理器、事务管理器和存储管理器。

查询处理器用于处理用户的操作命令（可能是查询，也可能对数据库进行修改）。用户的数据操作命令首先通过查询编译器完成语法分析和优化，生成查询计划，然后送给查询执行引擎。执行引擎向资源管理器发出一系列获取小块数据的请求，然后资源管理器将这些请求传送给缓冲区管理器。缓冲区管理器的任务是从二级存储器中获取数据并送入主存缓冲区中，因此其需要与存储管理器进行通信。

事务管理器主要实现数据库的运行控制，将一个或一组数据库操作封装成一个事务。事务满足原子性，并且与其他事务的执行互相隔离。数据库管理系统还要求保证事务的持久性,已完成的事务的工作永不丢失。事务处理器包含两个核心部件:并发控制管理器和日志与恢复管理器。并发控制管理器也称调度器,用于对同时执行的多个事务的执行顺序进行调度,保证按该次序执行的效果与系统一次只执行一个事务的效果一样。日志与恢复管理器用于保证事务的持久性,通过日志记录对数据库的每一个修改操作。当系统失败或出现故障时,日志与恢复管理器检查日志中的操作记录,并把数据库恢复到最近的一个一致的状态。

存储管理器的主要任务是控制数据在磁盘上的位置存放和在磁盘与主存间的移动。存储管理器可以包含操作系统命令,但为了提高效率,数据库管理系统常常直接向磁盘控制器发命令,控制磁盘上的存储。存储管理器可跟踪磁盘上的文件位置,根据请求从缓冲区管理器中获取含有请求文件的一个或多个磁盘块。

空间数据库管理系统是另一类在水利行业广泛应用的数据库管理系统,主要用于矢量、栅格和线划图等包含地理或空间位置信息数据的存储。它具有数据库管理系统的所有特点,支持特定的空间数据结构,使数据组织存储更加高效。它还提供特定的空间数据索引机制,提高了空间数据的查询效率。另外,整合空间数据操作函数,可进行空间分析与编辑。

3.2.2 水利数据库类型

1. 水文数据库

水文数据库主要用于存放经过整编的降水、水位、流量、蒸发、含沙量等地表水水文要素观测数据,是所有水利应用最基础的数据库。水文数据库多为时间序列数据,体量不大,普通关系型数据库即可满足要求,已有《全国水文数据库表结构方案 3.0 版》《全国水文数据库标识符手册》《国家水文数据库测站编码表》等技术要求。

2. 水利空间数据库

1)空间定位基准数据库

(1)平面基准。包括各等级三角点、导线点、GNSS 点等。

(2)高程基准。分布在流域一、二、三、四等水准点资料。

(3)重力基准。重力点及 GNSS 测量成果,精化大地水准面,使 GNSS 高程测量精度达到厘米级。

2)地图数据库

建立多分辨率、多层次、多尺度的地图数据库(DLG、DRG),全面表示自然地理、社会经济诸要素的分布及其空间关系。应用时根据不同的显示比例尺或制图比例尺调用不同比例尺数据库的数据。多种比例尺地图数据库按 6 个层次考虑,包括以下方面[15]:

（1）1∶100 万、1∶25 万比例尺地图数据库；

（2）水土流失区、多沙粗沙区 1∶10 万比例尺地形图数据库；

（3）干流河道 1∶10 万比例尺地形图数据库；

（4）部分干流河道 1∶5 万比例尺地形图数据库；

（5）重要河道 1∶1 万比例尺地形图数据库。

不同比例尺的基础地图数据按照金字塔式分块进行存储和管理。对某一比例尺数据，采用块式存储，在物理上按照地图分幅的基本单位分别存储，每一地图图幅又包括若干地理要素层。

3）DEM 数据库

建立 1∶100 万、1∶25 万 DEM 数据库，部分地区建立 1∶10 万数字高程模型数据库，重要河道建立 1∶5 万 DEM 数据库，重要河段建立 1∶1 万 DEM 数据库[15]。

DEM 是地形分析、流域汇流网格分析、工程规划、河势分析、断面生成、库容与工程量计算、水土流失计算及地理环境三维可视化的数据基础。DEM 从两个层面组织数据，一是规则网格；二是不规则三角网。并且要建立这两种数据格式的 DEM。

4）DOM 数据库

建立干流河道 1∶10 万、重要河段 1∶1 DOM 数据库[15]。DOM 主要作为空间地理目标识别、解译，空间数据提取、更新的手段，同时作为三维立体影像（纹理）贴到数字地图上，构成流域三维景观图或影像地图，为虚拟仿真提供素材。DOM 数据库必须按照统一的数学基础进行管理，成为流域基础地理框架的一个影像数据层。

5）遥感影像数据库

建立多种比例尺的航天遥感、航空遥感影像数据库。遥感数据库是多尺度、多时相、多数据源、多分辨率的影像数据的集合，需要采用大型数据库管理系统来管理。

遥感影像在防汛指挥、水量调度、水资源保护和管理、水土保持等领域有重要作用，是重要的信息采集手段之一，能够为河势检测、灾害评估、水体污染分析与评价、生态环境检测等提供现代化的技术手段。

6）防洪工程数据库

充分利用已建的防洪工程数据库，通过防汛指挥系统中的管理维护系统，建立包括水库大坝、堤防、河道、分滞洪区等的设计指标、工程现状及历史运用信息的防洪水利工程数据库。防洪工程数据库主要信息如下。

（1）河道概况。河道特征、河道断面及冲淤情况、桥梁等。

（2）水沙概况。水沙特征值、较大洪水特征值、水位统计及洪水位比较、控制站设计水位流量关系、历史凌汛特征值等。

（3）堤防工程。堤防坡度、堤防标准、堤防作用、堤防横断面、加固情况、涵闸虹吸穿堤建筑物、险点隐患、护堤（坝）工程等。

（4）河道整治工程。干流险工控导工程状况、滚河防护工程情况、支流险工控导工程状况、工程靠溜情况、险情抢险等。

（5）分滞洪工程。特性指标、水位面积容积、堤防、分洪退水技术指标、滞洪区经济状况、淹没损失估算、运用情况等。

（6）水库工程。枢纽工程、水库特征、特征水位、主要技术指标、泄流能力、水位库容曲线、运用情况及历史资料等。

7）地理空间元数据库

元数据被称为数据的数据，比较贴切地反映了元数据对地理数据的描述职能。它描述了数据的结构、内容、质量、条件、来源、编码和索引等内容。设计一个描述能力强、内容完善的元数据结构能有效管理数据，实现不同系统之间信息互操作，为交换和共享空间数据提供高效手段。

3. 水利工程数据库

从流域水利工程的实际出发，水利工程基础数据库数据分为河流、水库、控制站、堤防、海堤、蓄滞洪区、湖泊、圩垸、水闸、跨河工程、治河工程、穿堤建筑物、防洪城市、险点险段、机电排灌站、墒情监测站、地下水监测站和灌区，共18类工程的数据。此类数据执行可按国家防汛办公室提供的工情数据库表结构执行。

涉及的空间数据主要有两类，一类是基础地理信息类，一类是水利工程类。基础地理信息类主要包括地形、地貌、交通、植被等，这些空间数据比例尺可以稍低，如1：25万或1：10万，系统可直接从公用信息平台获取这些数据，无须重新建立；水利工程类图层比例尺应达到1：5万以上，重点水利工程应该达到1：5000或1：1万。

4. 社会经济数据库

社会经济数据库内容包括乡镇级以上行政区划、分行政区划的土地面积、耕地面积、灌溉面积、人口（城镇、农村）、人口密度、产业结构类型、工农业总产值、国民生产总值、固定资产、房屋、厂矿、企业分布、交通情况、文化教育设施和旅游设施等情况。该数据库的最小统计单元在一般农村地区为乡镇一级，对城市为居委会一级，对行蓄滞洪区为村一级，并且通过乡镇、居委会和村等代码与空间数据相关联，实现空间查询、空间统计、空间分析，提供对灾情评估等应用系统所需的社会经济空间数据支持。具体数据库标准可按国家防汛办公室颁布的相关技术标准执行。

5. 多媒体数据库

多媒体是指多种媒体，如数字、正文、图形、图像和声音的有机集成。其中数字、字符等称为格式化数据，文本、图形、图像、声音、视像等称为非格式化数据，非格式化数据具有大数据量、处理复杂等特点。水利信息领域中，多媒体数据，尤其是视频监控数据增长十分迅速。多媒体数据库实现对多媒体数据的存储、管理和查询,具有以下特征。

(1)表示多媒体的数据。非结构化数据表示比较复杂,需要根据多媒体系统的特点来决定表示方法。如果操作的是数据的内部结构且主要是根据其内部特定成分来检索,则可把它按一定算法映射成包含它所有子部分的一张结构表,采用格式化的表结构来表示。如果操作的是数据的内容整体,可以用源数据文件来表示,文件由文件名来标记和检索。

(2)协调处理各种媒体数据。正确识别各种媒体数据之间在空间或时间上的关联。例如,关于乐器的多媒体数据包括乐器特性的描述、乐器的照片、利用该乐器演奏某段音乐的声音等,不同媒体数据之间存在着自然的关联,多媒体对象在表达时必须保证时间上的同步特性。

(3)提供适合非格式化数据查询的搜索功能。对图像、图形、声音等非格式化数据做整体和部分搜索。

(4)提供特种事务处理与版本管理能力。

6. 元数据库

元数据库是关于数据描述信息的数据库,元数据是解决从分布式网络数据库中获取数据的重要手段,应当在建立原始数据库的同时建立结构一致的元数据库体系。元数据对数据库的求精处理、重构工程十分重要。数字流域数据库系统元数据库分为三个层次[15]:第一层为元数据基本集,服务于非空间数据用户,具有描述最基本、最普遍的数据信息;第二层为元数据基础集,服务于具有一定空间知识的管理层用户,具有描述数据较详细的特点;第三层为元数据详细集,描述数据的全部详细信息,服务于决策支持和管理层用户,用户需具备一定的专业知识。因为各层次之间存在密切联系,基本集和基础集可通过一定的抽样方法得到。由于水利空间数据的多样性,应根据不同的数据类型和内容分别构建相应的元数据库。

元数据对数据库的设计、开发、维护和管理,对数据的组织、信息的查询和结果的理解都有重大作用。水利信息化元数据包括以下内容。

(1)外部数据源描述。数据源连接及环境信息,数据源内容的注册和描述,包括外部数据库及其表、字段的描述。

(2)用户信息。用户的基本信息、权限和操作历史等。

(3)事实表、维表和中间表的描述。包括表的基本信息(表名、表结构、数据表来源、数据抽取和转换的规则等)、各个字段的基本信息(字段名、类型、长度、精度、数据来源等)及有关描述信息。

(4)主题描述。包括主题名、主题内容、数据抽取和更新历史、数据更新周期、存储位置、有关描述信息等。

建立元数据的管理模块可以采用面向对象的方法对复杂的元数据进行管理和维护,保证元数据的一致性、完整性、易维护性和系统健壮性。

3.2.3 主流数据库管理系统

1. SQL Server

SQL Server 是微软公司推出的关系型数据库管理系统，具有使用方便、可伸缩性好、与相关软件集成程度高等优点，可供从运行 Microsoft Windows 98 的滕上型电脑到运行 Microsoft Windows 2012 的大型多处理器的服务器等多种平台使用。它是一个全面的数据库平台，使用集成的商业智能（business intelligence，BI）工具提供了企业级的数据管理。Microsoft SQL Server 数据库引擎为关系型数据和结构化数据提供了更安全可靠的存储功能，可以构建和管理用于业务的高可用和高性能的数据应用程序。SQL Server 主要特点介绍如下。

1）NET 框架主机

开发人员通过使用相似的语言，如微软的 Visual C♯.net 和微软的 Visual Basic，创立数据库对象。开发人员还将能够建立两个新的对象——用户定义的类和集合。

2）XML 技术

在使用本地网络和互联网的情况下，在不同应用软件之间散布数据的时候，可扩展标记语言（标准通用标记语言的子集）是一个重要的标准。SQL Server 自身支持存储和查询可扩展标记语言文件。

3）增强的安全性

SQL Server 中的新安全模式将用户和对象分开，提供 fine-grain Access 存取，并允许对数据存取进行更大的控制。另外，所有系统表格将作为视图得到实施，对数据库系统对象进行了更大程度的控制。

4）Transact-SQL 的增强性能

SQL Server 为开发可升级的数据库应用软件，提供了新的语言功能。这些增强的性能包括处理错误，递归查询功能，关系运算符 PIVOT、APPLY、ROW_NUMBER 和其他数据列排行功能等。

5）SQL 服务中介

SQL 服务中介将为大型、营业范围内的应用软件，提供一个分布式的异步应用框架。

6）通告服务

通告服务使得业务可以建立丰富的通知应用软件，向任何设备提供个人化的和及时的信息，如股市警报、新闻订阅、包裹递送警报、航空公司票价等。

7）Web 服务

使用 SQL Server，开发人员将能够在数据库层开发 Web 服务，将 SQL Server 当作一个超文本传输协议（hypertext transfer protocol，HTTP）侦听器，并且为网络服务中心应用软件提供一个新型的数据存取功能。

8）报表服务

利用 SQL Server，报表服务可以提供报表控制，可以通过 Visual Studio 发行。

9）全文搜索功能

SQL Server 支持丰富的全文应用软件。服务器的编目功能齐全，对编目的对象提供更大的灵活性。查询性能和可升级性十分强大，同时新的管理工具将为有关全文功能的运行，提供更深入的了解。

2. Oracle

Oracle 数据库系统是美国甲骨文公司提供的一组以分布式数据库为核心的软件产品，是目前最流行的客户/服务器（CLIENT/SERVER）或 B/S 体系结构的数据库之一。Oracle 作为一个通用的数据库系统，具有完整的数据管理功能；作为一个关系数据库，是一个完备关系的产品；作为分布式数据库，它实现了分布式处理功能。其主要特点如下。

（1）Oracle 7.X 以来引入了共享 SQL 和多线索服务器体系结构。这减少了 Oracle 的资源占用，使之在低档软硬件平台上用较少的资源就可以支持更多的用户，而在高档平台上可以支持成百上千个用户。

（2）提供了基于角色（ROLE）分工的安全保密管理。在数据库管理功能、完整性检查、安全性、一致性方面都有良好的表现。

（3）支持大量多媒体数据，如二进制图形、声音、动画及多维数据结构等。

（4）提供了与第三代高级语言的接口软件 PRO＊系列，能在 C、C＋＋等主语言中嵌入 SQL 语句及过程化（PL/SQL）语句，对数据库中的数据进行操纵。加上它有许多优秀的前台开发工具如 POWER BUILD、SQL＊FORMS、Vista Basic 等，可以快速开发生成基于客户端 PC 平台的应用程序，并具有良好的移植性。

（5）Oracle 数据库自第 5 版起就提供了分布式处理能力，到第 7 版就有比较完善的分布式数据库功能，一个 Oracle 分布式数据库由 Oracle rdbms、sql＊Net、SQL＊CONNECT 和其他非 Oracle 的关系型产品构成。

（6）Oracle 对数据仓库的操作支持较强。

3. DB2

IBM DB2 是美国 IBM 公司开发的一套关系型数据库管理系统，它主要的运行环境为 UNIX（包括 IBM 自家的 AIX）、Linux、IBM i（旧称 OS/400）、z/OS，以及 Windows 服务器操作系统。DB2 主要应用于大型应用系统，具有较好的可伸缩性，可支持从大型机到单用户的环境,可应用于所有常见的服务器操作系统平台。DB2 提供了高层次的数据利用性、完整性、安全性、可恢复性,以及小规模到大规模应用程序的执行能力,具有与平台无关的基本功能和 SQL 命令。DB2 采用了数据分级技术,能够使大型机数据很方便地下载到 LAN 数据库服务器,使得客户机/服务器用户和基于 LAN 的应用程序可以访问大型机数据,并使数据库本地化及远程连接透明化。DB2 以拥有一个非常完备的查询优化器而著称,其外部连接改善了查询性能,并支持多任务并行查询。它还具有很好的网络支持能力,每个子系统可以连接十几万个分布式用户,可同时激活上千个活动线程,对大型分布式应用系统尤为适用。适用于数据仓库和在线事物处理,性能较高。

4. MySQL

MySQL 是一个关系型数据库管理系统,由瑞典 MySQL AB 公司开发,目前属于 Oracle 旗下产品。关系数据库将数据保存在不同的表中,而不是将所有数据放在一个大仓库内,这样就增加了速度并提高了灵活性。MySQL 软件采用了双授权政策,分为社区版和商业版,由于其体积小、速度快、总体拥有成本低,尤其是开放源码这一特点,一般中小型网站的开发都选择 MySQL 作为网站数据库。其主要特点如下。

（1）使用 C 和 C++编写,并使用了多种编译器进行测试,保证了源代码的可移植性。

（2）支持 AIX、FreeBSD、HP-UX、Linux、Mac OS、Novell Netware、OpenBSD、OS/2 Wrap、Solaris、Windows 等多种操作系统。

（3）为多种编程语言提供了 API。这些编程语言包括 C、C++、Python、Java、Perl、PHP、Eiffel、Ruby 和 Tcl 等。

（4）支持多线程,充分利用 CPU 资源。

（5）优化的 SQL 查询算法,有效地提高查询速度。

（6）既能够作为一个单独的应用程序应用在客户端服务器网络环境中,也能够作为一个库嵌入到其他软件中。

（7）提供多语言支持,常见的编码如中文的 GB2312、BIG5,日文的 Shift_JIS 等都可以用作数据表名和数据列名。

（8）提供 TCP/IP、ODBC 和 JDBC 等多种数据库连接途径。

（9）提供用于管理、检查、优化数据库操作的管理工具。

（10）支持大型的数据库。可以处理拥有上千万条记录的大型数据库。

（11）支持多种存储引擎。

5. Access

Access 是微软公司发布的 Office 软件包中的关系数据库软件,其友好的用户操作界面、可靠的数据管理方式、面向对象的操作理念及强大的网络支持功能,受到了众多小型数据库应用系统开发者的欢迎。作为典型的开放式数据库管理系统,可以和 Windows 下的其他应用程序共享数据库资源。Access 具有轻巧便捷的特点,因而常常被应用于水文数据记录中。Access 除具有强大的数据管理功能外,还可以方便地利用各种数据源生成窗体、查询、报表和程序应用等。其主要特性如下[16]:

(1)用户界面简单;

(2)操作简便;

(3)数据对象丰富;

(4)数据共享能力强大;

(5)支持多媒体功能;

(6)支持 Web;

(7)支持 XML。

3.3　数据组织与管理

在数据库基本概念的基础上,本节将具体讲述数据是如何进行组织并存储在磁盘上的。为提高数据库查询效率,构建索引是极为常用的,也是一种重要手段。接下来会对索引的基本概念及数据结构进行介绍。最后部分会提及在水信息领域构建数据库时经常用到的空间数据库引擎,它对快速建库起到十分重要的作用。

3.3.1　底层存储与组织

1. 存储器结构层次

根据 CPU 访问的远近,一个典型的计算机系统包括大致四种层次的存储器件:高速缓冲存储器、主存储器、二级存储器和三级存储器。其层次结构如图 3.1 所示。

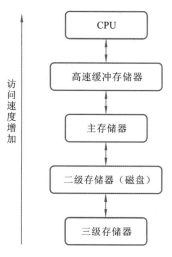

图 3.1　存储器结构层次

高速缓冲存储器(Cache)是CPU直接访问的存储器件,集成在微处理芯片上。高速缓冲存储器中的数据是主存储器中特定数据的副本。程序运行时,机器在高速缓冲存储器中寻找指令和数据,如果指令和数据不在高速缓冲存储器中,就到主存中寻找并将其复制到高速缓冲存储器中,然后将修改后的数据复制到主存储器中原来的位置上。CPU与高速缓冲存储器数据读写以指令的执行速度进行,大概需几纳秒。

主存储器又称主存或内存,是计算机进行操作处理的重要部件。计算机无论是执行指令还是处理数据都需要将它们先驻留到主存上,然后读入高速缓冲存储器。主存访问是随机的,即获得任何一个字节的时间相同,但主存与高速缓冲存储器之间交换数据所用的时间要比访问高速缓冲存储器的时间长得多,通常需要10～100 ns。

磁盘是位于主存储器之上的二级存储器,是目前支持数据读写的主要存储介质,是计算机必不可少的配置器件。其支持随机访问,速度比内存慢很多,但空间很大,可达TB级。磁盘一般被逻辑地划分成许多块,对其访问则以块为单位,每个块的大小通常为4～56 KB。与之对应的主存中的块称为页,数据在磁盘和主存之间以块为单位进行移动。每一次磁盘读或写需要花费10～30 ms,可见访问磁盘比访问主存慢很多。

三级存储器的开发是为了实现大量数据的归档和永久存储。三级存储器主要包括磁带存储器、光盘存储器。使用三级存储器需要专门的设备,从其上访问数据所花的时间从几秒到几分钟不等,速度比较慢。但由于三级存储器成本低,适合于海量数据的归档保存,因此是真正的大数据存储器。

2. 磁盘访问特性

磁盘由磁盘组合和磁头构成。磁盘组合是由一个个盘片组成的,盘片结构如图3.2所示,图中的一圈圈灰色同心圆为一条条磁道,从圆心向外画直线,可以将磁道划分为若干个弧段,每个磁道上的一个弧段称为一个扇区(图中绿色部分)。扇区是磁盘的最小组成单元,通常是512 B。数据以二进制的形式存储在盘片上。

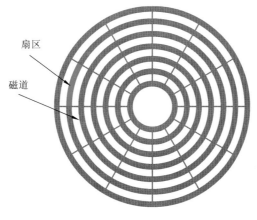

图3.2　盘片结构

图 3.3 展示了由一个个盘片组成的磁盘立体结构,一个盘片上下两面都是可读写的,图中蓝色部分叫柱面。

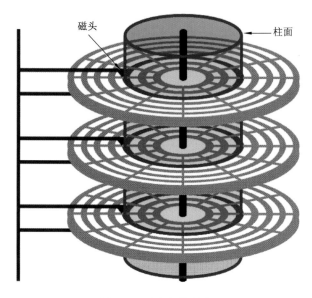

图 3.3　磁盘整体结构

从磁盘的基本结构可以看出,磁盘存储容量由盘片数量、每个盘片磁道的数量、各磁道扇区的数量及每个扇区包含的字节数决定,基本公式为

$$存储容量＝盘数×2×磁道数×每道扇区数×每扇区字节数$$

在文件读取时,进行一个块的读取所经历的过程及花费的时间可以分为以下几个部分。

(1)处理器及磁盘控制器处理请求。时间小于 1 ms,可以忽略。

(2)磁头寻道。将磁头定义到合适柱面的时间为寻道时间。磁头若恰好在所需的柱面上,则寻道时间为 0;若不在,磁头需要移动。一般以平均寻道时间作为量度标准。目前,主流磁盘的平均寻道时间为 9ms 以下。

(3)磁盘旋转。将磁盘进行旋转,使磁头位于组成该块的第一个扇区的起始位置,这个时间为旋转延迟。常用磁盘的平均旋转延迟时间为 5 ms 左右。

(4)数据传输。将数据从磁盘移到主存或按相反方向移动,此过程中磁头从块所包含的第一个扇区起始点移到最后一个扇区终结点所花时间为数据传输时间。磁盘转速越高,数据传输速度越快。

目前主流磁盘的块读取时间为几毫秒到几十毫秒。

3.3.2 索引

查询时若扫描所有记录直至找到所需是非常耗时的,此时可通过辅助的数据结构直接定位查找结果,这种辅助的数据结构称为索引。数据库可存储索引键(建立索引的字段或字段组合)的值及该值所指向的对应记录的物理存储地址的指针。每个索引键值及该值指向地址的指针称为一个索引记录(或索引项)。索引结构中的索引记录按某种顺序排好,这样当查询某一特定键值时,直接在索引记录中找到该值所对应的记录地址,然后到该地址上读取记录即可,如图 3.4 所示。

图 3.4 索引的工作原理

索引结构的设计要考虑所管理的数据特征及其所面对的应用特点,具体如下。

(1)查询类型,即支持哪些类型的查询,如单值查询或特定范围的查询。

(2)查询时间,利用索引找到所需记录的时间。

(3)插入时间,利用索引插入一个新数据项所需的时间,包括找到数据项所在位置的时间和更新索引结构的时间。

(4)删除时间,删除一个数据项所需的时间,包括找到数据项及更新索引结构所需的时间。

(5)索引空间开销,即一个索引所占存储空间的大小。如果占用空间太大,反而不能具有较好的查询性能。设计时,需要在查询空间和查询性能上平衡。

接下来以关系数据库中应用广泛的 B 树索引为例,对索引的结构及工作原理进行示例性阐述。

1. B 树索引结构

B 树是一类平衡的树形索引结构,称 B 树簇。此处的"平衡"是指树的各分枝的叶结点到根结点的距离全部相等。B 树有许多变体,如 B+树、B-树及 B^* 树等。其中,B+树是目前的主流商业系统,如 Oracle、SQLServer 等使用比较广泛的索引结构。

B+树索引是一种树形的多级索引结构。一个典型的 B+树结构包括根结点、叶结点和中间结点,中间结点可以有很多层。每个结点结构如图 3.5 所示,一个包含 n 个结点的索引有 $n-1$ 个索引键值 $K_1, K_2, \cdots, K_{n-1}$ 及 n 个指针 $P_1, P_2, \cdots, P_n$。结点中的索引键值按大小顺序排放,即如果 $i<j$,则 $K_i<K_j$。n 称为结点的扇出。除此之外,不同类型结点在结构上也有差异。

P_1	K_1	P_2	K_2	···	P_{n-1}	K_{n-1}	P_n

图 3.5　B+树的结点结构

对于叶结点来说,结构中的指针 P_i($i=1,2,\cdots,n-1$)指向具有索引码值 K_i 的一个记录或包含具有 K_i 的记录地址的指针桶(索引键值不是主码),如图 3.6 所示。而 P_n 则指向索引键值大的相邻叶结点(图 3.7),所以,P_n 将叶结点按索引值的顺序排列在一起,这种方式允许对文件进行顺序扫描。叶结点中包含键值的个数最少为$(n-1)/2$,即应至少处于半满状态。而各叶结点值的范围是不重叠的。

	149		150		151		···

149	150	151
张三	李四	王五
男	女	女
25	30	27

图 3.6　B+树叶结点的结构

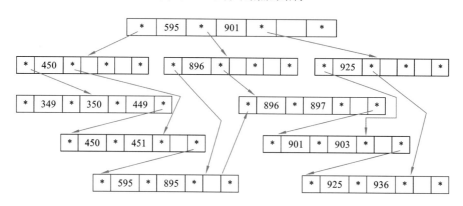

图 3.7　根结点中包含 3 个指针的 B+树索引结构

B+树的所有非叶结点结构与叶结点结构相似,但是非叶结点的所有指针均指向树中下一级非叶结点或叶结点。非叶结点中指针所指结点键值的要求是,指针 P_i($i=1,2,\cdots,n-1$)指向一棵子树,该子树所包含的所有索引键值均小于 K_{i-1},而 P_n 则指向键值大于等于 K_{n-1} 的那部分子树。非叶结点至少包含 $n/2$ 个指针,可以有一层或多层。

B+树的根结点结构与非叶结点结构相同,只是它对指针数目的要求更宽松些,可以小于 $n/2$。除非树只有一个结点,否则根结点的指针数不能小于 2 个。图 3.5 中,根结点中的指针数已达最低要求,不能再少,否则树将不平衡。根结点中的指针数可以更多些(不超过 n),图 3.7 所示是一棵合理的 B+树。B+树的结构要求其必须是严格的平衡树,这个性质保证了 B+树良好的遍历及维护性能。

用B+树建立索引是非常灵活的,既可以在数据文件的主键上建立索引,也可以在非键属性上建立索引,且文件索引顺序可与文件存储顺序不同。可以用B+树在叶结点中为数据文件的每个磁盘块设一个键——指针对,由于数据从磁盘到内存是以块为单位,因此B+树索引结构对大型数据文件非常有效,既能降低索引文件大小,又不降低查询效率。

2. 查询过程

假定用B+树建立稠密索引,即每个索引键值均出现在叶结点上。假设查找索引记录为 K 的记录,其操作过程为从根结点遍历到叶结点的递归查找。从根结点开始,如果其包含 m 个键值:$K_1, K_2, \cdots, K_m$,则将 K 分别与这些值进行比较,然后确定所在子树,通过对应指针进入结点并继续与该结点键值进行比较。重复此过程,直至遍历到索引键值等于 K 的叶结点,再由指针找到对应记录。若查找处于 (a, b) 范围内的所有键值,只要先在B+树中找出索引键值大于 a 的最小索引键值 K_i 所在的叶结点 N,然后在叶结点这一层中从 N 中的第 i 个指针开始向后将每个索引键值与 b 进行比较,直到在某一叶结点 M 中找到小于 b 的最大索引键值 K_j。此时,从叶结点 N 的第 i 个指针到叶结点 M 的第 j 个指针之间的所有指针指向的记录均为符合要求的查找结果。

B+树的结构强大灵活,除可以做数据库索引文件外,也可用于数据文件的组织,在此不再叙述。

3.3.3 空间数据库引擎

每种数据库的数据格式、内部实现机制都是不同的,要利用一种开发工具访问一种数据库,就必须通过一种中介程序,这种开发工具与数据库之间的中介程序就叫数据库引擎。数据库引擎就是操作数据库的一段程序或程序段,可提供存储、处理和保护数据的功能。主流数据库如 SQL Server、MySQL 等都提供原生的数据库引擎支持。而在水利信息管理中,空间数据库引擎使用较多。

地理空间数据引擎是地理空间数据操作及操作语言的另一种表现形式。在面向对象思想的影响下,人们要求将复杂的空间实体操作封装成类,简化一般人员对空间实体的操作难度。在数据库中将对空间数据操作的类称为空间数据引擎(spatial database engine, SDE)。空间数据库引擎就是基于特定的空间数据模型,在特定的数据存储、管理系统的基础上,提供对空间数据的存储、检索等操作,以便在此基础上进行二次开发。SDE 由三个部分组成:一个对所支持的空间数据类型存储、语法、语义预描述的模式;一个空间索引机制;一套操作和函数,执行对兴趣区域的空间查询和管理任务[17]。

目前,空间数据库大多采用关系数据库来组织管理空间地理数据和属性数据,提供对这些数据的有效存储、查询和分析服务,以支持各种空间地理数据的应用。通过空间数据库引擎,可以用传统的关系数据库对空间地理数据加以管理和处理,提供必要的空间关系运算和空间分析功能;通过空间数据库引擎可以实现客户/服务器分布计算模式,实现地理空间数据的透明访问、共享和互操作,从而建立真正意义的分布式空间地理数据库。

扩展关系数据库管理系统管理空间数据有两种途径:一是附着在关系数据库管理系统之上的空间数据引擎,典型代表有 ESRI 公司的 ArcSDE,MapInfo 公司的 SpatialWare,超图地理信息公司的 SDX+,以及大多数国产 GIS 软件自有的空间数据引擎,这类系统一般由 GIS 软件厂商研发,优点是支持通用的关系数据库管理系统,空间数据按 BLOB 存储,可跨数据库平台,与特定 GIS 平台结合紧密,缺点是空间操作和处理无法在数据库内核中实现,数据模型较为复杂,扩展 SQL 比较困难,不易实现数据共享与互操作;二是直接扩展通用数据库的空间数据库系统,如 Oracle Spatial、IBMDB2 Spatial Extender、Informix Spatial DataBlade 及 PostGIS 等,这类系统一般由数据库厂商研发,优点是空间数据的管理与通用数据库融为一体,空间数据按对象存取,可在数据库内核中实现空间操作和处理,扩展 SQL 比较方便,较易实现数据共享与互操作,缺点是实现难度大。

ArcSDE 是 ArcGIS 与关系数据库之间的 GIS 通道。它允许用户在多种数据管理系统中管理地理信息,并使所有的 ArcGIS 应用程序都能够使用这些数据。ArcSDE 是多用户 ArcGIS 系统的一个关键部件,它为 DBMS 提供了一个开放的接口,允许 ArcGIS 在多种数据库平台上管理地理信息,这些平台包括 Oracle、Oracle with Spatial/Locator、Microsoft SQL Server、IBM DB2 和 Informix。如果 ArcGIS 需要使用一个可以被大量用户同步访问并编辑的大型数据库,ArcSDE 可以提供必要的功能。ArcSDE 可以支持海量的空间数据库和任意数量的用户,直至 DBMS 的上限。GIS 中的数据管理工作流,如多用户编辑、历史数据管理、check-out/check-in 及松散耦合的数据复制等都依赖于长事务处理和版本管理,ArcSDE 为 DBMS 提供了这种支持。此外 ArcSDE 保证了存储于 DBMS 中的矢量和栅格几何数据的高度完整性,这些数据包括矢量和栅格几何图形、支持 (x,y,z) 和 (x,y,z,m) 的坐标、曲线、立体、多行栅格、拓扑、网络、注记、元数据、空间处理模型、地图、图层等。ArcSDE 通道可以让用户在客户端应用程序内或跨网络、跨计算机地对应用服务器进行多种多层结构的配置方案,支持 Windows、UNIX、Linux 等多种操作系统。

3.4 数据库体系结构

数据本身的存储与管理对应用效率十分重要,但若进一步提升效率,需要考虑可额外使用的计算资源。数据库系统的体系结构是由其所运行的计算机系统的体系结构决定的,尤其是与计算机系统中的网络类型、资源的分布情况及是否并行运行等因素有着密切的关系。以下分别讨论常见的集中式数据库系统、客户/服务器数据库系统、并行数据库系统及分布式数据库系统[14]。

3.4.1　集中式数据库系统

集中式数据库系统是运行在一台计算机上的连接若干哑终端的数据库系统。其形式包括运行在个人计算机上的单用户数据库系统、运行在高端服务器系统上的高性能数据库系统。集中式数据库系统又可根据使用方式分为单用户系统和多用户系统。

单用户系统只运行一个用户，个人计算机或工作站上运行的数据库系统便属于此类。一般不支持并发控制，故障恢复支持有限，只是在更新前对数据库进行简单的备份。

如果数据库系统运行在高端服务器上，则作为服务器的计算机可能会有多个处理器和若干设备控制器，此时系统可支持多用户同时运行，这些用户通过哑终端向服务器发送查询和处理请求。服务器端则进行数据查询，有时做一些初级数据处理工作，最后将结果返回给用户。此类支持多用户的数据库系统具有比较全面的功能，支持全部事务特征，具有并发控制的能力和基于日志的恢复系统。

在集中式数据库里，大多数功能如修改、备份、查询和控制访问等都很容易实现，而且数据库的建立也比较灵活。比如，小企业资金少，数据量也小，此时可以在个人计算机上建立集中式数据库；而大型企业的数据量比较大，且用户只做查询和少量处理工作，可把数据库建在有多个 CPU 的高端服务器上。

3.4.2　客户/服务器数据库系统

客户/服务器数据库系统机构由客户端和服务器端构成，客户端一般是个人计算机或工作站，而服务器端是大型工作站、小型计算机系统或大型计算机系统。客户端与服务器形成网络，数据库系统的应用程序和工具，如图形用户界面、表格生成工具、报表书写工具等运行在一个或多个客户平台，而 DBMS 软件驻留在服务器上，实现数据查询、并发控制及故障恢复等功能。应用程序和工具作为 DBMS 的客户，向其服务器发送请求，DBMS依次处理这些请求并把结果返回到客户端。与集中式数据库系统不同的是任务在两端进行了重新划分。在集中式结构中，终端只负责发送请求和显示结果，所有数据查询和处理工作及有关图形界面的工作均由服务端实现，而客户/服务器结构则将用户图形界面及一些与用户应用相关的处理程序或工具放在客户端。

客户端的各种工具或应用程序可以是用户自己开发的应用软件，也可以是第三方商用程序，通过开放数据库互联（open database connection，ODBC）或 Java 数据库连接（java database connection，JDBC）接口与服务端的 SQL 引擎连接。应用程序向服务器端发送 SQL 语句，该语句由 ODBC 或 JDBC 接口传送给相应的 SQL 引擎执行，SQL 引擎执行后将结果返回给客户端。

ODBC 是微软提出的数据库访问接口标准。它定义了访问数据库的 API 规范，这些API 独立于不同厂商的 DBMS，也独立于具体的编程语言。ODBC 规范后被 X/OPEN 和

ISO/IEC 采纳,作为 SQL 标准的一部分。而 JDBC 是一种用于执行 SQL 语句的 JavaAPI,可以为多种关系数据库提供统一访问,它由一组用 Java 语言编写的类和接口组成。无论是 ODBC 还是 JDBC 都提供了访问数据库的标准接口,据此可以构建更高级的工具和接口,数据库开发人员编写的任何数据库应用程序都可以通过这些接口直接到服务器上访问数据库。

这种客户/服务器数据库系统优点如下。

(1)客户/服务器数据库系统用比较低廉的平台支持以前只能在大且昂贵的小型或大型计算机上运行的应用程序,这样可以大大减少网络上的传输量。

(2)客户/服务器环境让用户更容易进行产品化工作,并能更好地使用现有的数据。

(3)与集中式系统相比,客户/服务器数据库系统更灵活。服务器(数据库)也能够按照客户需求构建(定制)DBMS 功能,这样可以提供更好的 DBMS 性能,如较小的响应时间和较高的吞吐量。客户端是个人工作站,可以按终端用户的需求进行定制,这样可提供更好的界面、更高的可用性、更快的响应。

(4)几个客户可以共享同一数据库。

目前,随着需要管理的数据量的增大,需要对数据进行更为复杂的处理,单一服务器的客户/服务器结构已经满足不了应用的要求。为此,能处理更多请求和复杂任务的多服务器客户/服务器结构应运而生。在多服务器的客户/服务器结构中,服务端有多个数据库服务器,一个客户端可以向其中的任何一个服务器发送请求,而每个服务器都可以为任意一个客户端服务。

3.4.3 并行数据库系统

并行计算是当传统计算机在解决复杂计算问题时受到计算能力限制而提出的一种有效解决方案。其工作原理是用多个处理器来协同求解同一问题,将被求解的问题分解成若干个部分,各部分均由一个独立的处理机来进行计算,多种计算操作可同时进行。并行计算系统就是执行并行计算的包含若干计算资源的计算机系统,既可以是专门设计的含有多个处理器的超级计算机,也可以是以某种方式互连的若干台独立计算机构成的集群。并行数据库系统根据其共享资源的情况,可有如下体系结构。

(1)共享内存。所有处理器共享一个公共的主存储器。

(2)共享磁盘。所有的处理器共享一组公共的磁盘,每个处理器都有一个主存储器,共享磁盘系统有时称作机群。

(3)无共享。各处理器既不共享公共的主存储器,又不共享公共的磁盘,每个处理器都具有一个磁盘和一个主存储器。

实际应用中,由于不同的体系结构具有各自的优缺点及适用领域,且需要相应的实现技术,因此并行计算系统结构的构建需要考虑具体应用的情况及系统性能。并行数据库系统是指在并行机上运行的具有并行处理能力的数据库系统,是数据库技术与并行计算技术相结合的产物,主要用于提高如决策支持系统、数据仓库及联机分析系统、数据挖掘与知识发现等数据密集型应用的执行性能。类似地,并行数据库硬件体系也包括三种。

共享内存结构包括多个处理器、一个全局共享的内存和多个磁盘存储,各处理器通过高速通信网络与共享内存连接,并均可直接访问系统中的任意磁盘存储。这种结构主要有两点优点。第一,多个为数据库提供服务的处理器通过全局共享内存来交换消息和数据,通信效率很高,存放在共享内存中的数据可以被任何一个处理器访问,而不需要由软件将它们移来移去。查询内部和查询间的并行性实现也不需要额外开销。第二,在数据库软件的编制方面与单处理机情形区别不大,软件编程比较容易实现。这种结构由于使用了共享的内存,所以可以基于系统的实际负荷来动态地给系统中的各个处理器分配任务,从而可以很好地实现负荷均衡。

共享磁盘结构由多个具有独立内存的处理器和多个磁盘构成。各个处理器相互之间没有任何直接的信息和数据的交换,多个处理器和磁盘存储由高速通信网络连接,每个处理器都可以读写全部的磁盘存储。这种结构常用于实现数据库集群,硬件成本低,可扩充性好,可用性强,且可以很容易地从单处理器系统迁移,还可以容易地在多个处理器之间实现负载均衡。这种结构的一个明显不足是多个处理器使用系统中的全部磁盘存储,因此,当处理器增加时可能会导致磁盘争用而造成的性能问题。系统中的每一个处理器可以访问全部的磁盘存储,磁盘存储中的数据被复制到各个处理器各自的高速缓冲区中进行处理,这时会出现多个处理器同时对同一磁盘存储位置进行访问和修改,最终导致数据的一致性无法保障。因此,在结构中需要增加一个分布式缓存管理器来对各个处理器的并发访问进行全局控制与管理,但这会带来额外的通信开销。

无共享资源结构由多个完全独立的处理结点构成,每个处理结点具有自己独立的处理器、独立的内存和独立的磁盘存储,多个处理结点由高速通信网络连接,系统中的各个处理器使用自己的内存独立地处理自己的数据。这种结构中,每一个处理结点就是一个小型的数据库系统,多个结点一起构成整个分布式的并行数据库系统。由于每个处理器使用自己的资源处理自己的数据,不存在内存和磁盘的争用,提高了整体性能。另外这种结构具有优良的可扩展性——只需增加额外的处理结点,就可以以接近线性的比例增加系统的处理能力。这种结构中,由于数据是各个处理器私有的,因此数据的分布就需要特殊的处理,以尽量保证系统中各个结点的负载基本平衡,但在目前的数据库领域,这个数据分布问题已经有了比较合理的解决方案。由于数据是分布在各个处理结点上的,使用这种结构的并行数据库系统,在扩展时不可避免地会导致数据在整个系统范围内的重分布问题。

目前,在并行数据库领域,共享内存结构已经很少被使用了,共享磁盘结构和无共享结构则由于其各自的优势而得以应用和发展。共享磁盘结构的典型代表是 Oracle 集群,无共享结构的典型代表是 Teradata、IBM DB2 和 MySQL 的集群。

并行数据库要求尽可能并行执行所有数据库操作,其具体目标是高性能、高可用性及可扩充性。

（1）高性能。通过将数据库在多个磁盘上分布存储，利用多个处理机对磁盘数据进行并行处理以解决 I/O 瓶颈问题，并通过开发查询间的并行性、查询内的并行性及操作内的并行性、提高查询的效率。

（2）高可用性。指并行数据库系统的健壮性，即当并行处理结点中的一个或多个结点部分失效或完全失效时，整个系统对外持续响应的能力。高可用性可以同时在硬件和软件两个方面提供保障。在硬件方面，通过冗余的处理结点、存储设备、网络链路等硬件措施，可以保证当系统中某结点部分或完全失效时，其他硬件设备可以接手其处理，对外提供持续服务。在软件方面，通过状态监控与跟踪、数据复制、日志等技术手段，可以保证当系统中某结点部分或完全失效时，由它所进行的处理或由它所掌控的资源可以无损失或基本无损失地转移到其他结点，并由其他结点继续对外提供服务。

（3）可扩充性。指并行数据库系统通过增加处理结点或者硬件资源（处理器、内存等），使其可以平滑地或线性地扩展其整体处理能力的特性。可扩充性可以用线性伸缩比或扩张比、线性加速比进行衡量，以保证系统的高性能。

线性伸缩比指一倍的计算任务在一倍的计算资源系统中完成所需要的时间与 N 倍的计算任务在 N 倍的计算资源系统中完成所需要的时间之比。理想情况下比例为 1。

线形加速比指对于一个固定的计算任务，在一倍的计算资源系统中完成所需要的时间与在 N 倍的计算资源系统中完成所需要的时间之比。理想情况下该比例为 N，即任务不变时，计算资源增加 N 倍，系统性能也提高 N 倍。

3.4.4 分布式数据库系统

分布式数据库是数据库技术与网络技术相结合的产品，是当下数据库领域十分流行的分支。在这种体系结构中，数据库存储在物理上分散的若干结点中。每个结点又是一个独立的数据库系统，拥有本地数据库及一定数量的客户端。结点之间通过高速互联网络连接，它们不共享内存和磁盘，每个结点又称为站点。

分布式数据库系统使用的网络类型分为局域网和广域网两种。局域网具有速度快、误码率低等特点，有助于建立大规模的共享磁盘系统，即通过高速网络连接大量的磁盘存储设备，和使用数据的计算机建立存储局域网。存储局域网有利于提高系统的可用性，可通过增加更多的计算机来扩展升级。广域网的传输速率比局域网低，信号的传播延迟比局域网大得多。广域网的典型速率为 56 KB/s～155 MB/s，现在已有更高速率。传播延迟可从几毫秒到几百毫秒。广域网优点在于能适应大容量与突发性通信的要求，适应综合业务服务的要求，具有开放的设备接口、规范化的协议及完善的通信服务与网络管理。

分布式数据库与无共享并行数据库系统类似，即不共享内存，不共享磁盘，通过高速网络连接，但二者之间有着本质的区别。首先，分布式数据库系统中的各站点在地理上是分散的，可能相距很远。站点间虽然通过高速因特网连接，但因特网的速度实际上不可能太高,比并行系统的高速通信网络速度要低得多。并行数据库系统各个结点是不能在地理上分离的,一般在一个机房内,这样才能保证通信网络的高速度,从而保证各结点并行计算协调一致。其次,在分布式数据库系统中,每个站点是一个本地数据库,响应本地用户的请求,只有用户所需要的数据在其他站点上时,才向其他站点发送请求。因此,分布式系统会把事务区分成本地事务和全局事务,本地事务只在本地操作,其他站点均不参与,全局事务则由相关站点参与,不相关的站点不参与处理。在无共享并行系统中,事务均一致对待,根据并行处理力度的不同,决定每个事务执行时参与的处理结点的数量,且各处理结点同时操作、协同执行,完成任务。

构建分布式数据库系统的主要目标如下。

(1) 降低构建成本。使用数据库的单位在组织上和地理上经常是分散的,构建分布式系统要符合部门分布的组织结构,使各部门常用的数据存储在本地,即资源尽量靠近用户,这样可降低通信代价,提高响应速度,降低数据维护费用。

(2) 提高系统的可靠性和可用性。主要方法是将数据分布到若干个站点,并通过增加适当的冗余度提供更好的可靠性。

(3) 充分利用数据库资源。一般来说,大型企业或部门拥有若干数据库。为让企业的高层和其他部门共享整个企业的数据,可利用相互的资源,开发全局应用,研制分布式数据库系统,可以看成是自底向上地建立分布式系统。

(4) 提高系统的扩展能力。分布式数据库结构为扩展系统的处理能力提供了较好的途径。在分布式数据库系统中增加一个新的结点,比在集中式系统中扩大系统规模要方便、灵活、经济很多,又不会影响现有系统的结构的正常运行。但在设计分布式数据库系统时,需要仔细考虑全局逻辑数据模型的设计及控制,从而使系统具有良好的扩展能力。

3.5 数据库设计

3.5.1 数据库设计概述

数据库设计是建立数据库细节数据模型的过程,这个数据模型包含了数据定义语言中生成设计所需的逻辑和物理设计选项及物理存储参数,这些参数可用来创建数据库。一个完全属性的数据模型包含每个实体的详细属性。

数据库设计是建立数据库及其应用系统的技术,是信息系统开发和建设中的核心技术。由于数据库应用系统的复杂性,为了支持相关程序运行,数据库设计就变得异常复杂,因此最佳设计不可能一蹴而就,而只能是一种“反复探寻,逐步求精”的过程,也就是规划和结构化数据库中的数据对象及这些数据对象之间关系的过程。

术语数据库设计可描述整个数据库设计的不同部分,它可看作是用来存储数据的基本数据结构的逻辑设计,在关系模型中,表现为表和视图。在对象数据库中,实体和关系直接映射到对象类和命名关系上。然而,术语数据库设计也可以应用于设计的整个过程,它不仅仅是基础数据结构,它还可以用于 DBMS 中具体应用程序使用的部分表单的查询[18]。

1. 数据库设计原则

(1)规范命名。所有的库名、表名、域名必须遵循统一的命名规则,并进行必要说明,以方便设计、维护、查询。

(2)控制字段的引用。在设计时,选择适当的数据库设计管理工具,以方便分布式设计和集中审核管理。采用统一的命名规则,如果设计的字段已经存在,可直接引用;否则,应重新设计[19]。

(3)库表重复控制。在设计过程中,如果发现大部分字段都已存在,应怀疑所设计的库表是否已存在。通过对字段所在库表的查询,可以确认库表是否确实重复。

(4)并发控制。设计中应进行并发控制,即对于同一个库表,在同一时间只有一个人有控制权,其他人只能进行查询。

(5)数据完整性设计。设计中应实现完整性机制包括实体完整性和参照完整性,用约束而非商务规则强制数据完整性、强制指示完整性并使用查找功能控制数据完整性。

数据库设计满足应以下功能。

(1)数据定义功能。提供相应数据语言来定义数据库结构,它们用来刻画数据库框架,并被保存在数据字典中[20]。

(2)数据存取功能。提供数据操作语言,实现对数据库数据的基本存取操作,如检索、插入、修改和删除。

(3)数据库运行管理功能。提供数据控制功能,使数据的安全性、完整性和并发控制等对数据库运行进行有效的控制和管理,以确保数据正确有效[21]。

(4)数据库的建立和维护功能。包括数据库初始数据的装入,数据库的转储、恢复、重组织,系统性能监视、分析等功能。

数据库设计过程包括由数据库设计人员执行的一系列步骤。一般来说,设计师必须:① 确定要存储在数据库中的数据;② 确定不同数据元素之间的关系;③ 在这些关系的基础上,将逻辑结构叠加在数据上。

上述关系模型的最后一步通常可以分为两个步骤,第一步,确定分组的信息系统中,哪些信息为存储的基本对象;第二步,确定这些团体之间关系的信息或对象。这个步骤对于对象数据库来说不是必要的。

2. 数据库设计流程

数据库设计一般包含六个阶段:需求分析、概念结构设计、逻辑结构设计、物理结构设计、验证设计、运行与维护。数据库设计分为数据库结构设计和数据库行为设计。数据库结构设计包括概念结构设计、逻辑结构设计和物理结构设计,行为设计包括数据库功能组织设计和流程控制。数据库设计流程如图3.8所示。

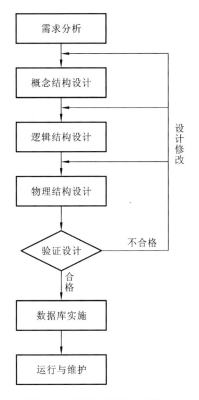

图 3.8 数据库设计主要流程

数据库结构设计过程是在数据库需求分析的基础上,逐步形成对数据库概念、逻辑、物理结构的描述。

(1) 概念结构设计的结果是形成数据库的概念模式,用语义层模型描述,如 E-R 模型。

(2) 逻辑结构设计的结果是形成数据库的逻辑模式与外模式,用结构层模型描述,如基本表、视图等。

(3) 物理结构设计的结果是形成数据库的内模式,用文件级术语描述,如数据库文件或目录、索引等。

三个层次的数据库设计的主要区别如表3.1所示。

表 3.1 不同层次数据设计的区别

分类	概念数据模型	逻辑数据模型	物理数据模型
数据结构	包括高级数据结构	包括实体(表)、属性(列/字段)和关系(键)	包括表、列、键、数据类型、验证规则、数据库触发器、存储过程、域和访问约束
名称定义	非技术名称,是各级管理人员能够了解建筑描述的数据基础	使用实体和属性的业务名称	对表和列使用更多定义和较不通用的特定名称,如 DBMS 和任何公司定义的标准
抽象层次	使用非技术术语创建结构描述的一般高级数据结构	独立于技术(平台,DBMS)	包括用于快速访问数据的主键和索引
规范化	可能无法规范化	归一化为第四正常形式(4 normal format,4NF)	可以根据数据库的性质将其归一化以满足性能要求。如果数据库的性质是在线事务处理(on line transaction processing,OLTP)或操作数据存储(operational data store,ODS),那么它通常不会被归一化。数据仓库中的归一化过程很常见

1) 需求分析

需求分析阶段的设计目标是弄清现实世界要处理的对象及相互关系,清楚原系统的概况和发展前景,明确用户对系统的各种需求,得到系统的基础数据及其处理方法,确定新系统的功能和边界。

需求分析调查的具体内容有三方面。

(1) 数据库中的信息内容。数据库中需存储的数据包括用户将从数据库中直接获得或者间接导出的信息的内容和性质。

(2) 数据处理内容。用户要完成数据处理的功能;用户对数据处理响应时间的要求;数据处理的工作方式。

(3) 数据安全性和完整性要求。数据的保密措施和存取控制要求;数据自身的或数据间的约束限制[22]。

2) 概念结构设计

概念结构设计是将系统需求分析得到的用户需求抽象为信息结构的过程。概念结构设计的结果是数据库的概念模型。概念结构独立于数据库逻辑结构和支持数据库的DBMS,其主要特点表现在以下方面。

(1) 概念模型是现实世界的一个真实模型。概念模型应能真实、充分地反映现实世界,能满足用户对数据的处理要求。

(2) 概念模型应当易于理解。概念模型只有被用户理解后才可以与设计者交换意见,参与数据库的设计。

(3) 概念模型应当易于更改。由于现实世界(应用环境和应用要求)会发生变化,这就需要改变概念模型,易于更改的概念模型有利于修改和扩充。

(4)概念模型应易于向数据模型转换。概念模型最终要转换为数据模型。设计概念模型时应当注意,使其有利于向特定的数据模型转换。

3)逻辑结构设计

数据库设计中,从概念结构到逻辑结构的设计是一个重要环节。逻辑结构设计是否恰当,直接影响到整个数据库系统的功能和效率。这一阶段的设计也是数据库系统主动优化阶段,能为以最小成本获得最大性能增益提供可能。通过对逻辑结构设计进行优化,使数据库在满足需求条件下,时空开销性能最佳,可以保证系统运行的优良性质。

逻辑结构设计的主要任务把概念结构设计阶段设计好的基本 E-R 图转换为与选用 DBMS 产品所支持的数据模型相符合的逻辑结构。逻辑结构设计主要包含三部分内容:一是将概念结构转化为一般的关系、网状、层次模型;二是将转换来的关系、网状、层次模型向特定 DBMS 支持下的数据模型转换;三是对数据模型进行优化。当前关系型数据库依然是最主流的数据库系统,因此本书只介绍概念结构转化为关系型逻辑结构,即 E-R 图向关系模型的转换,需要将实体型和实体间的联系转换为关系模式,确定这些关系模式的属性和码。

4)物理结构设计

根据特定数据库管理系统提供的多种存储结构和存取方法等所依赖的具体计算机结构的各项物理设计措施,对具体的应用任务选定最合适的物理存储结构(包括文件类型、索引结构和数据的存放次序与位逻辑等)、存取方法和存取路径等。这一步设计的结果就是所谓的"物理数据库"。

物理数据库设计的动机就是数据量的增大和并发用户数的增加,因为这些因素会导致数据库系统的性能不能满足用户需求。所以,当前的数据库物理设计在整个数据库生命周期中的地位越来越重要,而针对物理数据库设计的技术也越来越强大。

索引技术是最原始的物理数据库设计技术,在早期的关系数据模型中,十分重视索引对于数据访问的作用,而且该技术确实很好地解决了用户对数据的访问需求。但是随着数据量的增大,仅仅使用索引已经不能满足查询需求,因为索引本身的访问就会占去整个查询的大部分时间,所以需要研究不同的索引技术来解决索引的性能问题。

分区是对表的分区,对分区表使用合理的分区索引可以极大提高分区表的检索效率。而分区索引需要针对不同的分区类型和数据分布合理设计,在资源需求和效率之间合理平衡。

在物理数据库设计中,需要选择是否使用压缩技术来存储表数据,这种压缩会对相同的属性值进行压缩,通过内部计算记录这些相同值的原始位置。数据压缩可以通过访问一个数据块而访问更多的数据,其实其本质还是减少了磁盘 I/O。使用数据压缩会额外消耗 CPU 的计算时间,但是实际工程中使用数据压缩的好处往往多于 CPU 额外开销带来的不利影响。

数据库的物理结构最终是数据文件和数据块,而这些数据文件肯定是存储在物理磁盘上的,所以可以通过物理磁盘的高效访问或者高可用的技术来提高数据访问时间,并提高对数据自身的保护。

RAID(redundant arrays of independent disks)是廉价冗余阵列,是最普遍的技术,通过 RAID 可以改善数据的可靠性,提高 I/O 的性能。RAID 的不同设计方式对于可靠性和 I/O 的性能影响很大。如 RAID1 具有比较好的可靠性和读取速度,但写的代价大,RAID1 不适合频繁写的系统;RAID0+1 在 RAID1 基础上读取的速度更快,这是普遍采用的方式;而 RAID5 提供比较好的可靠性,但性能会受到影响,不适用于写操作频繁的系统。RAID 还有更多的组合方式,需要根据具体需求,从可用性和磁盘读写效率上合理平衡来选择一种 RAID 组合。不同的 RDBMS 会提供自己的存储方案,或者提供基于自身的存储技术,从而更好地无缝连接自己的数据库系统,如 Oracle 自动存储管理 ASM 在集群中就广泛应用,使用效果十分理想。

5)验证设计

在上述设计的基础上,收集数据并具体建立一个数据库,运行一些典型的应用任务来验证数据库设计的正确性和合理性。一般一个大型数据库的设计过程往往需要经过多次循环反复。当设计的某步发现问题时,可能就需要返回到前面去进行修改。因此,在做上述数据库设计时就应考虑到今后修改设计的可能性和方便性。

6)运行与维护

在数据库系统正式投入运行的过程中,必须不断地对其进行调整与修改。

至今,数据库设计的很多工作仍需要人工来做,除了关系型数据库已有一套较完整的数据范式理论可用来部分地指导数据库设计之外,尚缺乏一套完善的数据库设计理论、方法和工具,以实现数据库设计的自动化或交互式的半自动化设计。所以数据库设计今后的研究发展方向是研究数据库设计理论,寻求能够更有效地表达语义关系的数据模型,为各阶段的设计提供自动或半自动的设计工具和集成化的开发环境,使数据库的设计更加工程化、规范化和方便易行,使得在数据库的设计中充分体现软件工程的先进思想和方法。

3. 蓄滞洪区数据库设计内容

根据具体数据收集和以前使用的数据库的情况,蓄滞洪区数据库采用了国家防汛指挥系统对数据库建库的规定,代码和标识符的设计将遵循国家标准、部颁标准和行业习惯标准。

基础数据库包括工情信息库、社会经济信息库、模型数据库、综合数据库和规划数据库等。

工情信息库包括河道站防洪任务表、水系河道情况相关表、水库情况相关表、堤防情况相关表、蓄滞洪区情况相关表、排灌站基本情况表、水闸基本情况表。

社会经济信息库包括蓄滞洪区内各村庄的行政关系表及村级的人口、房屋、财产、土地利用、播种情况、固定资产等的信息表。

模型数据库包括记录模型数据与相关数据之间的关联表,模型中标准点的基础值、村庄基础值等。

综合数据库主要是从蓄滞洪区运用预案中整理出的数据表,包括蓄滞洪区防汛领导、抢险救生、通信报警、转移安置等方面数据。

规划数据库是从具体蓄滞洪区建设与管理规划报告中整理出的数据表格,有方案结论、方案工程量、堤防、水闸、口门、水库、庄基、撤退路和居民外迁等。

蓄滞洪区管理信息系统数据库是根据目前已经建设的各种应用服务数据库进行一定扩充建设的。针对当前大数据的特点,即管理的信息种类繁多,数据库在性能方面需要具备处理大数据量的能力,避免产生系统瓶颈,同时应能体现出对大数据量一致性管理和易挖掘性的潜在能力。数据库设计从历史数据中获取规律性以指导蓄滞洪区管理的规划和决策,促进数据的有效利用。

3.5.2 数据库概念设计

1. 概念设计方法

概念设计的目标是产生符合现实世界实体信息需求的数据概念结构,即概念模式。概念模式是现实世界实体及其关系的概念描述,独立于计算机软件系统和硬件结构,独立于支持数据库的 DBMS,是对现实世界的一种形式化抽象。

概念模式是对业务信息需求的高级描述,通常只包含主要概念和它们之间的主要关系。通常概念模式是第一个模型,在没有足够的细节来构建实际数据库的情况下,这个模型描述了一组用户的整个数据库的结构。概念模型也称为数据模型,数据模型可以用于描述数据库系统实现时的概念模式。它隐藏了物理存储的内部细节和描述实体、数据类型、关系和约束的目标。

概念模式在数据库的各级模式中的地位如图 3.9 所示。由图 3.9 可见概念模式是数据库设计的基础,它不仅是与用户交流的桥梁,也是承接内外模式的关键,其重要性不容忽视。

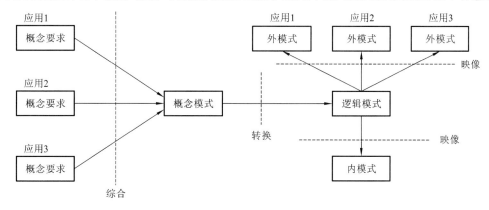

图 3.9 数据库模式关系图

1）概念设计的主要步骤

概念设计一般可分为三步来完成：进行数据抽象，设计局部概念模式；将局部概念模式综合成全局概念模式；设计验证。

（1）进行数据抽象，设计局部概念模式。局部概念设计是针对单个实体或者一类实体进行概念设计，需要从个别用户的需求出发，针对该类用户的信息实体，结合实际应用需求，解析实体属性和实体间的关系，形成局部的概念模式。它主要运用聚类和概括两种抽象方法，将相似实体划归为一类，并概括该类的属性和不同类之间的关系。

（2）将局部概念模式综合成全局概念模式。如果把局部概念模式比作砖块，那么全局概念模式就是整个建筑，它需要综合各个局部模式，去掉冗余部分，整合实体关系，最终合并成全局概念模式。其中最关键的是消除同类实体在不同部分定义不一致的问题，包括同名异义、异名同义和同一实体在不同层次中被抽象为不同类型的对象，还有不同局部对同一实体的抽象详尽程度不同。

（3）设计验证。在完成全局概念设计，消除了语义不一致问题后，就可把全局概念模式提交评审验证。评审分为需求评审与 DBA 及应用开发人员评审两部分。需求评审主要包括验证全局概念模式是否符合用户需求，表达的实体属性及实体间关系是否正确，整体与局部之间的语义关系冲突是否消除，各个实体划分是否合理、是否存在歧义等。对于验证不合格的全局概念设计，需要设计人员重新分析用户需求，进行模式设计修改。

2. E-R 概念模式

1）E-R 模型简介

实体关系模型（E-R 模型）描述了用户特定知识领域中感兴趣的相关事物。E-R 模型由实体类型组成，对感兴趣的事物进行分类，并指定这些实体类型实例之间的关系。

在软件工程中，通常形成一个 E-R 模型来表示业务在执行流程中需要保存的事情。因此，E-R 模型是一个抽象的数据模型，它定义了可以在数据库中实现的数据或信息结构，通常是关系数据库。

E-R 模型由 Peter Chen 最早提出，并发表于 1976 年的论文中，然而，这个想法的变种以前就存在了。一些 E-R 模型显示了由泛化-具化关系连接的超类和子类实体，E-R 模型也可以用于特定领域的本体规范中。

一个实体可以定义为一个能够独立存在的事物。实体是从域的复杂性抽象出来的。当谈到一个实体时，通常谈论的是现实世界的某些方面，这些方面可以与现实世界的其他方面区别开来。

实体是存在于物理或逻辑上的事物。实体可能是实体对象，如河流、湖泊（它们存在于物理上），也可能是防汛调度、审批流程等概念（它们以逻辑作为概念存在）。虽然术语实体是最常用的,但应该区分实体和实体类型。严格地说,实体类型是一类,而一个实体是给定实体类型的一个实例,通常实体类型有许多实例。由于实体类型有点麻烦,所以大多数人倾向于使用实体作为实体类型的同义词。可以认为实体是名词,如堤坝、河道、水闸、洪水演进。

实体关系描述了实体之间是如何相互关联的。可以认为关系是动词,连接两个或多个名词,例如,大坝与水库之间存在一种隶属关系,即某大坝是水库的附属物;河流 A 流入湖泊 B,那么 A、B 就存在一种空间关系。

上面描述的模型在语言方面使用了定义式数据库查询语言 ERROL,它模仿了自然语言结构。ERROL 的语义和实现基于重组的关系代数(recombinant relational algebra,RRA),这是一种与实体关系模型相适应的关系代数,重点是它在语言方面具有表达优势。

实体和关系都可以具有属性。示例:河流都有一个唯一的编码属性;河流和水库的流入关系可能有一个数值属性,如流量。

每个实体(除非它是一个弱实体)都必须有一组最小的唯一标识属性,称为实体的主键。实体关系图不显示单个实体或关系的单个实例,相反,它们显示的是实体集(相同实体类型的所有实体)和关系集(相同关系类型的所有关系),是对一类实体关系的概括。例如,一条特定的河流是河流类型的一个实体,中国所有的河流则是一个实体集,一般 E-R 图表示的河流长度属性是针对河流类的,是每条河流属性的抽象概括。

2)E-R 图组成部分

在 E-R 图中有如下四个成分。

(1)矩形框。表示实体,框中填写实体名。

(2)菱形框。表示关系,框中填写关系名。

(3)椭圆形框。表示实体或关系的属性,框中填写属性名。对于主键属性名,则在其名称下划一下划线。

(4)连线。实体与属性之间、实体与关系之间、关系与属性之间用直线相连,并在直线上标注关系的类型。对于一对一关系,要在两个实体连线方向各写 1;对于一对多关系,要在一的一方写 1,多的一方写 N;对于多对多关系,则要在两个实体连线方向各写 N、M。

3)构图要素

构成 E-R 图的三个基本要素是实体、属性和关系,其表示方法如下。

(1)实体。现实世界中客观上可以相互区分的事物就是实体,实体可以是具体的人和物,也可以是抽象的概念与关系。关键在于一个实体能与另一个实体相区别,每个实体至少具有一个唯一的特征。用实体名及其属性名集合来抽象和刻画同类实体,在 E-R 图中用矩形表示,矩形框内写明实体名,如具体的河流长江、地理要素类型湖泊都是实体。

如果是弱实体的话,在矩形外面再套实线矩形。

（2）属性。属性是实体所具有的特性,一个实体可由若干个属性来刻画。属性不能脱离实体,属性是相对实体而言的,在 E-R 图中用椭圆形表示,并用无向边将其与相应的实体连接起来,如蓄滞洪区的编号、面积、位置都是属性。如果是多值属性的话,在椭圆形外面再套实线椭圆,如果是派生属性则用虚线椭圆表示。

（3）关系。关系也称联系,在信息世界中反映实体内部或实体之间的关联。实体内部的关系通常是指组成实体的各属性之间的关系;实体之间的关系通常是指不同实体集之间的联系。关系在 E-R 图中用菱形表示,菱形框内写明关系名,并用无向边分别与有关实体连接起来,同时在无向边旁标上关系的类型（$1:1$,$1:n$ 或 $m:n$）。例如,河流流入湖泊存在流入关系,河流长度和河流曲率存在数值关系。如果是弱实体的联系,则在菱形外面再套菱形。

3.5.3 数据库逻辑设计

1. 逻辑设计步骤

概念设计的结果是得到一个与 DBMS 无关的概念模式。而逻辑设计的目的是把概念设计阶段设计好的全局概念模式转换成与选用的具体机器上的 DBMS 所支持的数据模型相符合的逻辑结构（包括数据库模式和外模式）。这些模式在功能、完整性和一致性约束及数据库的可扩充性等方面均应满足用户的各种要求。

数据库的逻辑结构设计的任务是把 E-R 图转换成特定的 DBMS 支持的关系模型,再对关系模型进行优化。从概念模型的 E-R 图转换成逻辑结构的数据模型,通常要根据一般的转换规则把同一联系的属性放在一个关系模式中,从而不同的联系形成若干个关系模式,但这样形成的关系模式未必是最优逻辑结构,我们要从实际需要出发,对逻辑结构进行优化,才能使系统有最佳的性能。

逻辑结构优化其实就是通过对关系模式进行分解、合并和调整来提高应用的效率。逻辑结构中的关系模式映射到实际应用中就是数据库表的结构,设计出好的关系模式即好的基本表结构及做好索引和聚簇是逻辑结构优化的必由之路。

对于逻辑设计而言,应首先选择 DBMS,但往往数据库设计人员没有挑选的余地,都是在指定的 DBMS 上进行逻辑结构的设计。本书采用关系模式来存储非空间数据类型数据,采用文件模式存储地理图层数据。

综上所述,本书逻辑设计主要是把概念模式 E-R 图转换成关系型 DBMS 能处理的模式。转换过程中要对模式进行评价和性能测试,以获得较好的模式设计。逻辑设计的主要步骤有五步,如图 3.10 所示。

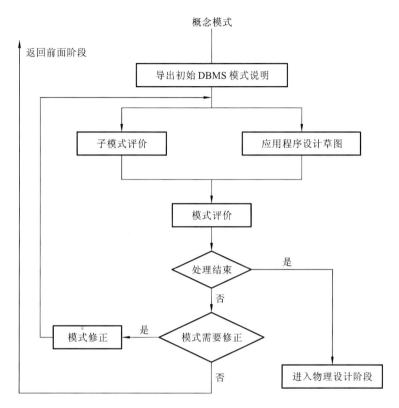

图 3.10　逻辑模式流程图

2. 蓄滞洪区基础数据逻辑设计

由于关系模型的固有优点,逻辑设计可以运用关系数据库模式设计理论,使关系数据库逻辑设计的设计过程形式化地进行,并且结果可以验证。从关系数据库逻辑设计的过程可以看出,概念设计的结果直接影响到逻辑设计过程的复杂性和效率。在概念设计阶段已经把关系规范化的某些思想用作构造实体类型和联系类型的标准,在逻辑设计阶段,仍然要使用关系规范化理论来设计模式和评价模式。关系数据库逻辑设计的结果是一组关系模式的定义。

关系数据库逻辑结构设计流程如图 3.11 所示。

蓄滞洪区静态工情数据库包括河流、水库、水文测站、堤防、海堤、蓄滞(行)洪区、湖泊、机电排灌站、水闸、跨河工程、治河工程、穿堤建筑物、险工险段、灌区和城市防洪等大类,该数据库表结构以《国家防洪工程数据库设计报告》为基础设计。

蓄滞洪区工程图和音像资料均属非结构化数据。其中,工程图(包括流域水系图、湖泊分布图及工程图等)的类型为扫描图或者是用 AutoCAD 等应用软件绘制的电子图。音像资料包括静态和动态、声音数据、录像等。工程图和音像资料数据表与水利工程对象相关联。

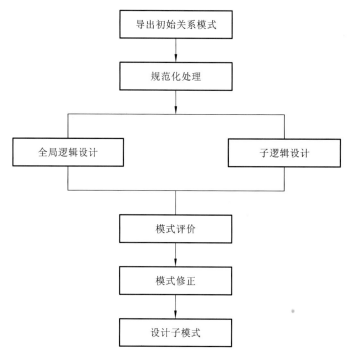

图 3.11　数据库逻辑设计流程图

3.5.4　数据库物理设计

　　数据库物理设计就是设计数据库的物理结构,根据数据库的逻辑结构来选定 RDBMS(如 Oracle、Sybase 等),并设计和实施数据库的存储结构、存取方式等。

　　数据库逻辑设计是整个设计的前半段,包括所需的实体和关系,实体规范化等工作。设计的后半段则是数据库物理设计,包括选择数据库产品,确定数据库实体属性(字段)、数据类型、长度、精度确定、DBMS 页面大小等。

　　数据库物理设计是后半段。当将一个给定的逻辑结构实施到具体的环境中时,逻辑数据模型要选取一个具体的工作环境,这个工作环境可以提供数据存储结构与存取方法,这个过程就是数据库的物理设计。

　　物理结构依赖于给定的 DBMS 和硬件系统,因此设计人员必须充分了解所用 RDBMS 的内部特征、存储结构、存取方法。数据库的物理设计通常分为两步。

　　第一步,确定数据库的物理结构。

　　(1)确定数据的存储结构。确定数据库存储结构时要综合考虑存取时间、存储空间利用率和维护代价三方面的因素。这三个方面常常是相互矛盾的,如消除一切冗余数据虽然能够节约存储空间,但往往会导致检索代价的增加,因此必须进行权衡,选择一个折中方案。

（2）设计数据的存取路径。在关系数据库中,选择存取路径主要是指确定如何建立索引。例如,应把哪些域作为次码建立次索引,建立单码索引还是组合索引,建立多少个为合适,是否建立聚集索引等。

（3）确定数据的存放位置。为了提高系统性能,数据应该根据应用情况将易变部分与稳定部分、经常存取部分和存取频率较低部分分开存放。

（4）确定系统配置。DBMS 产品一般都提供了一些存储分配参数,供设计人员和DBA 对数据库进行物理优化。初始情况下,系统都为这些变量赋予了合理的缺省值。但是这些值不一定适合每一种应用环境,在进行物理设计时,需要重新对这些变量赋值以改善系统的性能。

第二步,评价物理结构。

数据库物理设计过程中需要对时间效率、空间效率、维护代价和各种用户要求进行权衡,其结果可以产生多种方案,数据库设计人员必须对这些方案进行细致的评价,从中选择一个较优的方案作为数据库的物理结构。

评价物理数据库的方法完全依赖于所选用的 DBMS,主要是从定量估算各种方案的存储空间、存取时间和维护代价入手,对估算结果进行权衡、比较,选择出一个较优的合理的物理结构。如果该结构不符合用户需求,则需要修改设计。

由于数据库物理设计和操作系统、DBMS 息息相关,因此对设计人员的综合能力有一定要求。

3.5.5 空间数据库存储设计

空间数据库存储设计主要是指空间数据库的设计实现及其相关存储参数的优化配置,以提高空间数据库的性能和使用效率。蓄滞洪区空间数据库所涉及的各类数据,主要包括要素类数据（基础地理数据、水利专题数据等矢量数据）、遥感影像、DEM 等栅格数据及与空间数据相关的对象类数据（即专业属性数据）。采用面向对象的新型Geodatabase 空间数据模型,通过 ArcSDE 空间数据引擎将海量的空间数据导入并存储在 Oracle 11g 大型数据库中。对于三维可视化分析应用中的三维水工模型数据,则通过热链接的方式与 Oracle 综合数据库中的相关索引表项关联。不同的数据格式,决定了它们的物理存储设计是不一样的,其数据检索技术及数据库存储空间也是不一样的。

对于通过 ArcSDE 空间数据引擎存储在 Oracle 11g 数据库中的一类地理数据,均需要对 ArcSDE for Oracle 进行优化配置和调整。ArcSDE 具有海量数据存储、多用户并发访问、版本管理、长事务处理等强大优势。影响 ArcSDE 性能的因素很多,主要包括两个方面:后台的 Oracle 配置和 ArcSDE 的配置。同时,综合数据库的存储设计还涉及矢量数据、基础影像和 DEM 数据的存储设计内容。

ArcSDE 的配置包括调整 DBTUNE 存储参数和空间索引及统计信息更新等。ArcSDE 每次启用时从 DBTUNT 表中读取存储参数,用来定义 ArcSDE 表和索引的物理数据参数,这些存储参数按照配置关键字进行分组。当 ArcSDE 客户端程序创建数据对象(表和索引)时,这些数据对象会被赋予配置关键字。为降低 Oracle 磁盘 I/O,提高数据的访问速度,需要对 DBTUNE 表进行编辑调整。通过存储参数配置,分离表和索引,降低 Oracle 磁盘 I/O 频率,提高 ArcSDE 的总体性能和工作效率。

1. 矢量数据库存储设计

蓄滞洪区综合数据库中的矢量数据,将采用面向对象的新型 Geodatabase 空间数据模型,通过 ArcSDE 空间数据引擎将海量的空间数据导入并存储在 Oracle 11g 大型数据库中。矢量数据的加载可通过 ArcCatalog 将所需数据直接导入基于 ArcSDE 的蓄滞洪区管理数据库中来实现。矢量数据加载过程中的存储设计包括空间特征的存储设计、空间索引的格网设计、地理参照系设计等。

(1)精度问题(precision)。ArcSDE 采用正整数坐标(32 位)来存储空间数据,把连续的矢量数据存储在小网格里面。为避免出现变形,在存储前对矢量数据进行放大,随着放大比例的增加,变形也就越小。精度参数的设定影响到数据存储的准确程度。

(2)偏移问题(shift X,shift Y)。数据如何存储在 ArcSDE 存储空间里面是很有讲究的。一般情况下数据的空间范围是会变化的,比如随着城市范围的不断扩大,数据也随之扩大,这样在加载数据时就要慎重考虑。ArcSDE 推荐是将数据中心放到 ArcSDE 坐标空间中心点进行存储,实现方法就是将坐标系统进行平移。

(3)索引网格大小(grid level)。在加载数据时,还需要给数据指定索引网格的大小,选择合适的索引网格以提高工作效率。具体选择多大的网格,理论上是使一个索引网格里面只有一个要素;经验值是研究要素对象平均 envelope 的 1.5~3 倍。索引网格的大小在加载后可根据不同要求进行修改。

(4)字段名称的纠正。在 Item names 面板中,详细列出了数据导入过程中的一些字段转换问题,需按照提示,并结合工作内容进行适当修改和纠正。

2. 基础影像和 DEM 数据存储设计

通过 ArcSDE 空间数据引擎存储在 Oracle 11g 数据库中的基础影像和蓄滞洪区 DEM 数据的加载同矢量数据加载大体一致,需同时考虑以下几种因素,以提高数据的利用率。

(1)数据压缩,通过压缩减少影像的数据量。

(2)影像金字塔,这是很多专业的影像处理系统常用的提高影像显示速度的手段。

(3)影像物理分块,通过分块可以在局部操作时减少数据量。

在综合数据库系统的基础影像数据库中,对于连续影像,如正射纠正的影像等,根据更新需要,采用尽量大的存储块存储,块的内部采用小波变换和压缩技术,通过块内部的随机读写技术提取数据,就可不建或很少建金字塔,这是最可行的方法。而块太小反而不能利用小波变换和压缩的多分辨率特性,需要另建金字塔,增加数据的维护难度,同时效率也受影响。

对于不需部分更新的非连续影像单元,如原始的 IKONOS、ETM＋、SPOT 等,可以不直接分块,而是存在字段内部,在维护上和存储效率上达到最优,同样利用字段的随机读写技术更高效地提取影像数据。

3.5.6 空间数据入库检查设计

数据是各类地理信息的载体,其质量直接影响到地理信息系统技术应用的广度和深度。因此,数据质量控制对地理信息数据入库至关重要,而数据质量检查又是一个十分重要而又非常繁琐的任务。

本书针对地理实例数据的语义一致性进行检查研究,是在前人研究的基础上,实现地理实例数据语义关系的研究和检查,为语义内涵丰富的地理实例级数据的应用奠定基础,其现实意义主要有以下几点。

(1)基于语义的知识型 GIS 必定给现有的地理信息系统带来质的飞跃。本书以基础地理信息数据库系统中的 DLG 数据模型及涉及的地理概念为对象,利用形式化本体技术,构建基于本体属性集的地理概念(语义)体系,开发面向 DLG 地理实例级的语义一致性检查技术,有助于将现有的地理要素数据库升级为配置基础地理语义和具有一定知识推理机制的智能化地理信息库,实现现有地理数据库的增值效益。

(2)语义一致性正确的地理信息数据,能有效推动地理信息相关各部门之间的信息共享和业务协作,避免不同行业地理数据库重新建设的现象,有效降低运行成本,进一步推动地理信息的产业化效益,从而产生可观的经济效益。

(3)语义关系丰富的地理信息数据,便于实现资源共享,提升地理信息公共服务能力和水平,进一步扩大基础地理数据的应用范围及领域,为社会公众的工作和生活提供方便,促进地理信息的智能化、大众化及网络化服务,有力推动国家信息化建设,极大地加速社会经济发展。

本书以基础地理要素分类为出发点,结合专业领域的应用型地理要素,分析这些地理要素的概念内涵,同时结合地理信息本体理论,借助于地理概念定义和地理信息本体属性表,对地理要素和地理实例两个层次进行语义关系的讨论和归纳,分析各类地理要素实例的语义关系,并制定相应的语义一致性检查规则,提出一种基于语义的地理要素实例数据检查方案。具体来讲,主要有以下步骤:

（1）筛选基本地理概念库中的概念，把语义关系复杂的作为待研究对象；

（2）将复合地理概念分解成多个基本地理概念或次复合概念；

（3）根据概念定义和本体属性，明确各地理概念之间、地理要素实例之间的语义关系（包括空间、非空间的语义关系）；

（4）结合数据生成规范和实例语义关系，制定语义一致性检查规则；

（5）利用地理信息处理工具，编程实现地理实例数据的语义一致性检查。主要研究流程如图 3.12 所示。

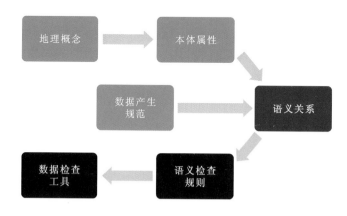

图 3.12 语义一致性检查流程

本节主要构建语义一致性检查模型，主要包括以下三方面。

（1）概念模型层次。根据地理要素分类，进行地理要素的自然规律和社会规律的调研，对地理要素和地理实例关系进行归纳，实现从地理要素语义关系到地理实例数据语义关系的转换；

（2）逻辑模型层次。根据地理概念间的语义关系和地理信息本体属性，结合相关的数据生产规范，制定八大类地理要素的语义一致性检查规则；

（3）物理模型层次。根据制定的检查规则，结合地理数据生产规范，把检查规则转换为计算机语言，运用 ArcGIS 二次开发技术，开发相应的检查系统工具，对蓄滞洪区所需要的地理要素实例数据进行相关图库检查。

1. 语义一致性检查规则定义

1）空间语义关系检查规则

根据空间语义关系的含义，本小节结合《1∶50000 基础地理信息地形要素数据规范》分析得到的常用的空间语义检查规则如表 3.2 所示。

表 3.2 空间语义关系检查规则

编号	待检查实例	相关实例	规则说明
1	水电站	河流	水电站应位于河流内
2	船闸	河流	船闸应位于河流内
3	过河缆	河流	过河缆穿过河流
4	交通附属设施	河流、道路	河流与道路相交处应该有交通附属设施
5	消失河段	沼泽∪沙地	消失河段位于沙地和沼泽内
6	溢洪道	坝体	溢洪道位于坝体内,空间上应相交
7	泄洪洞、出水口	水库坝体	位于水库坝体内,空间上应相交
8	河、湖岛	河流∪湖泊∪水库	河、湖岛被河流或湖泊或水库等面状水域包含
9	沙洲	河流∪湖泊∪水库	沙洲应被河流或湖泊或水库等面状水域包含
10	水闸	河流∪水库∪沟渠	水闸应位于河流或水库或沟渠内
11	扬水站	河流∪沟渠	扬水站应位于河流或沟渠旁
12	拦水坝、滚水坝	河流	拦水坝、滚水坝应位于河流内

注:∪表示逻辑符号"并"。

2) 专题语义关系检查规则

专题语义关系主要针对属性型实例数据,这一部分检查主要涉及数值计算或应用模型推理。根据语义关系,整理制定的专题语义关系检查如表 3.3 所示。

表 3.3 专题语义关系检查规则

编号	待检查实例	相关实例	规则说明
1	河网密度	河流∩流域	流域内干支流总长度(SL)和流域面积之比(F)
2	弯曲系数	河流	河段的实际长度(L)与该河段的直线长度(l)之比
3	特大城市	非农业人口	市区常住人口 300 万~1000 万的为特大城市
4	大城市	非农业人口	市区常住人口 100 万~300 万的为大城市
5	中等城市	非农业人口	市区常住人口 50 万~100 万的为中等城市
6	小城市	非农业人口	市区常住人口 50 万以下的为小城市
7	人口密度	人口∩行政区面积	地区总人口(P)与行政区总面积(S)之比
8	低山	山地∩高程	海拔低于 1000 m

编号	待检查实例	相关实例	规则说明
9	中山	山地∩高程	海拔为 1000～3500 m
10	高山	山地∩高程	一般海拔高于 3500 m
11	垦殖指数	耕地面积∩土地总面积	耕地面积(G)与土地总面积(T)之比
12	植被覆盖度	植被面积∩地区总面积	植被面积(Z)与地区总面积(S)之比

注：∩表示逻辑符号"交"。

3）内涵语义关系检查规则

上文中分别制定了空间语义关系检查和专题语义关系检查规则，体现出了地理要素（或对象）空间语义和非空间语义及其关系规则。本节从地理现象演化原理上探讨 DLG 模型体现的现实世界的实体内涵，从地理概念的本质内涵出发，结合自然规律，制定内涵语义关系检查原则，这是基于知识的语义一致性检查规则，如表 3.4 所示。

表 3.4　内涵语义关系检查规则

编号	待检查实例	相关实例数据	规则说明
1	河流流向	河流∩地形	河流流向检查，河流自高处流向低处，结合等高线或 DEM 检查
2	河流位置	河流∩地形	河流位置检验，河流不能位于山脊地带
3	分水线	分水线∩地形	分水线应位于山脊地带
4	河口	河口∩河流	河口应在河流汇入其他水域的位置
5	汇流点	汇流点∩河流	汇流点位多条河流交汇的点，结合河流流向判断
6	瀑布	瀑布∩水系∩地形	瀑布应位于水系上地势有落差的位置
7	火车渡	火车渡∩水系∩铁路	火车渡应位于水域旁，且和铁路相交
8	汽车渡	汽车渡∩水系∩公路	汽车渡应位于水域旁，且和公路相交
9	内陆湖	大陆∪海岛/	与河流没有交集
10	外流湖	河流	只与河段起点相交
11	吞吐湖	河流	与河段起点、终点均相交
12	闭口湖	大陆∪海岛/	只与河段终点相交

注：∪表示逻辑符号"并"；∩表示逻辑符号"交"。

3.6　数据库安全

3.6.1　GIS 的长事务处理和版市管理

空间数据的多用户编辑与更新,需要保证数据库中数据的并发一致,空间数据处理长事务的一个有效方法是在数据库引擎中执行版本管理机制。ArcSDE 采用这种管理方法解决了空间数据获取和更新的问题。

在 ArcGIS10.1 及更高版本的桌面软件中提供了直连企业级地理空间数据库的功能,ArcSDE 的工作方式是通过 ArcGISDesktop 与 Oracle 等大型数据库进行交互,同时,每个 ArcSDE 服务都有一个 giomgr 进程,通过监听用户连结请求确定其进程状态。每个连结 ArcSDE 客户端的应用程序都被指定一个 gsrvr 进程,该进程由 giomgr 声称,gsrvr 通过 Oracle 服务端程序,提交用户所有的数据库查询和编辑请求(图 3.13)。

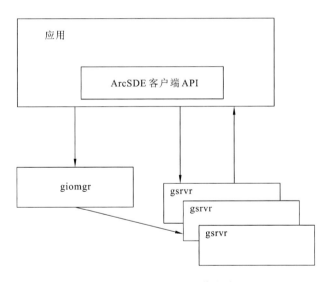

图 3.13　ArcSDE 工作方式

ArcSDE 对长事务处理提供了底层的支持,当 ArcSDE 服务器的一个实例 instance 第一次启动时就建立了数据库缺省的状态和版本用户,可在此基础上建立公共的或私有的数据版本用户,且各自在自己的数据版本上工作,因而无须对多个用户同时访问的数据对象进行锁定,每个用户都直接对数据库进行操作、编辑、修改。但是 ArcSDE 为其建立了记录所有修改痕迹的增量记录即版本,用户在这个数据版本上进行编辑、修改时并不用关心其他用户是不是也在对同一数据进行操作,只有当用户完成了他的长事务处理工作时,系统才将其当时的数据版本合并到原来的数据版本中去,冲突也是在此时再加以处理。系统为用户提供了解决冲突的三种选择:维持原状、否决自己的修改或否决别人的修改。运用版本管理机制,数据库存储整个数据库的任何版本时不需要复制各版本相同的数据,这样,所有的用户总是可以看到整个数据库,对数据库的任何更新操作都记录在他们自己的版本上。

3.6.2 数据库备份与恢复

数据库的备份与恢复在系统设计中占有很重要的地位,好的备份和恢复策略可以降低系统的运行风险,减少因软、硬件故障而造成的损失。系统总成数据库采取本地和异地数据备份、恢复和容灾服务解决方案,其网络结构如图3.14所示。

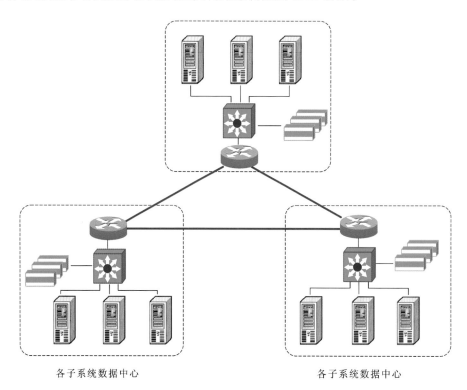

图 3.14 系统总成数据中心网络结构图

系统总成数据和各子系统数据分别以同步或异步方式保存在多个不同地理位置的节点设备上,各地数据中心在本地按照一定策略和时间周期进行定期、及时的本地备份,而各分中心之间则通过相互连接的高速光纤骨干网,将水利行业的重要数据资料按照策略和时间表进行定期、及时的异地备份。当本地系统出现不可恢复的故障时,可及时通过异地容灾服务从其他站点的备份数据中快速恢复已经损坏的系统数据,或本地的数据因故不能使用时,系统自动切换到提供异地容灾服务的另一个节点,从而保证水利业务系统运行的连续性,使用户感觉不到网上业务的片刻停顿。

数据库备份和恢复策略设计如下。

1. 备份方法

(1) 物理备份:将数据库的物理文件通过操作系统的命令或者工具备份到硬件介质中。物理备份往往用于介质故障时空间数据库数据的恢复。

(2) 逻辑备份:通过数据库的结构定义将数据卸出到特定格式的文件中,并备份该文件。

2. 恢复方法

根据不同的备份方法采用不同的恢复方法。

1) 使用物理备份恢复

(1) 数据库级的恢复。

(2) 表空间(Tablespace)的恢复。

(3) 数据文件的恢复。

数据库级的恢复要求数据库在关闭但 Mount 的状态下进行。表空间及数据文件的恢复可在数据库运行的状态下进行。

2) 使用逻辑备份恢复

当数据库中的某一对象被损坏,或用户的误操作使数据破坏(如误删除表)时可用逻辑备份恢复。用逻辑备份只能恢复到备份时刻的状态。

数据库安全设计除了进行数据的备份、恢复和日常维护等工作外,很重要的一个部分就是针对不同访问者、访问方式、访问等级、数据对象进行安全性管理措施建设。这就需要根据系统的用户类型分配不同等级的账号,并设置专人进行管理与监视,同时建设完善的访问操作记录日志。

3. 模式和用户

可以使用多种不同的机制管理数据库安全性,其中有模式和用户两种机制。模式为模式对象的集合,模式对象包括表、视图、过程和包等,每一个数据库有一组模式。每一个数据库有一组合法的用户,这些用户可运行该数据库,也可存取自己权限范围的数据。当建立数据库用户时,对该用户建立一个相应的模式,一旦用户与该数据库建立了连接,该用户就可存取相应模式中的全部对象,一个用户仅与与之对应的模式相联系。

用户安全域的设置控制了用户的存取权利,每一个用户有一个安全域,它是一组特性,可决定下列内容:用户可用的用户权限和角色、用户可用的表空间的份额、用户的系统资源限制。

(1)用户权限。用户权限是执行一种特殊类型的 SQL 语句或存取另一用户的对象的权利。系统设两类用户权限:系统用户权限和对象用户权限。系统用户权限对数据库具顶级操作权利。对象用户权限仅对特定对象域的数据具操作权利。

(2)用户角色是为具有公开用户权限需求的一组数据库用户而建立的。用户权限管理受得到应用角色或用户权限授权的用户角色所控制,然后将用户角色授权给相应的用户。

为了保证数据的安全性,将用户分为以下几类:

A 级用户,对系统具有维护权限,可以对系统中的基础数据进行维护修改,对数据进行备份;

B 级用户,对数据具有增加、删除、修改权限;

C 级用户,对综合数据库中的数据具有检索权。

4. 审计

审计是对选定的用户动作的监控和记录。例如,数据被非授权用户删除,此时安全管理员可决定对该数据库的所有连接进行审计,以及对数据库所有表的成功或不成功删除进行审计。而且 DBA 可收集统计那些被修改、执行了多次逻辑的 I/O 的数据。

参 考 文 献

[1] 王永尚,王小华,王孝青,等.大地测量数据标准分类研究与构建[J].测绘科学,2014,39(12):24-28.

[2] 罗志才,宛加宽.绝对重力测量数据处理方法研究[C].中国大地测量和地球物理学学术大会,2014.

[3] 谢衍忆.DLG 数据入库处理技术探讨[J].测绘通报,2007(5):26-27.

[4] 田艳红,徐庆华,徐红华.浅谈数字线划图缩编的制作方法[J].江西测绘,2009(2):6-7,22.

[5] 赵向阳,牛守明,高飞.数字线划图(DLG)管理系统研究与开发[J].城市勘测,2008(6):46-48.

[6] 薛芳.数字线划图(DLG)的质量评定方法[J].城市勘测,2003(1):42-43.

[7] 张会平,杨农,刘少峰,等.数字高程模型(DEM)在构造地貌研究中的应用新进展[J].地质通报,2006,25(6):660-669.

[8] 章志强.河道蓝线是条硬杠杠[J].中国水利,2014(6):21-21.

[9] 朱兴杰,邹春.大凌河朝阳城区段河道生态护岸设计[J].中国水土保持,2013(4):30-31.

[10] 王坤杰.浅谈河北省防汛抗旱指挥系统的工情信息采集[J].中国水利,2009(15):53-54.

[11] 杜国志,付成伟.工情信息采集系统建设初探[J].中国水利,2000(1):33-34.

[12] 李维京.现代气候业务[M].北京:气象出版社,2012.

[13] 赵文华.海上测控技术名词术语[M].北京:国防工业出版社,2013.

[14] 杜金莲.高级数据库技术[M].北京:清华大学出版社,2013.

[15] 李纪人.中国数字流域[M].北京:电子工业出版社,2009.

[16] 赵正文.现代数据库技术[M].成都:电子科技大学出版社,2013.

[17] 王家耀.地图制图学与地理信息工程学科进展与成就[M].北京:测绘出版社,2011.

[18] 施伯乐,丁宝康,汪卫.数据库系统教程[M].北京:高等教育出版社,2008.

[19] 顾晓蓉.大黄堡蓄滞洪区风险管理系统设计[D].天津:天津大学,2010.

[20] 宋蓉萍.基于C/S模式的企业库存管理软件的设计与实现[D].成都:电子科技大学,2011.

[21] 肖强.气象观测数据管理软件系统[D].成都:电子科技大学,2011.

[22] 徐婷婷.基于SQL Server2000的图书馆管理系统设计[J].科技资讯,2013(3):254-255.

第 **4** 章

蓄滞洪区分洪损失评估方法研究

洪水灾害是我国最常见和危害最大的自然灾害之一,尤其在长江中下游地区洪水灾害更是沿江人民的心头大患,堤防抵御洪水的能力是有限的。虽然三峡工程已竣工,并已经发挥巨大的防洪效益,三峡工程 $221 \times 10^8 \text{ m}^3$ 的防洪库容虽然可以发挥调蓄洪水、削峰错峰的作用,但是当发生全流域级别历时长的特大洪水时,长江中下游地区尤其是荆江河段的防洪压力依然巨大,防御特大洪水不能全依靠三峡工程。为了防御长江上游超历史洪水对江汉平原及武汉等重要区域和城市的冲击,长江中游建立了大量的分蓄洪区和分蓄洪垸,这些分蓄洪区和分蓄洪垸是防洪减灾决策中重要的工程措施之一。启用分蓄洪区需要转移大量的灾民,也会造成巨大的经济损失,在分洪前期的洪水调度决策和灾后经济补偿与灾后重建中,科学的灾情评估技术和方法发挥着重要的科学支撑作用。

4.1 分蓄洪区洪水灾情评估技术与流程

4.1.1 分蓄洪区洪水灾情评估技术

1. GIS 方法

GIS 应用于灾情评估中可以大大地提高数据的处理效率。利用空间分析功能,GIS 可以快速地获得基于网格和 DEM 的各种空间信息,如洪水淹没范围和淹没深度,可以方便地把统计数据和承灾体的属性数据以空间分布的形势展布到研究区域内,并以标准的格式存储在数据库中,方便模型的调用和灾情评估的各种需求。

2. 遥感方法

遥感手段能够在汛期非常迅速地对洪水淹没范围进行动态监测,以做出果断准确的决策。利用遥感图像,进行洪水淹没范围的测算,成为洪水灾情评估的新途径。

(1) 遥感可以快速地监测洪水淹没范围,客观、准确,动态连续性强,在汛期这样恶劣的环境下,可以实现人力无法完成的数据获取工作。

(2) 遥感可以客观地获取行洪区土地利用状况,为灾情评估提供客观的数据基础。

(3) 基于 LIDAR 的洪水淹没房屋损失的快速评估技术,可以快速准确地获取分蓄洪区的房屋属性,包括面积、层高、类型等主要属性信息,为灾情评估模型提供更加精确的损失率,有利于提高房屋洪水淹没损失计算的精度。

遥感技术是目前最方便、快捷、有效的获取洪水淹没范围的手段,它可以对不同时刻的水体淹没范围进行动态监测。在洪水灾害的评估过程中,洪水发生前水体范围比较容易获得,因为这一时期内,天气状况相对较好,可以使用较广泛的可见光传感器数据,影像资料类型来源比较丰富,如 Landsat TM、ETM、SPOT 影像、环境减灾卫星数据均是比较好的选择,如图 4.1 所示。但在洪水期,由于天气经常为阴雨天并且多云多雾,可见光通道的星载传感器数据不能满足要求,微波遥感便成了较好的解决方案。

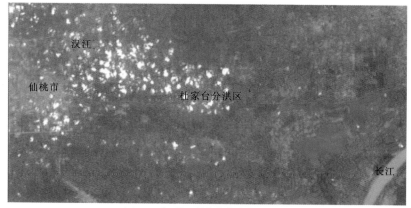

（a）2011年9月21日杜家台分洪区分洪前

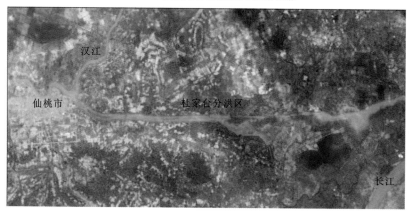

（b）2011年9月23日杜家台分洪区分洪后

图 4.1　2011 年 9 月 22 日杜家台分洪区分洪前后遥感影像对比

　　NOAA（national oceanic and atmospheric administration）、SPOT（systeme probatoire d′observation de la tarre）、Landsat TM、MODIS（moderate-resolution imaging spectroradiometer）为光学传感器,受天气影响较大,在阴雨和多云雾天气不能获取质量较好的数据,Radarsat、ASAR、机载 LIDAR 为雷达数据,不受天气影响,在发生洪涝灾害、天气状况不好的情况下,能够穿透云雾,获取地面洪涝灾害淹没状况信息,适合发生洪灾、季节天气状况较差的情况,是洪涝灾害遥感监测的首选。SPOT、Landsat TM 数据的重访周期较长,不适合进行实时的淹没历时监测。机载 LIDAR 或机载 SAR 数据采集成本非常高,数据处理需要的时间也比较长,不会在一般洪涝灾害和大范围采用,通常只运用在特大灾害或者重点区域范围内应急使用。各种遥感数据源参数见表 4.1。

表 4.1 各种遥感数据源参数对比分析

指标参数	NOAA	SPOT	Landsat TM	MODIS	Radarsat	ASAR	机载 LIDAR
重访周期/d	0.5	26	16	0.25	3～4	5～35	准实时
空间分辨率/m	1100	2.5	30	250～1000	8.5～100	30～1000	0.2
成像宽度/km	2800	60	185	2330	50～500	100～400	
淹没范围	√	√	√	√	√	√	√
全天候能力	光学传感器,受天气影响,不能全天候				√	√	√
淹没水深	均不能直接探测水深						
淹没历时	√	×	×	√	√	×	√
本地调查	×	√	√	√	√	√	√
数据成本	低	较高	低	免费	较高	低	很高

3. 数值模型与计算机模拟

数值模型与计算机模拟是以解决某个现实的问题为目的,经过分析、简化,并将问题的内在规律借助一定的数据基础,用数字、符号、公式或者图表表示出来,也就是经过归纳和抽象,把事物的本质和结构与变化规律用数学语言来描述,并用科学的方法,通过计算机编程来实现复杂过程的模拟,得出可以供人们作为预报、分析、决策或者控制的定量的可视的回放模拟过程的结果[1-2]。

洪水演进模型模拟是洪水风险分析、洪水风险图绘制、洪灾损失评估的基础,是洪水科学管理与调度的技术依据。随着地理信息系统技术和数值模型的发展,世界各国都在尝试利用洪水数值模拟进行洪水过程分析的工作[3-5]。洪水模型包括水文学模型、历史洪水法、地貌学方法、水力学模型等。其中二维水力学模型能够从空间和时间角度模拟洪水演进中不同时刻、不同位置的洪水淹没深度、洪水流速等信息,能够定量提供更为精确、更为丰富的洪水演进模拟信息,为洪水防御和调度提供更为科学的理论依据。随着计算机模拟技术的快速发展,基于水动力学原理的二维洪水演进模拟模型逐渐代替传统的历史水灾法、地貌学法等偏重于定性研究、物理概念比较模糊的模型[6],因而成为洪水演进模拟分析的重要方法。近年来,网格离散方法和数值求解方法的改进使二维水力学模型得到更加广泛的应用[7-11],但是高精度网格与洪水模型运行速度存在着相互制约、相互矛盾的关系。寻求网格数据精度高、运算速度高、通用性强的二维洪水演进模拟模型将是未来的发展趋势。

4.1.2 洪水灾情评估主要内容和流程

1. 洪水灾情评估的主要内容

洪涝灾害发生时,借助空间信息技术对洪水的自然属性如洪水淹没范围、淹没水深、淹没历时等进行精确的获取,并依据洪灾损失精算评估模型,对洪水淹没范围内的人口、房屋和财产数量,土地利用及洪灾所造成的其他社会经济特征损失进行评估,得出洪灾造成的承灾体的损失数量统计及空间分布,洪灾造成的损失状况评估,并对灾后分蓄洪区的经济补偿和灾后重建进行科学的指导和建议是分蓄洪区洪水灾情评估的主要内容,如图 4.2 所示。

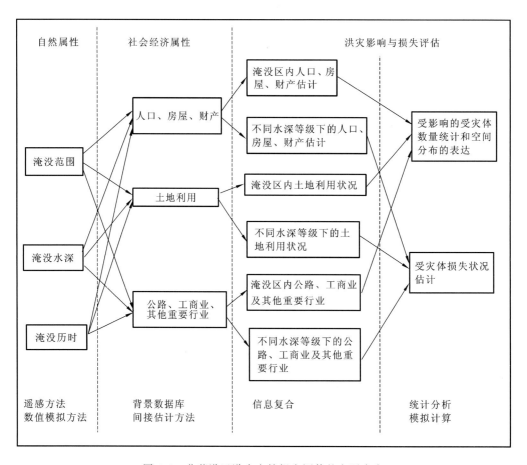

图 4.2 分蓄洪区洪水灾情损失评估的主要内容

2. 洪水灾情评估的流程

灾情评估的主要过程包括：

（1）建立分蓄洪区灾情评估基础数据库，包括基础地理数据、雨水情数据、工情数据、人口社会经济、土地利用数据等，作为洪水演进模型和灾情评估模型的数据输入；

（2）利用遥感技术监测洪水淹没范围，根据洪水演进模型，计算出分洪区的洪水淹没到达时间、淹没水深和淹没历时，并完成数据的粗处理，使之符合基于格网的灾情评估模型的数据输入要求；

（3）根据历史灾情资料或者实验数据，计算出各类承灾体的易损性，承灾体在不同洪水特性下的损失率是灾情评估模型计算的关键参数；

（4）从易损性分析结果中计算不同承灾体在不同洪水特性下的损失率；

（5）通过灾情评估模型，读取基于格网的各类数据图层，利用建立的承灾体的价值与损失率的关系模型算法，计算不同类型承灾体可能的洪水灾害损失值；

（6）根据实际需求，计算不同分洪时段内的灾情损失，是灾情评估动态监测的主要内容；利用 GIS 空间分析功能计算统计不同行政区划范围的灾情损失，为灾情评价和洪水决策调度及灾后重建提供科学依据。

具体流程图如图 4.3 所示。

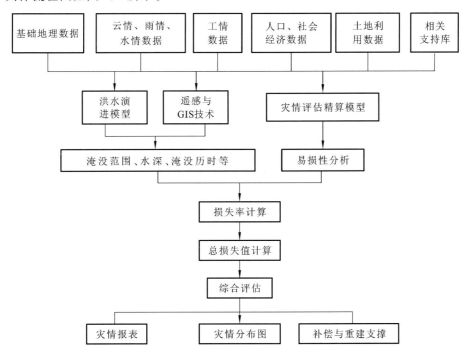

图 4.3　分蓄洪区灾情评估流程图

4.2 灾情评估基础数据采集及建库技术方法

灾情评估的精度很大程度上依赖于灾情评估的基础数据库,灾情评估首先要从数据采集开始。针对分蓄洪区灾情评估的具体需求,基础数据的获取、处理和建库技术及方法是各项模拟与评估的基本前提。利用空间信息技术获取分蓄洪区的本底数据是目前洪水灾情评估一项非常重要的工作。要做好这项工作,必须从实际应用的角度出发,对数据需求进行分析,针对不同的数据类型提出相应的技术和方法。高精度的DEM 数据和高精度的遥感影像数据是分蓄洪区最为重要的两类基础数据,后期参与评估模型运行的专题数据很多都是从这两类数据中产生的。土地利用、人口分布、房屋类型与分布、道路、水系、水利工程工情数据、行政区划、堤防等专题数据是灾情评估的重点需求数据。因此本章将重点开展这些数据的采集、处理,建库的基本方法和技术研究。

4.2.1 灾情评估基础数据需求

根据数据的空间分布性质,灾情评估数据可以分为空间数据和非空间数据。其中空间数据包括:矢量数据和栅格数据。

矢量数据的所有特征可以用(x,y)坐标表示,包括点、线和面。点表示地球表面可以用一个(x,y)坐标对表示的物体。线表示有一定长度的物体。面或者多边形表示有边界、周长和面积的物体。

在栅格模型中,地物特征由在空间上连续的并且由固定单元格组成的矩阵表示,每个单元格(像元)是一个测定量。最典型的栅格数据源是卫星影像或纸质地图扫描后所成的数据。

非空间数据(表列数据)是描述地物特征的信息。属性信息可以和空间数据一起打包存放,也可以单独以列表、扩展表或数据库的形式存放。这些数据可以与空间矢量数据相关联。

1. 基础地理数据

1) 遥感数据

遥感影像的特征通常包括空间分辨率、光谱分辨率、辐射分辨率、时间分辨率。空间分辨率指可以识别最小地面距离或最小目标物的大小。光谱分辨率指遥感器接收目标辐射时能分辨的最小波长间隔。光谱分辨率越高,专题研究的针对性越强,对物体的识别精度越高,遥感应用分析的效果也就越好。辐射分辨率指探测器的灵敏度——遥感器感测元件在接收光谱信号时能分辨的最小辐射度差,或指对两个不同辐射源的辐射量的分辨能力。时间分辨率是关于遥感影像间隔时间的一项性能指标。遥感探测器按一定的时间周期重复采集数据,这种重复周期,又称回归周期。

空间分辨率、光谱分辨率、时间分辨率是灾情评估中遥感影像选择的主要依据,既要保证能够很好地分辨地物特征,分辨出洪水淹没的范围,又要具有很好的重复周期,以便可以很好地进行动态监测和损失评估。

从成像方式来看遥感数据又包括航空摄影成像、航空扫描成像、航空微波雷达成像。

2)DEM 数据

高程数据可以用 DEM 的形式表示,DEM 是栅格形式的数据文件,DEM 的每个像元值代表地面高程值。DEM 数据与洪水演进模型结合,为洪水模型提供地形和网格参数信息,是模型模拟洪水演进路径、洪水淹没范围及洪水淹没深度的基础。

3)行政区划数据

灾情评估的结果对灾后经济补偿和洪水灾害保险理赔等具有重要的参考价值和指导意义,而灾情结果通常是由各级行政单元机构统计上报的,所以在补偿时通常按照行政区域进行集中补偿,因此在进行灾情评估时按照行政区划进行评估,对于灾害补偿指导与辅助具有更加重要的意义。

行政区划数据通常由民政部门和测绘部门联合确定并发布。大范围的流域级的灾情评估通常要求行政区划数据达到县级;小流域尺度级的灾情评估通常要达到乡镇一级;由于分蓄洪区的特殊性,其做出的牺牲在灾后需要精确评估,并要求经济补偿公平客观,因此其行政区划数据通常要达到村一级。

4)水系

分蓄洪区内的水系数据主要是为洪水演进服务的,主要包括河流、湖泊和其他水体。

5)道路

分蓄洪区内道路数据既是洪水灾情评估的重要内容,最终需要评估道路淹没及受损的状况,同时也是灾情发生时,展开救援和撤退的重要数据基础。

6)房屋与建筑

为准确评估房屋与建筑物因遭受洪水淹没造成的损失,需要对整个分蓄洪区淹没区范围内的国家机关、工矿企业、居民地及房屋建筑等数据进行空间展布和数据库录入。

基础地理数据分类及其属性特征见表 4.2。

表 4.2　基础地理数据分类及其属性表

分类		主要属性	说明
水系	河流	记录编号、名称、长度、集水面积、年径流量、所属水系、水系级别	水系分布面状矢量图
	湖泊	记录编号、名称、名称代码、面积、平均深度	
	其他人工水体	记录编号、名称、名称代码、面积、类别、主要功能、所属地区	

续表

分类		主要属性	说明
道路		记录编号、道路编码、名称、全长、起始地点、结束地点	道路分布矢量图
行政区划	省、地区、县、乡、村	记录编号、地名、面积、所属上级地区、时间	行政界线线状矢量图
房屋与建筑		记录编号、所属地区、所属地区级别、时间	居民点分布点状矢量图
DEM		高程	栅格图件
本底卫星影像		编号、时间、轨道号、星源、影像种类、分辨率、坐标系、投影信息	卫星影像栅格图

2. 工情信息数据

工情信息是防汛指挥系统的组成部分,工情信息作为描述和反映水利工程运行状况的手段,是灾情评估和抗洪抢险指挥决策的重要依据。工情信息包括各类防洪工程主体实时工作状态,工情数据组织结构图如图4.4所示。对于分蓄洪区而言,灾情评估需要的工情信息包括分洪区数据、涵闸、抢险物资、避险设施、通信预警设施、堤防数据等,具体分类及其属性特征见表4.3。

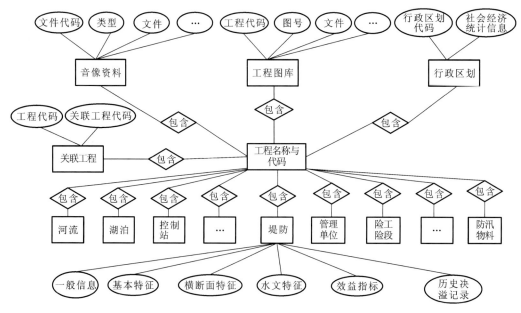

图4.4 工情数据组织结构图

表 4.3　工情信息数据分类及其属性表

分类	主要属性	说明
分蓄洪区数据	编号、名称、建设时间、所属地名、运用标准、蓄洪水位、集水面积、蓄洪面积、耕地面积、人口、有效容积	面状矢量分布图
涵闸	编号、名称、建成时间、水闸级别、水准基面	点状矢量分布图
抢险物资	编号、类别、数量、管理单位	点状矢量分布图
避险设施	编号、建成时间、类别、管理单位、所属地区、容量	点状矢量分布图
通信预警设施	编号、类别、建成时间、管理单位、所属地区	点状矢量分布图
堤防数据	记录编号、堤防名称、所属地区、堤防级别、堤防长度、保护面积、保护人口	线状矢量分布图、工程数据表

3. 人口社会经济数据

人口数据是反映人口密度和其他社会经济信息的数据。人口数据通常是统计数据，与地名(村庄、城镇等)或行政区域(城市、省等)相关联。人口数据用于 GIS 分析，特别是在不同洪水淹没情况下的洪水损失分析。

社会经济数据是在确定淹没范围和水深之后评估受灾损失的主要依据之一。这些数据主要包括分蓄洪区淹没范围内的社会经济统计资料(人口、经济发展状况、企业财产、公共设施等)、分蓄洪区淹没区范围内历史洪水水情和灾情资料。完备的社会经济信息有利于提高后期灾情详细评估的准确性，更有利于灾情的统计、分析及补偿建议的提出等。人口社会经济数据来源于统计资料，根据各级行政单位划分，具体分类及其属性特征见表 4.4。

表 4.4　社会经济数据分类及其属性表

分类	主要属性	说明
农村经济数据	记录编号、地名、所属地区、人口、面积、人均年收入	数据表
城镇经济数据	记录编号、地名、所属地域、人口、面积、人均年收入	数据表
工矿企业	编号、名称、所属地区、年产值、年份	数据表

4. 土地利用数据

土地利用数据是反映土地利用系统及土地利用要素的状态、特征、动态变化、分布特点，以及人类对土地的开发利用、治理改造、管理保护和土地利用规划等的数据资料，土地利用数据分类及其属性特征见表 4.5。

表 4.5 土地利用数据分类及其属性表

分类	主要属性	说明
耕地	记录编号、成图时间	耕地边界面状矢量图
园地	记录编号、成图时间	园地边界面状矢量图
林地	记录编号、成图时间	林地边界面状矢量图
牧草地	记录编号、成图时间	牧草地面状矢量图
城镇和工矿用地	记录编号、成图时间	城镇和工矿用地边界面状矢量图
交通用地	记录编号、成图时间	交通用地边界矢量图
水域	记录编号、成图时间	水域边界面状矢量图
未利用地	记录编号、成图时间	未利用地面状矢量图

在数学模型(曼宁系数)和 GIS 分析中都要用到土地利用数据,尤其是在进行损失分析时。土地利用数据可以是矢量形式也可以是栅格形式。土地利用数据分类显示了土地的用途(如森林、耕地、城镇用地等)。

5. 相关支持数据

除了以上各种专题数据外,在分蓄洪区洪水演进模拟和灾情评估中还需要用到其他相关的辅助数据,如河道水文和水情数据、气象雨情数据、工程资料档案、历史洪灾损失和洪水淹没范围、抢险预案、洪水调度方案、各类工程背景资料和相关政策法规等,其数据分类及属性特征见表 4.6。

表 4.6 其他相关支持数据分类及属性表

子类	主要属性	说明
水情数据	基本属性参照水文局水情数据库	—
雨情数据	基本属性参照气象局标准	—
工程资料档案	编号、档案名称、工程类型、时间	文本档案
历史洪灾损失	编号、年份、地区、人员伤亡、财产损失	文本档案、表格
洪水淹没范围	编号、时间、地点、洪水淹没面积	矢量分布图
抢险预案	编号、名称、年份、地区	文本档案
洪水调度方案	编号、名称、年份、批准文号、批准部门	文本档案
各类工程背景	图片编号、工程名称、录入或拍摄时间	文档或图片
相关政策法规	编号、名称、年份、批准文号、批准部门	文本档案

1) 历史洪水数据

一般由水资源管理机构收集和保存水文测量信息,这些测量值存储在数据库中。模型执行过程中,需要用历史测量数据来校正数学模型系统。

2）水文测量数据

测量数据是指在分蓄洪区及相关流域范围内从测量站得到的（准）实时数据。测量数据是洪水模型的输入数据。

3）气象信息

天气预报对洪水控制也起到决策支持作用。进一步来说，干流和上游支流的降水量预报对洪水情形模拟和决策来说更加重要。降水量预报可提高洪水预报的预见期，为决策过程和应急响应准备提供更多的时间。

4）分洪方案及调度预案

在表格数据上，空间数据也可能是图形数据，如文本文档、规划的图纸、数字计算机辅助制图、照片等。这些信息可以像扫描影像一样数字化并保存在 IFERS 数据库中。

分蓄洪区（圩垸）分洪方案是防洪决策管理部门会同政府其他相关部门在对洪水和灾害损失进行综合权宜之后做出的最佳的方案，它对于决策是非常重要的。

5）其他档案数据

相关支持数据还包括档案信息数据，主要有影像数据、文档数据、报表数据。其中影像数据主要包括现场录像、分析演示、照片、图片等。文档数据包括对工程、区域、现象、事件等的描述，以及有关系统开发、观测、规范资料、专题论文、已有相关研究报告、历史资料、相关主题资料文件等。报表数据包括统计报表等文件。

6. 元数据

元数据是关于数据的数据：一个描述 GIS 数据的内容、质量、类型、建立和空间信息的总结文档。它可以用任何数据格式存储（如文本文件、HTML 网页或者数据库记录）。由于元数据小且格式一致，它具有很高的数据共享和易管理性，它可以与它所描述的数据储存在一起，也可以单独储存在一个地方，通过链接与原始数据源相连。通过建立和共享元数据，任何搜索数据的人都可以得到已有数据的信息。这也推动了数据的共享，减少了数据的重复建设。元数据分类及属性特征见表 4.7。

表 4.7　元数据分类及属性表

分类	主要属性	说明
空间	标识、质量、数据组织、参照系、内容描述、发行、元数据参考、引用、时间、联系	文本档案
非空间	名称、存储格式、主要技术参数、内容说明、数据项定义及说明、数据项内容说明、使用方法、补充信息	文本档案
模型	名称、存储格式、功能描述、适用性描述、管理信息、模型参数、实现描述、运行条件	文本档案

4.2.2 基于遥感的土地利用数据的获取方法

不同的土地利用方式有不同的投入和产出效益,在遭受洪水灾害时具有不同的洪灾损失率,不同的农业生产结构和农作物种植模式在洪水灾情评估中均有不同的损失系数,因此土地利用数据的精确获取对于灾情评估具有重要意义。

传统的土地利用数据来源为土地管理、规划和国土规划中所采用的土地数据。通过统计与监测所取得的数据资料,包括基层土地统计报表、年度土地统计台账、土地面积平衡表、年度国家土地统计报表、土地利用现状原始图件、文字报告、统计图表等。

传统的土地利用数据的缺点在于客观性不够。各级行政部门和灾民为了得到更多的补偿,或者争取更多的灾后重建资金往往会出现虚报高补偿土地利用类型面积的现象,或者直接多报受灾面积,这样会导致实际的经济补偿不客观或者增加国家财政开支,对灾情实际损失规模不能正确的判断。

随着遥感技术的发展,各种分辨率和光谱特征的遥感影像为不同目的的土地利用数据获取提供了广阔的空间。利用遥感技术获得的各类影像数据均可以用来解译获取的土地利用数据,而且可以获得客观动态的评估结果。

1. 土地利用数据分类方法

土地利用数据的获取是灾情评估研究的重要内容,是评价洪灾损失的基本依据。建立科学地、系统地反映土地资源基本特征和土地利用结构的分类系统是灾情评估系统中土地资源分类最基本的原则。根据分蓄洪区土地利用特点和调查目的的要求,在类型划分中主要考虑以下原则:

(1) 以分蓄洪区灾情评估的宏观调查及资源动态监测为根本目的,分类系统力求简洁,符合分蓄洪区灾情评估的基本数据及其动态状况评价的迫切需求;

(2) 要充分考虑不同尺度的洪水灾情评估系统所需要的不同精度的土地利用类型数据,这也决定了对不同遥感影像数据源的需求,从而影响遥感数据获取成本和土地利用数据的解译成本;

(3) 应用遥感技术调查能达到规定精度的可能性,采用一定精度的遥感图像判读,并配合细小地物成数抽样方法找出达不到精度的地类,这些地类均不单独列入分类系统。

2. 土地利用分类系统

根据以上原则和依据,本书中基于遥感方法提取的土地利用类型分为耕地、林地、草地、水域、建设用地、未利用地六个一级类型和相应的六个二级类型,第二级是在第一级的基础上,依据土地资源主要利用方式、利用条件、难易程度划分的。具体分类情况和含义见表 4.8。

表 4.8　土地利用分类系统

一级类型		二级类型		含义
编号	名称	编号	名称	
1	耕地	11	水田	指有水源保证的种植水稻等水生农作物的耕地
		12	旱地	指种植小麦、蔬菜等旱作物的耕地
2	林地	—		指天然林和人工林、果园、未成林造林地、迹地苗圃、矮林地和灌丛林地及桑园、茶园、热作林园等
3	草地	—		指覆盖天然草地、改良草地和割草地等,一般没有树木或树木极少
4	水域	41	河流	指天然形成或人工开挖的河流
		42	湖泊	指天然形成的湖泊,一般面积较大
		43	水库	人工修建的水库、鱼塘等,一般面积较小
		44	滩地	指河、湖水域平水期水位与洪水期之间的土地
5	建设用地	—	—	指居民建筑用地及交通道路、机场、厂矿等用地
6	未利用地	—	—	指地表为土质或岩石、石砾覆被的土地,植被覆被度$<5\%$

3. 基于遥感的土地利用数据获取方法研究

应用遥感技术获取土地利用数据归纳起来有如下三种研究方法:一是基于像元光谱特征的自动分类方法,这种方法在土地利用类型比较单一、光谱差异较大时,可以得到较好的结果;二是基于地学知识系统改进的自动分类方法,它将非遥感信息和遥感信息进行多维空间信息复合,与基于像元光谱特征的自动分类方法相比,精度有较大提高;三是遥感与地理信息系统一体化的信息提取方法,它借助专家知识和实地考察资料直接在纠正后的遥感影像上进行计算机屏幕判读,这一方法对不同时期遥感信息源的一致性要求不高,保证了线状地物和面状地物的准确识别,大大地提高了分类精度,且作业的结果可以不需要数字化就直接进入数据库。本书主要讨论第三种方法。

1)信息源的获取

准备阶段的工作主要是收集遥感调查所需的信息源,包括遥感信息源和非遥感信息源,并对遥感信息源进行预处理,建立遥感图像解译标志。

(1)遥感信息源的收集。遥感信息源的选择要与研究目的、内容及经济条件相适应。首先要根据研究项目的要求选择适当精度的信息源。航天遥感空间分辨率、定位精度一般比航空遥感低,但是对于中小比例尺土地利用变化的研究来说,其各项指标都能满足要求,而且其成本较低。其次是遥感影像时相的选择。由于洪水灾害发生的季节性,以及分蓄洪区农业生产结构的周期性,所以必须根据灾情评估研究的需要,选择丰水期和汛期的遥感影像作为数据源。最后是比例尺的选择。依据灾情评估研究的目的和需求选择适当的成图比例尺。

（2）非遥感信息源的收集。为了更好地解译遥感图像,必须收集研究区域的地形图、土壤图、土地利用图、植被图和农业区划图等作为图像判读的辅助资料。

2）遥感图像的预处理

地物光谱特征经遥感器接收后并传到卫星地面站的过程中,由于遥感器本身精度、轨道、姿态受地球大气、地球自转、地球曲率、环境背景等影响,图像会产生各种辐射误差和几何误差,因此遥感图像在应用之前必须经过预处理。预处理一般包括粗处理和精处理,还有根据用户的特殊要求进行的特殊处理。

（1）辐射纠正。遥感辐射纠正的目的是建立遥感传感器的数字量化输出值 DN 与其所对应的视场中辐射亮度值之间的定量关系。利用绝对定标系数将 CCD 图像 DN 值转换为辐亮度图像的公式为

$$L = \frac{DN}{A} + L_0$$

式中：A 为绝对定标系数增益；L_0 为绝对定标系数偏移量；L 为转换后辐亮度,W/（$m^2 \cdot sr \cdot \mu m$）。

（2）大气纠正。利用遥感器观测目标物辐射或反射的电磁能量时,受到太阳高度、地形及大气条件等干扰,遥感器得到的目标物的光谱率或光谱辐射亮度等物理量的测量值与实际值有一定的偏差,使得辐亮度图像失真。为了正确反映地物目标的反射或辐射特性,必须进行大气纠正。当前,大气纠正主要分为：①利用辐射传输方程进行校正；②利用地面实况数据进行大气校正；③利用 6S、LOWTRAN 和 MODTRAN 等大气辐射传输模型校正；④利用多波段图像对比分析法（直方图最小去除法和回归分析法）校正。

（3）几何纠正。遥感几何纠正的目的是使得遥感影像与地面目标尽可能准确匹配,并尽可能减小其几何偏差。原始遥感影像都经过了基于卫星轨道参数的系统性纠正。在实际应用中,为了提高处理精度,必须利用大比例尺地形图或已经校正的遥感影像,选择地面控制点进行几何精确纠正。常用的几何纠正算法包括：最邻近像元、双线性内插、双三次卷积、二次多项式的数字纠正方法。

多项式纠正法的基本过程是利用有限个地面控制点的已知坐标求解多项式的系数,然后将各像元的坐标（x, y）代入多项式进行计算,便可求得纠正后的坐标（X, Y）,同时将原像元（x, y）的灰度值送到新像元（X, Y）的位置上。二次多项式的数字纠正法的简化式为

$$X_i = F_X(x_i, y_i) = a_0 + a_1 x_i + a_2 y_i + a_3 x_i y_i + a_4 x_i^2 + a_5 y_i^2$$
$$Y_i = F_Y(x_i, y_i) = b_0 + b_1 x_i + b_2 y_i + b_3 x_i y_i + b_4 x_i^2 + b_5 y_i^2$$

3）遥感图像解译标志的建立

遥感图像的判读是依据图像特征进行的。图像特征主要包括色调、几何形状、大小、阴影、纹理、结构及由这些特征共同构成的能反映地理相关关系的图形,这些图像特征即为图像的判读标志。要建立正确的判读标志,首先要了解各类地物的光谱特征。不同的地物,其光谱特征不一样,反映在遥感图像上的色调也就不一样,因此可以根据色调的差

异来识别各类地物。

而对于高分辨率的影像,可以直接从图像上判读土地利用类型。

4) 土地利用数据的解译与判读

通常采用人机交互式进行解译,利用图形处理软件、地理信息系统关键或遥感软件进行操作,综合了人和计算机两者的优势,能更有效、快速、准确地对遥感影像进行解译。遥感影像的分辨率越高,图像解译的难度越低,解译的精度相对越高。

5) 抽样调查与精度评价

对于解译完成的土地利用数据要进行抽样调查与精度评价。根据土地利用图斑位置,确定图斑的地理坐标,在 GPS 定位或者遥感影像的向导下,进行实地考察验证、纠正,然后将结果整理汇报,并进行精度评价。

4.2.3 人口社会经济数据的空间展布方法

1. 人口社会经济数据空间展布的原理

从灾情评估的数据需求分析可以看出,获取的遥感数据、DEM 数据、数字化的行政区划、水系、道路、房屋建筑、工情数据、土地利用数据均是以点状、线状或面状等形态展布在分蓄洪区这个空间上的,这样对于灾情评估模型的运行是非常有利的,GIS 工具可以方便地以不同的规则和程序在网格上对其负载的相关承灾体的特性进行运算和统计,可以方便快捷地进行各种淹没条件和各种空间范围的灾情统计运算。

但是社会经济数据通常是由统计部门获得的统计资料,并不能准确地反映基本统计单元内社会经济数据的空间分布状况,在进行洪涝灾害灾情评估时需要对其作进一步的空间展布处理,使之适合灾情评估计算模型。所以社会经济资料空间展布的合理性和精度直接影响灾情评估计算结果的准确性和精度。

社会经济统计数据是一个统计单元内的汇总或平均均值,但实际上统计单元内社会经济数据在空间上的分布并不一定是均匀的,因此社会经济指标可以看作是展布在二维空间上的分布密度。借助空间信息技术可以更加方便地把社会经济数据展布到空间分布上,便于模型运行和统计。

2. 传统的人口社会经济数据空间展布方法

统计的社会经济数据空间可视化的传统方法主要是将构成表格的数据集转换成各种地图图形。基本方法主要有两类,一类是将统计数据直接利用,构成图形的基本要素——点、线、面,在地图制图学表述地图的表示方法,包括符号法(符号的大小)、点值法(定义每点的量值大小)、等值线法、复合动线法(线的粗细)、分区统计图法(不同色彩或纹理)等;在地理信息系统中,传统的做法则是将社会经济统计数据作为空间对象的一个(或一组)属性值,通过赋予相应的符号、色彩、线型和纹理来表达[12-14]。

　　另一类方法是将社会经济统计数据绘制成统计图形或图表,嵌套在相应的统计单元(或区域)中。这类方法一方面能够将脱离地理空间而独立存在的统计图形或图表与地理空间概念相关联,另一方面从地图制图学的角度来看,这样的空间可视化方法称为图表统计地图法,包括统计数据的定位和分区两种。统计图形借助基本的图形要素及其相互组合来实现统计数据图形化和空间可视化,可以用来展示社会经济统计对象的数量特征,表现其规模、构成、相互关系、水平、发展变化趋势及分布规律等[13-16]。

　　图4.5中可以看出行政区划与洪水淹没范围叠加时,通常洪水淹没范围很难和行政区划单元的边界重合或者一致。

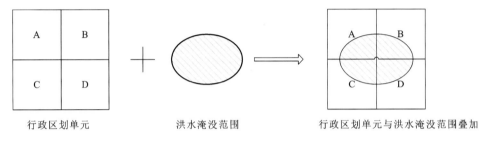

行政区划单元　　　　　　洪水淹没范围　　　　　行政区划单元与洪水淹没范围叠加

图4.5　行政区划单元与洪水淹没范围的叠加

　　为了解决上一种计算方法的弊端,后来又提出一种改进的计算方法,就是将所有的人口社会经济指标按照行政区划单元的面积进行平均处理,在进行灾情评估时,按照实际淹没的面积来分别计算各个行政区划单元受淹区内的社会经济指标。

　　目前成熟的GIS软件和技术都具备相应的空间可视化基本功能,但相对于洪水灾情评估专题地图的需求还远远不够,洪水灾情评估要求人口社会经济数据可以在任意的空间网格内参与模型的运算,能够与其他专题图层开展空间运算,因此需要探索更加成熟完善的社会经济数据空间展布方法。

3. 基于GIS与第二次全国土地调查成果的人口社会经济数据空间展布方法

　　人口社会经济统计数据对于研究人与环境交互作用的重要性已经被广泛地认知,在洪水灾情评估中不仅要关心人口社会经济的数量,同时要分析其空间分布。卫星遥感数据可以直接或间接地为人口社会经济的空间分布提供地表光谱特征、土地利用和植被特征等基础信息,GIS技术可以建立空间分布的地理因子数据并提供相应的空间分析方法,因此空间信息技术的发展是人口社会经济数据空间展布的最有效的研究工具。

　　国外研究主要包括从遥感解译信息反演人口数据、从DMSP-OLS夜间灯光数据反演人口数据和从遥感获取的光谱特征直接反演人口数据。国内研究尽管起步较晚但发展很快,主要是根据土地利用数据和其他地理因子(如高程、道路、居民区等)建立回归模型。

　　研究表明:人口数量、居民地面积、耕地、草地、未利用土地、公路、河渠、DEM等与人类生活密切相关的代表性指标,为研究人口空间展布提供了丰富的信息,通过它们与人口社会经济等建立的相关关系或者回归分析可以建立它们之间的模型,用来进行人口社会经济等指标的空间展布。如果分别对每个指标进行分析,分析是孤立而缺乏综合性的,盲目地减少某些指标则会相应损失很多信息。利用主成分分析及因子分析可以根据各变量间存在的相关关系,用少数并且有代表性的变量来代替大变量集,而且损失信息很少。但是所有这些研究的前提是需要假设人口与相关指标之间的相关关系,或者假设城市是以圆形的方式扩展的,或者以较大的行政区划(县或区)为单元进行地貌类型的划分。这样建立的指标之间的分析模型在一定程度上可以反映人口空间分布状况,但是也存在很大的误差,需要寻求一种可以更加精确展示人口空间分布的方法,来为分蓄洪区灾情评估提供技术支撑。

野外调查发现分蓄洪区内的农村居民点大多以村组为单位沿着公路有规律地排列在一起,分蓄洪区居民地面积和人口数量之间存在显著的线性相关。这些实地调查分析为分蓄洪区内人口空间展布技术方案的选择提供了重要的参考依据。

第二次全国土地调查(简称二调)数据与 GIS 技术相结合进行人口社会经济等统计数据的空间展布可以显著提高统计数据的空间展布精度。

随着社会现代化建设的不断深化与发展,国民经济和社会各项事业取得了跨越式发展,成绩斐然,同时也使得土地利用方式不断转变,城镇建设规模不断扩大,全国的土地利用状况也随之发生了很大的变化,原有的部分土地权属图件、资料已失去了现势性,制约了土地利用规划和计划的实施,影响了土地资源的科学管理和科学规划。为了贯彻落实《国务院关于开展第二次全国土地调查的通知》(国发〔2006〕38 号)精神,为树立和落实科学发展观,加强土地资源管理、保护和合理利用,实行严格的土地管理制度,实现经济建设和社会发展全面、协调、可持续发展的需要,我国 2008～2011 年开展了二调的工作。

二调的目的在于全面查清土地利用状况,掌握真实的土地基础数据,是实现土地资源信息的社会化服务,满足经济社会发展,土地宏观调控及国土资源管理的需要。土地调查的主要任务是查清土地利用状况和土地权属状况。土地调查是地籍管理的基础性工作,其目的是查清每宗土地的基本情况,掌握真实的土地基础数据,建立和完善土地调查、统计汇总制度和登记制度,维护和保障土地权利人的合法利益,规范国有土地使用权流转的市场行为,加快地籍管理的现代化步伐,全面完成地籍地理信息数据建库工作,为政府决策、土地产权保护、房地产管理、土地利用规划与管理等工作提供基础资料和依据。

二调数据为分蓄洪区的灾情评估带来了现势性强、精度高、利用方便的数据成果。不同土地利用类型的面积和权属信息,可以给人口、社会经济各行业的经济数据展布带来极大的方便。

地籍调查工作是一项极为复杂的系统工程,其中各项工作都具有既相对独立又密切相关、政策性极强的特点,同时其技术含量高,涉及了目前数字化地球的三大前沿技术 3S:全球定位系统(GPS)、遥感(RS)和地理信息系统(GIS)。其主要工作分为三大部分,即地籍测量、土地权属调查和地籍调查数据库与管理系统建设。2008 年以前土地调查成果显示,原国有和集体单位及新征地变化较多,而居民宅基地相对变化较少,原地籍图需要更新、补充。依据土地调查的有关标准和技术规程,充分利用已有地籍调查成果开展地籍权属调查、专项调查、土地分类调查和地籍测量等工作,获取每一宗土地的类型、面积、权属和分布信息,建立土地调查数据库及管理系统。

基于以前已经有土地调查工作成果和日常土地管理档案资料,这次以更新、补充调查为主,以政府规划的城镇范围和土地利用现状变更调查划定的范围为基础,两者相互衔接,确定工作范围。结合地籍登记发证所的日常测量成果,采用1∶500的比例尺,以宗地为基本单元,采用GPS技术和全站仪进行地籍控制测量,采用数字测量技术测绘地籍图,采用解析法测量界址点坐标,采用坐标法计算宗地面积,准确确定每宗土地的位置、界址、权属、数量、利用状况等信息,建立地籍管理信息系统。

具体技术工作路线如图4.6所示。

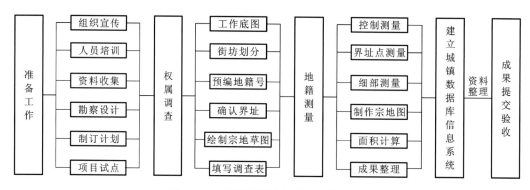

图4.6 二调数据采集的技术工作流程

(1)将最新航空影像作为工作底图,再结合已有资料开展城镇主城区的权属外业调查,对调查成果进行整理以满足地籍测量和数据库建设的要求。

(2)利用GPS对整个调查区域进行分级控制测量工作。在测量范围内建立整个区域的控制网点,采用GPS测量技术建立四等GPS控制网,将其作为该工程的基础控制点,并在此基础上布网加密。

(3)在首级控制点的基础之上加密图根点,利用GPS的RTK技术加密测区图根,使图根点的密度满足规范的要求。

(4)权属调查成果的汇编、整理归档,并给地籍碎部测量提交测量界址点所需的工作底图和地籍调查表。

(5)地形、地籍测量采用全野外数字化测量。用全站仪全解析测绘界址点,进行数据采集,利用南方CASS绘制、编辑数字地籍图。

(6)在新测的1∶500地形图的基础上,利用南方CASS软件编辑各类地籍要素,形成最终满足要求的地籍图。

(7)在地籍调查和地籍测量的基础上,开展测区范围内的各类专项调查,统计各类专项数据。

(8)检核数据的完整性、准确性、逻辑性,满足要求的数据转换成通用格式,便于选定的建库软件读取,建立数据库,从而获得各类统计数据与图表等成果资料。

（9）对所有档案资料进行拍照、汇编、整理。

（10）将空间数据、属性数据、栅格数据及专题数据导入 Microsoft SQL Server 数据库。

二调数据类型采用《第二次全国土地调查土地分类》中的土地利用分类系统和含义，采用二级分类，一级类 12 个，二级类 57 个，见表 4.9。

表 4.9　土地分类系统详表

一级类			二级类		
编号	名称	含义	编号	名称	含义
01	耕地	指种植农作物的土地，包括熟地，新开发、复垦、整理地，休闲地（含轮歇地、轮作地），以种植农作物（含蔬菜）为主间有零星果树、桑树或其他树木的土地，平均每年能保证收获一季的已垦滩地和海涂。耕地中包括南方宽度<1.0 m、北方宽度<2.0 m 固定的沟、渠、路和地坎（埂），临时种植药材、草皮、花卉、苗木等的耕地，以及其他临时改变用途的耕地	011	水田	指用于种植水稻、莲藕等水生农作物的耕地。包括实行水生、旱生农作物轮种的耕地
			012	水浇地	指有水源保证和灌溉设施，在一般年景能正常灌溉，种植旱生农作物的耕地。包括种植蔬菜等的非工厂化的大棚用地
			013	旱地	指无灌溉设施，主要靠天然降水种植旱生农作物的耕地，包括没有灌溉设施，仅靠引洪淤灌的耕地
02	园地	指种植以采集果、叶、根、茎、汁等为主的集约经营的多年生木本和草本作物，覆盖度>50%或每亩①株数大于合理株数70%的土地。包括用于育苗的土地	021	果园	指种植果树的园地
			022	茶园	指种植茶树的园地
			023	其他园地	指种植桑树、橡胶、可可、咖啡、油棕、胡椒、药材等其他多年生作物的园地
03	林地	指生长乔木、竹类、灌木的土地，及沿海生长红树林的土地。包括迹地，不包括居民点内部的绿化林木用地，铁路、公路征地范围内的林木，以及河流、沟渠的护堤林	031	有林地	指树木郁闭度≥0.2 的乔木林地，包括红树林地和竹林地
			032	灌木林地	指灌木覆盖度≥40%的林地
			033	其他林地	包括疏林地（指树木郁闭度≥0.1 且<0.2 的林地）、未成林地、迹地、苗圃等林地
04	草地	指生长草本植物为主的土地	041	天然牧草地	指以天然草本植物为主，用于放牧或割草的草地
			042	人工牧草地	指人工种植牧草的草地
			043	其他草地	指树木郁闭度<0.1，表层为土质，生长草本植物为主，不用于畜牧业的草地

4. 基于二调数据的人口数据空间展布方法

目前全国已经完成了二调的相关工作，通过相关部门可以方便地获取二调的成果数

_____

① 1 亩≈666.67 m²。

据,因此,把二调数据运用到分蓄洪区的灾情评估中,进行人口社会经济等统计数据的空间展布,从数据来源上说是可行的。

基于二调数据的人口数据空间展布的基本原理是"居者有其房",也就是说人口居住的落脚点在房屋,没有房屋的地方就没有人口分布,所以这比平均分布人口数据,通过土地利用 DEM 等数据进行回归分析等方法的结果更加科学、准确。

基于二调数据的人口数据空间展布方法如下。

1)从二调数据中提取居民居住用地图层

有的二调数据是不同的土地利用类型设置不同的图层,这类数据利用起来最方便,只需要提取居住用地图层即可;另一类数据是所有的用地类型均在同一个图层,这样就需要把居住用地提取出来,这可以通过 AutoCAD 或者 GIS 的属性运算方便地实现,具体的办法就是通过属性表,选择居住用地类型的图斑,然后把这些图斑复制提取出来,提取结果见图 4.7。

图 4.7　通过二调数据提取的实验区居民居住用地图斑

2)数据格式转换和拓扑关系建立

由于大部分二调数据格式是 AutoCAD 软件通用的 dwg 或 dxf 格式,并不具备拓扑关系,而且不能进行 GIS 的空间分析和运算,所以需要把居民居住地图斑转换成 GIS 软件方便分析和运算的格式,如 coverage 或者 shapefile 格式,并建立拓扑关系,结果见图 4.8。

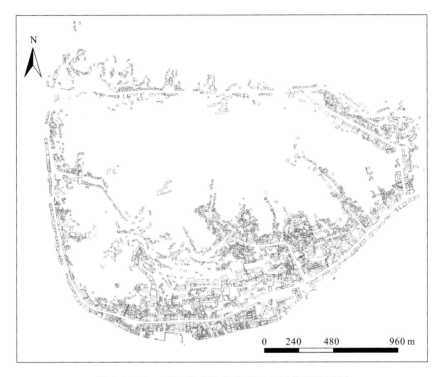

图 4.8 shapefile 格式的实验区居民居住用地图层

3）人口数据的空间展布

人口是通过其居住的房屋按照一定的规则分布在空间上的，所以基于人均居住面积来展布人口数据是相对科学的。人均居住面积是通过一个区域内的总居住面积除以总人口来求得的，其计算公式为

$$K_{人口} = \frac{S_{总}}{P_{总}}$$

式中：$K_{人口}$ 为研究区人口平均居住面积，如果涉及城镇人口和农村人口，则分开计算其人均居住面积；$S_{总}$ 为研究区房屋总居住面积；$P_{总}$ 为研究区居住总人口数。

通过 ArcGIS 对二调属性数据居住用地斑块进行运算，求得不同的居住用地斑块的实际居住人口数，并对其居住的人口数建立新的字段属性。把该居住用地图层转换成与灾情评估相同大小的格网，转换时格网的属性值通过斑块的人口数来获得，就得到了人口空间展布的数据。这样展布的人口数据客观合理，符合人口实际的空间分布情况，也与实际的人口分布密度高度相关，所以进行灾情评估时，利用这种方法展布的人口格网数据在实际灾情计算中是可信准确的，见图 4.9。

4）基于二调数据的人口空间展布方法与其他方法的对比分析

基于二调数据的人口空间展布方法和其他分布方法对比分析表明，面积权重法是把人口分布按照行政区划面积均匀展布到面上，按照面积的多少来计算实际人口的数据量，

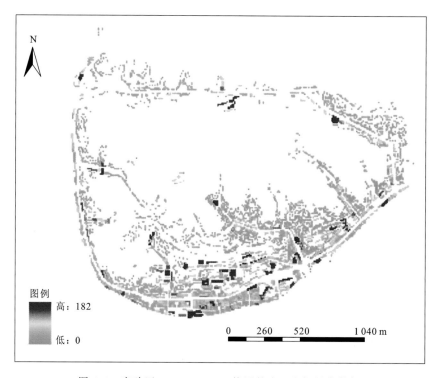

图 4.9　实验区 300 m×300 m 格网的人口空间展布数据

这种方法没有充分考虑人口分布的地域差异性,不同地理位置、地形条件、交通条件对人口分布影响很大,因此在小范围、高精度的分蓄洪区灾情评估中不能满足要求。

基于土地利用、DEM 及耕地等多因子回归分析的展布方法对此基于二调数据空间展布方法,缺点在于回归分析的因子个数有限,包含的影响人口分布的影响因子也不能全部囊括进去,同时因子的回归也会造成一些非人口居住地格网最终生成人口分布较大密度区的现象,如某一小区域范围内耕地面积较多,而耕地是农村居住地和人口数量关系非常密切的影响因素,因而回归分析空间展布的时候该区域可能被模拟成农村人口密度较高的地区,但是也可能出现该区域人口由于交通或水系等因素造成的非典型人口集聚,因而造成人口分布的偏差。

数学插值方法的代表是 Pycnophylactic 方法,最早由 Tobler 用来得到平滑的人口密度表面。首先用规则格网覆盖统计区,每个格网的值为其中心所在的统计区的值除以该统计区包含的格网数所得到的商,然后用每个格网邻域的平均值代替该格网的原始值,继而以统计区总值不变为条件,以平滑后的栅格值为权重,进行栅格值调整,这就完成了一次循环。经过多次平滑、调整的过程,可以得到统计值的连续表面。这样统计的缺点在于,如果统计区的人口沿统计区边缘的某条道路或河流分布,则该方法将会出现较大的误差,这在分蓄洪区中是非常常见的,人口通常是沿着分蓄洪区的内河和抢险道路呈线状分布的。

结合实验区获得的高分辨率航空正射影像,对比发现:基于二调数据的人口数据空间展布与实际的人口分布状况客观吻合,见图4.10。通过居住地面积来客观地进行人口空间展布可以非常精确地把人口分布定位到相应的区域,并准确地反映每个单位面积的格网范围内的人口数量情况,因此在小范围内使用,其精度和成果是优于以上各种方法的,在分蓄洪区的灾情评估中使用能够满足灾情评估精度需求,精度较高,符合分蓄洪区经济损失和补偿标准的核算,值得推广应用。

图4.10 实验区高分辨航空影像图

因为分蓄洪区的居民用地分为农村居民用地和城镇居民用地,并且农村居民用地和城镇居民用地的人均居住面积是不同的,所以必须将农村人口和城镇人口分别展布到农村居住用地和城镇居住用地上,这样才是科学合理的。

对于流域级的洪水灾情评估研究,采用二调数据来进行人口社会经济统计数据的展布是不合理、不可行的。主要是因为流域级灾情评估范围太大,通常涉及数个市县,甚至是数个省,二调数据过于精细,数据量相当大,模型评价和运行速度非常慢,不能满足快速评估的要求。另外模型计算的格网大小通常大于平均房屋宅基地的面积,过于精细的数据是冗余的、没有必要的。流域级的洪水灾区评估通常采用多因素回归分析模型来进行展布,虽然精度略有降低,但是对于流域级别来说,它提高了模型的运算速度,也满足流域级损失评估的要求。

而对于分蓄洪区这样的需要精确评估的小范围区域来说,基于二调数据的人口社会经济的空间展布既可以满足模型的运行速度要求,也可以满足灾情评估的精度要求,可以精细地评估洪灾实际造成的经济损失,为灾后重建及经济补偿提供更加准确的数据和依据。

目前长江中游地区尤其是荆江洞庭湖地区的许多重点分蓄洪区或者蓄洪垸都采集了高分辨率的卫星影像或航空影像数据,可以精确地解译建筑物的类型和面积。对于没有二调数据的分蓄洪区或蓄洪垸,通过航拍数据或定制购买高分辨率卫星影像也可以满足人口社会经济空间展布的需求。

5)基于二调数据的社会经济数据空间展布方法

基于二调数据的社会经济数据空间展布方法和人口空间展布方法原理相同,就是根据属性提取出不同社会经济数据的相应图层,通过该区域内社会经济数据的单位面积密度,计算出相应的单位面积社会经济产值或经济总量,通过提取社会经济数据图层的类型,计算每个图斑的社会经济产值或总量,再转换成相应大小的格网数据。

以工矿企业的产值或经济总量为例,通过基础数据提取工矿企业类别的图斑,计算研究区域内的单位面积产值或经济总量

$$K_{工矿} = \frac{G_总}{S_总} \tag{4.1}$$

式中:$K_{工矿}$ 为研究区单位面积的工矿企业生产总值或经济总量;$S_总$ 为研究区工矿企业总占地面积;$G_总$ 为研究区工矿企业的社会经济总产值或经济总量。

通过 ArcGIS 对二调数据属性表中的工矿用地斑块进行运算,求得不同工矿用地斑块实际的社会经济产值或经济总量,并对其所占的经济产值或经济总量建立新的字段属性。把该工矿用地图层转换成与灾情评估相同大小的格网,转换时格网属性值通过斑块的工矿企业经济产值或经济总量来获得,这样就得到了工矿企业的空间展布数据。

该展布方法对于工矿企业的空间分布描述非常准确,因为它是根据实际的工矿用地来进行展布的。但是该方法也存在经济密度展布并不完全合理的问题,因为不同的工矿企业单位面积的产值是不同的,有的是土地集约型企业,其单位面积的产出就高,有的是传统的土地和劳力需求型企业,其单位面积的产值相对较低。用这种基于工矿企业面积权重的方法来展布会有一些误差,但是相对于传统的面积平均法或者多因子回归法,该方法的准确率和精确性已经大大地提高了,就目前水平来看它完全可以满足灾情评估的需求。

4. 人口社会经济数据空间展布方法评价

采用二调数据的人口社会经济数据空间展布方法对于具有详细的原始二调数据,或

者具有高分辨率影像数据,可以提取居民居住用地的研究区域来说,该方法实现的人口社会经济数据空间展布精度较高,较好地实现了统计数据的空间分布,解决了基于格网的灾情评估方法统计数据输入的瓶颈问题,在分蓄洪区灾情评估中具有重要意义。但是该方法只适合尺度较小的分蓄洪区或重点蓄洪圩垸的数据展布。对于大尺度的洪水灾情评估并不适用,因为大尺度范围的灾情评估数据量大,人口社会经济数据的精细化不利于模型的运行效率和速度。

该方法的缺点在于数据成本和数据生成周期较长,随着分蓄洪区管理工作的推进、各类科研项目的开展和投入加大,数据成本会逐步降低,数据来源会更加丰富。同时国家二调项目农村部分的工作已完成,这为数据的获取提供了得天独厚的优越条件。政府管理部门应提高数据的共享和利用效率,协调各部门推进分蓄洪区灾情评估工作,提高分蓄洪区洪水调度和灾情评估决策能力。

按照回归方法对人口社会经济数据进行空间展布,实现了各种统计数据的空间分布,便于统计数据参与洪涝灾情评估,更好地反映洪灾的损失和规模,对于灾情评估具有重要的意义,但是这些数据毕竟不是来源于客观的既有的地域空间,是依照一定的法则展布到空间上去的,其精度和可靠性需要作进一步的分析。

分析产生误差的原因主要有:①基于遥感影像的土地利用基础数据本身存在一定误差,尤其是一些分散的小斑块的居民地不能被提取,面积较小的耕地也常被划分到其他土地利用类型中去;②行政区划界限的比例尺与土地利用数据比例尺的匹配问题,当行政区划的数据比例尺较小,而土地利用数据比例尺较大时,两者之间的比例尺尺度差异会导致一定的人口被错误分配,特别是在居住地集中且人口密度大的分界区域,出现的误差会更大,反之当土地利用的比例尺太小,而行政区划数据的比例尺较大时,也会造成一定的误差;③目前我国通用的人口社会经济数据来源于各级政府的统计上报汇总,数据的准确性和可靠性取决于原始统计数据的准确性;④建立土地利用数据与人口社会经济数据之间的线性回归方程是一种"统计模型",它虽然简单方便,具有一定的理论基础,但是并不能完全正确地、完整地解释人口社会经济的空间分布状况。

4.2.4 灾情评估综合数据库建库技术方法

数据是灾情评估模型的核心,它既是各种模型操作和处理过程的对象,比如模型输入土地利用数据、人口社会经济数据、损失率数据等,又是模型运算过程的中间成果或者结果。这些数据大部分存储在数据库中,数据组织和数据库设计因此成为灾情评估的重要工作之一,也是模型构建和运行的关键步骤,数据库的合理设计是整个模型高效率运行的有力保证。数据库设计的内容包括确定数据范围、数据来源、数据类型、数据库总体结构、各数据文件储存内容、文件命名规则和文件格式及定义报表的字段类型等。

数据库设计既要满足当前模型运行的需要,又要注意数据的标准化和规范化,便于后期数据的更新及数据的共享,便于模型的扩充和与其他模型数据的互访。

1. 灾情评估数据库结构层次

分蓄洪区灾情评估数据库主要包括基础地理信息数据库、工情信息数据库、社会经济数据库、土地利用数据库、相关支持数据库及元数据库,见图 4.11。其中基础地理信息数据库包括:基础地形数据、遥感影像数据、数字高程模型、河流水系数据、行政区划数据、道路交通数据、房屋建筑数据等。工情信息数据库包括:工程分布矢量图、工程图库及工程资料库等。相关支持数据库包括:水情数据、雨情数据、历史洪灾数据、分洪调度预案、抢险预案、相关政策法规等。

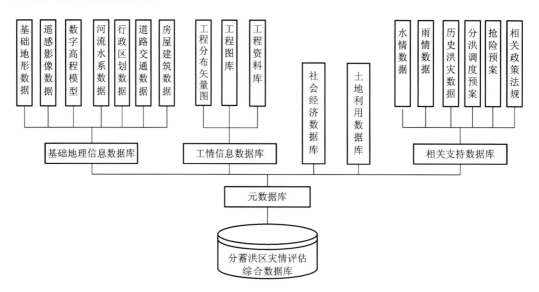

图 4.11　分蓄洪区灾情评估数据库结构层次图

2. 灾情评估数据库代码编制原则与标准

1) 灾情评估数据库代码编制原则

(1) 凡是已有国家标准、行业标准的,一律使用国家标准、行业标准,如中国河流名称代码、行政区划代码等。

(2) 没有国家标准,也没有行业标准的,制定本系统内使用的标准。在制定过程中,如其他相关数据库已有编码的,尽可能使用已有编码或在已有编码的基础上改造,如数据表标识符、字段标识符、音像资料标识符等。

(3) 自行编制代码标准,应尽可能缩小编制范围并在数据结构上考虑将其独立出来,以方便修改和完善,如建筑物分类代码、险情分类码等。

(4) 在数据库建设过程中应根据使用和实际情况逐步补充和完善各类代码。

2）灾情评估数据库代码编制标准

该数据库编制参照、引用的主要标准如下：

《水利水电技术标准编写规定》（SL 01—97）；

《中华人民共和国行政区划代码》（GB 2260—2007）；

《国土基础信息数据分类与代码》（GB/T 13923—2006）；

《公路等级代码》（GB/T 919—2002）；

《中国河流名称代码》（SL 249—1999）；

《中国湖泊名称代码》（SL 261—1998）；

《中国蓄滞洪区名称代码》（SL 263—2000）；

《中国水闸名称代码》（SL 262—2000）；

《水利工程信息代码编制规定》（SL 213—98）；

《1∶5000 1∶10000 1∶25000 1∶50000 1∶100000 地形图要素分类与代码》（GB/T 15660—1995）；

《水闸工程管理设计规范》（SL 170—1996）；

《标准化工作导则信息分类编码标准的编写规定》（GB 7026—1986）。

3. 灾情评估数据库代码编制

数据库信息代码编制需要遵照一定的原则与方法，用以保证信息存储及交换、共享的一致性与唯一性，以利于项目建设单位、系统用户的信息数据资源共享。

数据库系统中数据对象命名应该遵守以下基本原则：①数据对象命名中的字符应尽量用英文字符来构成；②名称中不能含有空格，不能以数字开头，不能使用数据库中的关键字来命名；③命名尽量能反映数据的信息（空间区域范围、数据的应用领域）。

1）表名的命名规范

表名以英文单词、单词缩写、简写、汉语首字母拼音缩写、下划线构成，总长度 Oracle 要求小于 30 位。

数据库中的表分为如下三类。

系统表：系统赖以运行的最基础、最关键的表，如用户表、权限表、系统操作日志表等。系统表以"sys_＋表名"命名，如系统用户表为 sys_user、系统权限表为 sys_priv、操作日志表为 sys_log 等。

地理信息表：系统中与地图相关的模块都要用到的表，用这部分表来存储基础地理信息数据。地理信息表以"要素集加要素类"命名，要素类的命名是用要素集名称加下划线再加上子类名称。

业务表：系统模块中都要用到的表，用这部分表来表示系统中的静态数据。业务表以"TB＋组码＋分类编号_＋表"命名。

2）表的字段命名规范

字段名由单词缩写、简写、汉语首字母拼音缩写构成,总长度不超过 30 个字符。Oracle 数据库虽然支持最长 30 个字符的命名长度,但不推荐使用太长的命名实体或属性,一般以 20 个字符左右为限。

3）专业术语定义

为了保证对防洪减灾数据库中提到的相关专业术语有统一的理解,避免因为理解的不同而造成的对需求理解的偏差,对部分专业术语作统一的说明。

流域:地表水及地下水的分水线所包围的集水区或汇水区,因地下水分水线不易确定,习惯即指地面径流分水线所包围的集水区域。

水系:由两条以上大小不等的支流以不同形式汇入主流,构成一个河道体系,称为水系或河系。信息编码:信息编码是将事物或概念(编码对象)赋予一定规律性的,易于计算机和人识别与处理的符号。

代码:代码是一个或一组有规律的,易于计算机和人识别与处理的符号,标识功能是代码的基本特征。

标识码:在要素分类的基础上,用以对某一类数据中某个实体进行唯一标识的代码,它便于按实体进行存储或对实体进行逐个查询和检索,以弥补分类码的不足。

地理信息描述数据:描述数据又称元数据或诠释数据,地理信息描述数据是描述地理数据内容、质量、状况和其他特征的数据。

分类码:按照信息分类编码的结果,利用一个或一组数字、字符或数字字符混合,标记不同类别信息的代码。分类码多采用线分类法,形成串、并联结合的树形结构。

DBMS(database management system):数据库管理系统。

矢量数据:以(x,y)坐标或坐标串表示的空间点、线、面等图形数据及与其相联系的有关属性数据的总称。

栅格数据:按格网单元的行和列排列的,具有不同灰度值或颜色的阵列数据。栅格数据的每个元素可用行和列唯一地标识,而行和列的数目则取决于栅格的分辨率(或大小)和实体的特性。

DEM:数字高程模型,它是区域地形的数字表示,是定义在 X、Y 域(或经纬度域)离散点(矩形或三角形)上以高程表达地面起伏形态的数据集。

DOM:数字正射影像图,它是利用数字高程模型对扫描数字化的(或直接以数字方式获取的)航空相片(或航天影像),经过数字微分纠正、数字镶嵌,再根据图幅范围裁切生成的影像数据集。

4）基础地理数据代码编制

（1）行政区编码。省级行政区编码的目的是唯一标识全国现有的省级行政区,编码说明参见《中华人民共和国行政区划代码》(GB/T 2260—2007)。地区级行政区编码的目的是唯一标识全国现有的地区级行政区。县级行政区编码的目的是唯一标识全国现有的县级行政区。乡级行政区编码的目的是唯一标识全国现有的乡级行政区,编码遵循空间顺序,原则上按照由北到南、由西到东的顺序编号,取值 0001～9999,代码为 10 位,格式为 AAAAAANNNN,其中 AAAAAA 为上级县的行政区划代码,NNNN 为乡级行政区编号。村级行政区编码的目的是唯一标识全国现有的村级行政区,编码遵循空间顺序,原则上按照由北到南、由西到东的顺序编号,取值 0001～9999,代码格式为 AAAAAANNNNBBBB,其中 AAAAAANNNN 为上级乡行政区划代码,BBBB 为村级行政区编号。

(2)水系编码。河流编码用来唯一标识一个全国现有的河流、运河及渠道,编码原则上用 8 位字母和数字的组合码分别表示河流的工程类别、所在流域和水系、编号及类别,编码格式为 ABTFFSSY,编码说明参见标准《中国河流名称代码》(SL 249—1999)。其中,A 为 1 位字母,表示工程类别,取值 A;B 为 1 位字母,表示一级流域,取值 A～Y;T 为 1 位字母,表示水系(二级流域),取值 A～Y;FF 为 2 位数字或字母,表示一级支流的编号,F 取值 0～9、A～Y;SS 为 2 位数字或字母,表示二级或二级以下支流的编号,S 取值 0～9、A～Y;Y 为 1 位数字,表示河流类别。湖泊编码的是唯一标识一个全国现有的湖泊,编码原则是用 11 位字母和数字的组合码分别表示湖泊的工程类别、所在流域、水系和河流、编号及类别。编码格式为 ABTFFSSNNNY,其中 A 为 1 位字母,表示工程类别,取值 G;BT 为 2 位字母,表示流域、水系;FFSS 为 4 位数字或字母,表示河流编号,当湖泊不位于支流,FFSS 取值 0000;NNN 为 3 位数字,表示该区域(流域、水系)内某个湖泊的编号,取值 001～999;Y 为 1 位数字,表示湖泊类别。

(3)道路编码。道路编码的目的是唯一标识转移道路。编码原则是用 15 位字母和数字的组合码分别表示道路。编码格式为 NNNNNNNNNN20BBB,编制参照《中国蓄滞洪区名称代码》(SL 263—2000),NNNNNNNNNN 为蓄洪区,BBB 为分蓄洪区道路编号,从 001 开始,由北到南、由西到东依次编号。

5)工情数据代码编制

(1)分蓄洪区编码。编码目的是唯一标识一个全国现有的蓄滞(行)洪区和滩区,编码原则是用 10 位字母和数字的组合码分别表示蓄滞(行)洪区和滩区的工程类别、所在流域、水系和河流、编号及类别。代码格式为 ABTFFSSNNY,代码编制参照《中国蓄滞洪区名称代码》(SL 263—2000)。其中,A 是 1 位字母,表示工程类别,取值 F;BT 为 2 位字母,表示流域、水系;FFSS 为 4 位数字或字母,表示河流编号,当蓄滞(行)洪区和滩区位于干流时,FFSS 取值 0000;NN 为 2 位数字或字母,表示该区域(流域、水系)内某个蓄滞(行)洪区和滩区的编号,N 取值 0～9、A～Y;Y 为 1 位数字,表示蓄滞(行)洪区和滩区类别。

(2)行洪口门编码:编码目的是唯一标识一个行洪口门。原则上口门名称采用当地政府机构所用中文名称,代码格式采用标准《中国水闸名称代码》(SL 262—2000)。

（3）堤防（段）编码：编码目的是唯一标识一个全国现有的堤防（段）。编码原则是用11位字母和数字的组合码分别表示堤防（段）的工程类别、所在流域、水系和河流、编号及类别。代码格式为ABTFFSSNNNY，代码编制参照《水利工程基础信息代码编制规定》（SL 213—1998）。其中，A为1位字母，表示工程类别，取值D；BT为2位字母，表示流域、水系；FFSS为4位数字或字母，表示河流编号，当堤防（段）位于干流，FFSS取值0000；NNN为3位数字，表示该区域（流域、水系）内某个堤防（段）的编号，取值001～999；Y为1位数字，表示堤防（段）类别。

（4）安全区编码：编码目的是唯一标识安全区。编码原则是用15位字母和数字的组合码分别表示安全区。代码格式为NNNNNNNNNN1ABBB，代码编制参照《中国蓄滞洪区名称代码》（SL 263—2000）。

（5）转移码头编码：编码目的是唯一标识转移码头。编码原则是用15位字母和数字的组合码分别表示转移码头。代码格式为NNNNNNNNNN40BBB，代码编制参照《中国蓄滞洪区名称代码》（SL 263—2000）。其中，NNNNNNNNNN为蓄洪区代码；BBB为转移码头编号，从001开始，由北到南、由西到东依次编号。

（6）通信预警设施编码：编码目的是唯一标识通信预警设施。编码原则是用15位字母和数字的组合码分别表示通信预警设施。代码编制参照《中国蓄滞洪区名称代码》（SL 263—2000），代码格式为NNNNNNNNNN50BBB。其中，NNNNNNNNNN为蓄洪区代码；BBB为通信预警设施编号，从001开始，由北到南、由西到东依次编号。

（7）排水泵站编码：编码目的是唯一标识排水泵站。编码原则是用15位字母和数字的组合码分别表示排水泵站。代码编制参照《中国蓄滞洪区名称代码》（SL 263—2000），代码格式为NNNNNNNNNN60BBB。其中，NNNNNNNNNN为蓄洪区代码；BBB为排水泵站编号，从001开始，由北到南、由西到东依次编号。

6）人口社会经济数据代码编制

人口社会经济数据来源于统计资料，根据各级行政单位划分。按照第4章第2节中论述的方法，实现人口社会经济数据的空间展布，并按照行政单位进行编码。

7）土地利用数据代码编制

根据分类编码统用原则，将土地利用要素分为六大类并依次分为大类、小类、一级类和二级类，分类代码采用四位数字层次码组成，其结构为ABCD，A为大类，B为小类，C为一级类，D为二级类。其中大类码、小类码、一级类码分别用数字顺序排列，二级类码作为扩充位，以便必要时进行扩充。

8）相关支持数据代码编制

（1）水雨情数据编码。报讯站编码目的是唯一标识全国现有的报汛站；天气状况编码目的是唯一标识特定天气；降雨类型编码目的是指定降雨的类型；水势特征编码目的是唯一标识水势特征;测流方向编码目的是唯一标识测流方向;预报精度编码目的是唯一标识洪水预报成果的精度。

（2）水文信息编码主要包括水文测站编码,其目的是唯一标识一个全国现有的水文站、水位站。编码原则是用9位或6位字母和数字的组合码表示水文测站的工程类别、所在流域、水系和编号。代码格式为 ABTTNNNNN 或 ABTNNN,其中 A 为1位字母,表示工程类别,取值 C;B 为1位字母,表示流域,取值 A～Y;TT 为2位或1位数字,表示水系;NNNNN 或 NNN 为5位或3位数字,表示该区域（流域、水系）内某个水文测站的编号。

（3）水文数据库。基础水文数据库存储内容可分为基本信息表、摘录表、日表、句表、月表、实测调查表、率定表、数据说明表、字典表等主类;每个主类按照测验整编主项目的不同可分为测站属性、降水、蒸发及蒸发辅助项目、水位、流量（水量）、泥沙、水温、冰情、潮汐及其他等子类。

9）元数据标准框架

元数据是用于表征数据的数据,即关于数据的内容、质量、状况和其他特性的信息,元数据包含内容见表 4.10。元数据是用来描述信息资源的高度结构化数据,可以组织和管理信息,可以挖掘信息资源,也可以帮人们准确地查找所需要的信息,并在从不同资料或组织获取数据时,能够通过对相同的元数据元素进行比较,获取自己所需要的信息。它是对多源数据进行获取、智能分析及打开运算大门的钥匙,地球空间元数据的结构见图 4.12。

表 4.10 空间元数据的内容

地理信息过程	空间元数据的内容
数据发现	内容或主题、空间图层、时间层、描述、可获得性、访问条件、联系方式、成本、版权、推荐的应用模式、使用的适应性等
数据获取	数据源（如传感器）、大气条件、采样方法、时间、投影特征、空间图层、比例尺、精度、控制点、参考数据、完整性等
数据存储	数据模型、特征类型、现时性、数据字典（主题、表名、主键、副键、属性定义、单位等）、媒体、存储量大小、软件、安全性等
数据转换	上述所有内容、质量指标、处理过程和原因、源数据、相关数据集、格式等
数据表达	题目、图例、比例尺、坐标系统、综合水平、分辨率、特征表、精度等
操作与分析	采样方式、分析方法、转换过程及原因、误差分析、版本控制、分类信息等

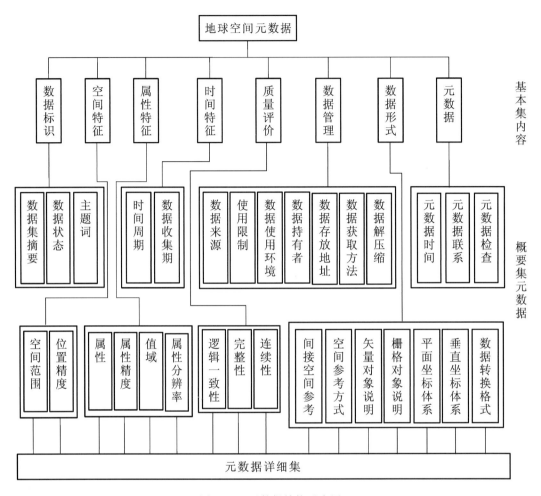

图 4.12 元数据结构示意图

分蓄洪区灾情评估涉及的数据种类复杂,数据格式也是多种多样,为了使开展灾情评估的操作者快速地了解灾情评估数据库中的有关数据信息,必须建立各种类数据的元数据,以便用户调用和共享。分蓄洪区灾情评估的数据从其空间属性上来分,可以分为空间数据和非空间数据,非空间数据的元数据内容包括了通用元数据的内容,空间数据除了包括通用元数据中的内容外,还包括空间元数据的内容。

通用元数据包括数据库或数据文件的名称、数据库或数据文件存储的格式、数据库或数据文件的主要技术参数、数据库或数据文件的内容说明、数据库数据项的定义及说明、数据使用方法简介、数据库或数据文件补充信息、数据项内容说明、元数据负责单位信息。

根据元数据描述对象差异,空间元数据可划分为以下三种类型。

(1)数据库级元数据。指对地球空间数据库的描述信息,包括数据库名称、数据库类型编号、数据库内容描述、数据库访问方法、数据库更新日期、数据库元数据存放物理地址、数据源描述等。

（2）数据集级元数据。是描述整个数据集的元数据,包括数据集区域采样原则(指区域性数据库)、数据集标识、数据有效期、数据时间跨度、元数据形成时间、数据集存放的物理地址、数据集的获取方法等。

（3）数据要素级元数据。指描述数据集中数据特征的元数据,包括时间标识(数据集内容表达的时间、数据收集时间、数据更新时间)、位置标识(指示实体的物理地址)、量纲、注释、误差标识、缩略标识、存在问题标识(如数据缺失原因)、数据处理过程等。它是面向每个数据项、每个数据记录的。

4.3 洪水特性因子的获取与计算方法

洪水灾害灾情评估是在洪水特性因子和承灾体的属性空间分布叠加的基础上,基于 GIS 技术的空间分析功能,进行损失计算的。因此,除了受洪水淹没的承灾体的空间分布数据的获取外,洪水特性的快速获得是灾情评估的另一个重要方面。

4.3.1 基于遥感的洪水淹没范围和淹没历时获取方法

遥感技术对灾害动态监测和评估有着特殊的优势和潜力,尤其是在洪水灾害的监测评估方面,我国已开展了大量的研究工作。早在 1983 年,水利部遥感中心就用地球资源卫星遥感数据监测了发生于三江平原挠力河的洪水,并成功地获取了洪水受淹面积和河道的变化信息。在 1984 年和 1985 年,用极轨气象卫星调查了发生于淮河和辽河的洪水。在这期间,还用机载 SAR 数据监测了辽河流域的洪水。同时,机载红外遥感也尝试用来调查永定河行洪障碍物分布,以及监测东辽河在三江口处的决口位置。1987～1989 年年,在国家科学技术委员会领导下,水利部遥感中心及国家测绘局、中国科学院和空军所属有关单位合作,先后在黄河、荆江地区、永定河、洞庭湖和淮河进行了防洪减灾试验,建立了基于地-地传输的准实时全天候洪水灾害监测系统,并在 1991 年淮河及长江中下游大洪水的监测中发挥了重大作用。

4.3.2 基于 GIS 的洪水淹没水深及空间分布计算方法

1. 洪水淹没模拟计算

基于 GIS 与数字高程模型(DEM)求出给定水位条件下的淹没水深和分布,应当分为"无源淹没"和"有源淹没"两种情况。

所谓无源淹没是指凡是高程低于给定水位高程的点都记入淹没区,都算被淹没的点,这种情况相当于整个地区大面积均匀降水发生的情况,所有低洼处都有可能积水成灾。从计算机算法的角度看,这种情况计算起来比较简单,因为它不涉及相邻区域连通、地表径流、洼地合并等复杂问题。因此,如果粗略地计算,每个洼地水面的上涨幅度基本上是一致的,也就是整个区域洼地水面相对均匀抬高。产生淹没时,只要是低于水位高度的点都记入淹没点,都会被淹没掉。

无源淹没计算只适用于分蓄洪区启用后期阶段,因为这时分洪时间较长,洪水进入分蓄洪区并完成演进过程,所有的低洼和高程较低的区域均被水淹没。

当通过遥感方法获取了淹没范围的矢量数据后,利用该多边形和已经建立的 DEM 数据叠加作空间分析,可以获取淹没的高程信息,通过无源淹没计算获得淹没的水深及其空间分布情况。

所谓有源淹没是指水流受到地表起伏等因素的影响,区域在下垫面和地形的影响下,即使在低洼处,也有可能由于地形的阻挡而不会被水淹没。造成是否被淹没的原因除了自然降水外,主要还包括洼地溢出水、上游来水等。在实际分蓄洪区的启用初期阶段,有源淹没更为普遍,也更加复杂。有源淹没主要涉及地表径流、水流方向、洼地连通等情况的分析。

2. 基于地形数据的淹没连通计算

通常采用种子蔓延算法来进行分蓄洪区有源淹没面积计算。种子蔓延算法其实是一种基于种子空间特征扩散探测的算法,该算法的核心思想就是将给定种子点作为一个研究对象,赋予其特定的属性,沿水流演进方向在这一平面区域里四邻域(或八邻域)扩散,求得符合数据采集分析精度、满足给定条件且具有连通关联性分布点的集合[21-24]。利用种子蔓延算法计算分蓄洪区淹没区,就是按照给定水位条件,求取满足一定精度和连通性要求的点的集合,该集合算出的连续平面就是我们所要求解的淹没区范围,而只是满足水位条件但不具备与种子点连通关联性的其他连续平面不能进入集合区内。洪水淹没区有源淹没计算的精度在很大程度上依赖于 DEM 的分辨率和采集精度。

淹没计算的种子点起始位置可以选在分蓄洪区分洪闸等特征点处,一般情况下通常系统自动地根据 DEM 特征点求取淹没范围,将满足所有条件的连通关联淹没点存入缓存区,并不断地进行扩散探索,从而使淹没区域范围不断扩大,其计算流程见图 4.13。

3. 淹没水深与空间分布计算

利用 GIS 空间分析技术计算淹没水深需要运用数字地面高程模型(DEM),其中洪水淹没水深是由淹没水面高程与分蓄洪区地面高程共同决定的,计算公式为

$$D = E_w - E_g \quad (E_w > E_g) \tag{4.2}$$

式中:D 为淹没水深;E_w 为指定水面高程;E_g 为地面高程。

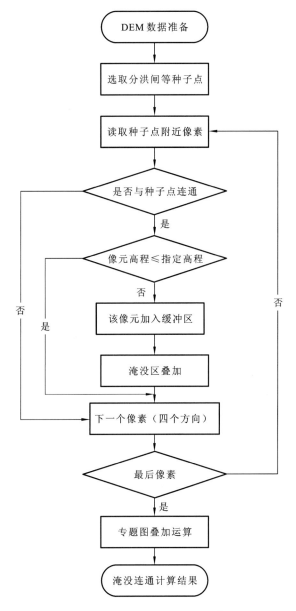

图 4.13　种子蔓延法淹没连通计算流程

分洪洪水在运动的过程中,其表面可能是一个水平平面、倾斜平面,甚至是一个复杂曲面。对于湖泊、水库、分蓄洪区或局部低洼地区等,水面可以近似看成水平平面,其表面高程可由一处或几处的水面高程均值确定。如果分蓄洪区的面积较大,洪水淹没水面不是一个平面,通常较为普遍的方法是将洪水在一定河段内简化为一个斜平面,断面两端的高程由水文站或其他方法测定的水位给出,这样就把确定淹没范围的问题归结为 DEM

被一个斜平面切割的问题。

如 4.3.1 所述,利用遥感监测的手段进行洪水淹没范围的获取是非常有效的,但是对于水深的监测与空间分布的确定通常比较困难。但是根据遥感监测获取的洪水淹没范围,利用本书提出的洪水淹没分析算法,可以计算并获取洪水淹没的水深分布。具体算法为,利用 DEM 生成多边形网格模型,该模型保证了任意一个网格单元上的高程是均等的,将获取的遥感监测洪水淹没范围数据与该多边形网格模型相互叠加,这时认定淹没边界线所在的单元淹没水深为零,淹没边界线以内的单元格淹没水深通过边界单元高程减去所在单元的高程值求得。这种算法是在假设淹没边界单元上的高程值相等前提下得到的,实际上分洪过程中可能不是这样,在分洪一段时间后,水位达到平衡时水面才更加接近是一个平面,这时可以考虑求每一个淹没边界单元的平均高程值。

4.3.3 基于 GIS 与水动力学模型的洪水演进计算

1. 二维数值洪水演进模型

分蓄洪区启动分洪以后形成的洪水冲击波将会对分蓄洪区内的工农业生产造成巨大的损失,因此以分蓄洪区为研究对象的分洪洪水演进及分洪后造成的灾情评估历来受到人们的关注。目前对于分洪问题的研究手段一般可以分为解析方法、数值模拟方法和实验方法。随着计算机技术的快速发展,数值模拟模型越来越成为当前洪水演进研究与工程计算领域的主流方法。同时洪水演进数值模拟也是进行分蓄洪区规划、洪水预报预警和抢险救援设施管理维护等工作的基础。洪水演进数值模拟的主要内容是通过一定的数学模型描述分洪启动后分蓄洪区内洪水波的传播速度、波高、水位、波形及流量等水力学特征随时间的演变情况。

从严格科学意义上讲,分洪洪水演进理论属于洪水水力学的范畴,但是分洪洪水波往往发生在高水位并且分洪闸或者圩埝堤防突然溃决的时段,其形成的流量和水位常在极短的时间内发生急剧变化,分洪波形在分蓄洪区传播过程中由于受到分洪区下垫面和地形的影响,其流态也会产生急剧的变化。分蓄洪区分洪洪水演进问题在数学与物理方面的研究,最终可归结为描述与控制洪水水流运动状态的圣维南方程组的黎曼问题。但是由于该方程组的非线性,以及水流的不连续性,求得分洪问题的解析解非常困难。因此通过数值分析求解圣维南方程组的黎曼问题成为研究分洪洪水波演进的主要研究手段,尤其是在给定研究区域的边界条件及初始条件的情况下,数值模拟的优势就更加显著。采用二维有限体积法进行分蓄洪区分洪洪水演进问题的数值模拟研究,模拟分洪瞬间及分洪洪水波在分蓄洪区的演进方式,分析分洪后分蓄洪区内受洪水影响的淹没面积、流速、水深及洪水到达时间等对于防洪减灾和灾情评估的重要意义。

1）控制方程

平面二维数学模型所用的控制方程如下。

连续方程：

$$\frac{\partial h}{\partial t} + \nabla \cdot (\boldsymbol{u} h) = 0$$

动量方程：

$$\frac{\partial \boldsymbol{u}}{\partial t} + \boldsymbol{u} \cdot \nabla \boldsymbol{u} + g(\nabla \zeta + \boldsymbol{S}_f) - \nabla \cdot (\upsilon \nabla \boldsymbol{u}) = 0$$

式中：$\boldsymbol{u} = (u, v)$为流速矢量；$\boldsymbol{S}_f = (S_{fx}, S_{fy})$为河床摩阻坡度矢量，且 $\boldsymbol{S}_f = \frac{1}{\rho g h} \tau_{zb}$。

2）数值求解方法

平面二维数值模型控制方程采用 TVD-MacCormack 有限体积法求解：空间离散通常采用控制体积法，时间离散则采用预测-校正格式显式，分洪冲击波的捕捉采用 TVD 技术，采用非规则四边形网格离散计算区域。有限体积法的优点在于在任何一个控制体内进而在整个计算域内，所有物理量均满足积分守恒的性质。在计算的过程中，采用 TVD 技术捕捉冲击波，可以克服非线性的干扰，即使在水位、流场梯度变化较大的区域也能得到合理的解。

2. 基于 GIS 的洪水演进模型构建方法

1）洪水演进模拟的边界条件

（1）分洪模拟计算上游边界：边界条件为分洪口水位边界条件，即按照河道洪水演进模型模拟计算每个计算时步，用上一时步的分洪量减去分洪口下泄水量，加上河道上游来水洪水水量，按新的输入参数进行河道洪水演进模型演算得到上游水位，同时令流速梯度为 0，即

$$z\big|_{上游进口} = z_u \tag{4.3}$$

$$\frac{\partial q}{\partial n}\bigg|_{上游进口} = 0 \tag{4.4}$$

式中：z_u 为入流断面水位；n 为边界的外法线单位矢量。

（2）分洪口下泄洪水模拟计算。模拟分洪口下泄洪水演进时，根据河道洪水超额洪水量-水位关系与分洪口的水位-流量关系，以一定的时间步长（60 s）插值计算得到分洪口在不同初始河道水位条件下的时间-流量关系曲线。模拟计算中，分洪口的流量以点（面）源方式给出。

2）洪水演进模型的出流边界

分蓄洪区分洪洪水演进计算的范围为从距离分蓄洪区分洪口最远端的圩垸大堤起，到洪水演进至大堤时止，因此不用设置出流边界。

3）洪水演进模型的分洪口形状概化

模拟分蓄洪区分洪时，由于分蓄洪区的分洪口闸门形状固定，因而分洪发生时概化成等腰梯形，梯形高度和平均宽度均由分洪口闸门的相关参数演算获得。

4）洪水演进模型的时间步长

为了节省洪水演进计算时间，减少计算量，往往希望计算的时间步长 Δt 尽可能的大，然而由于受到稳定性条件的限制，Δt 太大将导致计算的不稳定，因此 Δt 的选取必须先满足稳定性条件。对数值方程进行 CFL 稳定性分析，要使计算稳定，时间步长必须满足如下条件：

$$\Delta t_i \leqslant \frac{c_u(\overline{\Delta V})}{|q_i| + c|A_i|} \tag{4.5}$$

式中：$q_i = (\boldsymbol{u}) \cdot (\boldsymbol{A}_i)$；$\Delta t_i$ 为某一控制体处的 Δt；c_u 为 CFL 数，在 0～1，一般取 0.6 左右；ΔV 为该控制体的面积；$\boldsymbol{A}_i$ 为该控制体的具有网格面外法线方向的网格线长度矢量；c 为该控制体处的微波速，$c = \sqrt{gh}$；下标 i 为局部坐标 i 或 j 的方向，标识控制体的 i, j 方向各两个网格面。时间步长 $\Delta t = \min(\Delta t_i)$，$\Delta t$ 受最小 Δt_i 控制。

5）洪水演进模型的动边界处理

在分洪洪水的演进过程中，水位与流量的剧烈变化会引起网格的干湿变化。数学模型模拟采用基于网格界面属性和单元属性的干湿变动边界处理模式，其物理意义明确，综合了基于网格界面属性动边界处理模式和基本单元属性处理模式的优点，能保证洪水演进模拟计算可以满足控制方程连续性及在计算区域整体的守恒性。

3. 数学模型计算域及计算格网

1）数学模型计算域的确定

数学模型的模拟范围既可以用一个已有的边界数据文件确定，也可在相关的遥感影像图或者其他专题图上面勾绘得到。即可以根据 DEM 或者等高线图选取分蓄洪区设计最大淹没水深的等高线，根据该等高线形成的范围确定数学模型计算域的范围。如果选取的等高线是非连续性的，则应该选取其他的典型特征线（比如圩垸大堤、围堤道路等），使选取的线要素能够组成一个封闭的多边形，从而得到计算模拟范围，见图 4.14。

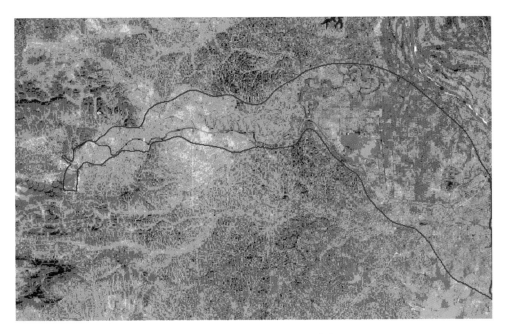

图 4.14 洪水演进计算域的确定

2) 数学模型计算网格的构建

在利用水动力学模型进行二维洪水演进模拟计算时,必须先建立一个能够描述计算域几何形状、边界条件和物理属性的计算模型。对于比较简单的计算问题,输入的数据少,需要的数据采用手工处理即可。但对于中大尺度的模拟计算问题,手工生成格网数据容易出错,甚至因数据量大或者太复杂而不可行。并且在生成格网拓扑关系时,一旦模型构建完成,如果再需要修改,如计算域的扩大或缩小,模型就必须重新生成,这就会造成大量的重复工作。

自动生成模型所需的计算格网,并为格网编码或建立拓扑关系,有可能大大减少构建格网的工作量并减少模型的计算量。格网自动生成和编码有各种不同的算法,其取决于分析程序和处理程序的类型。一般是将计算域离散为规则格网或者不规则格网,这类似于 GIS 的栅格数据(GRID)及不规则三角网(TIN)管理空间数据的方式。因此 GIS 技术中许多格网自动生成的算法可以用来生成水动力学模型中的计算格网,这样可以提高空间子单元的定义能力,可以对计算域实现更好地离散。

无结构格网常用于有限元及有限体方法中,对于具有复杂内外边界的计算域可以更好地拟合。格网可以由不同类型的计算单元组成,如三角形、四面体、四边形、六面体等。

目前许多成熟的算法都可以实现数据输入,并且可以自动生成整个或部分格网,且具有相关功能,如网格划分、单元与结点自动编码、局部网格优化及自动纠错等功能。这些自动生成格网的算法大幅度地提升了建立格网的工作效率,降低了工作成本和费用。通常格网的生成分为两个步骤:①将计算域分成形状相对简单的两个或多个计算子区域;②将各个计算子区域按照一定的顺序分成单元和结点的集合,主要包括结点坐标、各子单元的结点列表及相关信息。

目前无结构格网自动生成算法主要有 Delaunay 方法、修正的四叉树方法及阵面推进法。修正的四叉树方法的基本原理是用树状的矩形网格覆盖计算域,然后再将各矩形细划分为三角形。运用这种方法生成格网,计算域边界处的格网形状会较差。阵面推进法的基本原理是首先生成计算域边界的格网,然后由外向内逐渐推进形成内部格网。阵面推进是一个从局部开始的过程,因而计算过程可由边界上任一点开始进行,新点的引入是在推进计算过程中进行的。自动生成的三角网的生成过程分为两步,即区域内布点及其三角化。

Delaunay 方法目前已成为流行且最常用的不规则格网自动生成方法之一。Delaunay 方法的优点在于生成的格网质量比较高,而且计算效率比阵面推进法略高,但从严格意义上来讲,Delaunay 方法并不是一个真正的格网生成方法,它只不过是一种给空间结点提供连网的方法。所以运用 Delaunay 方法生成格网时必须先在给定区域内产生结点分布。其算法的基本原理是先产生边界点序列,然后边界点根据 Delaunay 方法计算准则产生初步的格网,再依次插入其他点生成其他的格网,然后对整个区域的格网进行优化计算,从而使整个区域的格网符合 Delaunay 准则,见图 4.15。

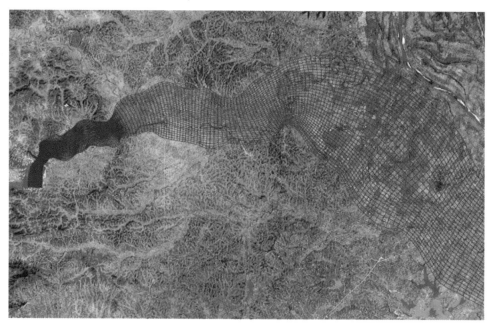

图 4.15 洪水演进计算格网的生成

为了更加精确地模拟分蓄洪区分洪口附近的水流与流量过程,以及水流速度与流场的分布,在分洪口附近采用的格网分辨率较高,通常当运用到分蓄洪区分洪口附近的洪水演进演算中时,格网的大小可以达到 5 m×5 m,而分洪区内部的其他区域格网分辨率通常略低,可以采用 50 m×50 m 或者 100 m×100 m 左右的格网。

格网的分辨率越高,格网越精细,对于流场的模拟就越精确,更加有利于洪水灾情评估,尤其对于分蓄洪区的分洪口附近的农作物、道路、建筑物遭受分洪后的毁损情况可以更加准确地评估,也更加有利于分蓄洪区的建设规划,依照流场的变化,可以合理地布局土地利用方式。这样一方面可以有利于分洪闸开启后,洪水的快速演进,迅速降低江河关键区域的水位,达到最佳的分洪效果,另一方面可以合理布局和规划相关建筑物和设施,减少分洪水流对其损害,降低分洪损失。

但是格网的精细化虽然提高了流场的模拟,但是格网的精细程度和模型的运算效率是成反比的,格网越精细,模型运行速度越慢,格网越粗,模型运行计算越快。在实际的分蓄洪区分洪演算中,既要注重模拟的精细化和准确性,又要注重模型的运行速度和效率,达到两者之间的平衡。

4. 模型参数获取与率定

生成洪水演进数值模拟模型时,运用离散方法生成计算的格网,将前期定义的初始条件、边界条件及相关物理参数和部分控制参数赋予到每一个计算像元,从而实现对每一个计算像元的条件定义:①利用数字高程模型插值可以得到各格网的高程值;②利用土地利用数据可以得到各格网的土地利用类型,然后通过经验模型和试验修正获取土地利用类型-曼宁系数关系,得到各格网的糙率,即曼宁系数;③对边界条件、初始条件进行离散,然后将离散值赋给相应的格网单元。

5. 洪水模拟演进结果

洪水演进模型的输入数据包括分洪口初始水深、初始分洪流量、边界条件等水文数据;计算域内格网大小、格网高程、格网个数、糙率系数等地形数据;计算步长、计算时间段、计算开始日期等计算时间周期信息。模型的输出包括洪水水流速度、水流方向、分洪流量、洪水淹没深度、淹没历时等洪水演进模拟信息及模型计算的最大流速、最大水深、最大流量等极值信息。

1) 洪水流场模拟

通过不同分洪流量和不同水位条件的输入,模拟分蓄洪区分洪闸开启后洪水演进的水流速度、水流方向,有利于根据分洪的水力学特征进行分蓄洪区的科学规划建设,有利于利用水力学参数对分洪后遭受的损失进行更加准确地评估,见图4.16。

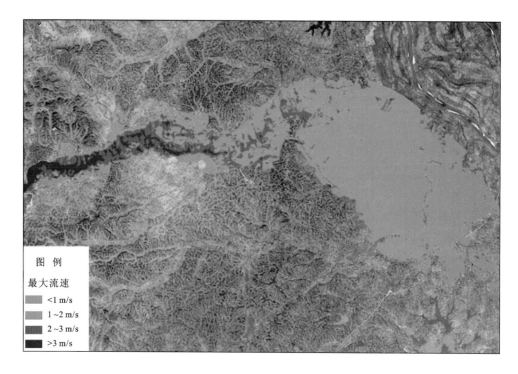

图 4.16　洪水演进流速流场的模拟

2) 洪水到达时间模拟

通过模拟洪水到达时间,可以为分洪工程开启前灾民和物质的安全撤离与救援提供科学的依据,为灾民和物资撤离赢得宝贵的时间。在分洪工程启用前,灾民的撤离和物资转移时间非常宝贵,撤离时间的长短与撤离成本和损失成本呈正相关关系,撤退的时间越短,时间越紧迫,需要花费的撤离成本就越高,并且,撤离的时间越短,一些大型物资和牲畜转移的难度就越大,造成的损失就越高。

同时,洪水到达时间也是计算洪水淹没历时的间接手段,通过计算到达时间获取淹没历时,对灾情评估也具有重要意义,见图 4.17。

3) 洪水淹没水深模拟

洪水淹没水深是洪水灾情评估中的一个重要指标,不同的淹没水深造成的农作物减产与损失大不相同。对于两层以上的建筑物,不同的淹没水深对财产的损失评估差别也很大,其低层的大型物资可以向楼上转移避险,减少水淹带来的直接损失,见图 4.18。

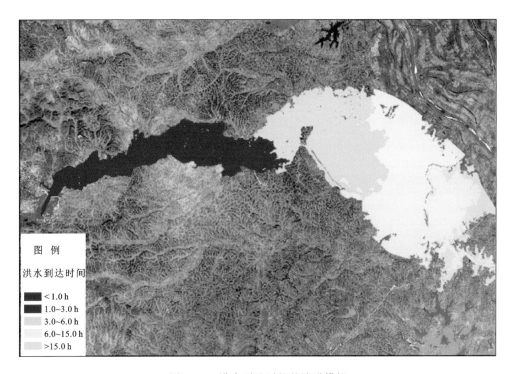

图 4.17 洪水到达时间的演进模拟

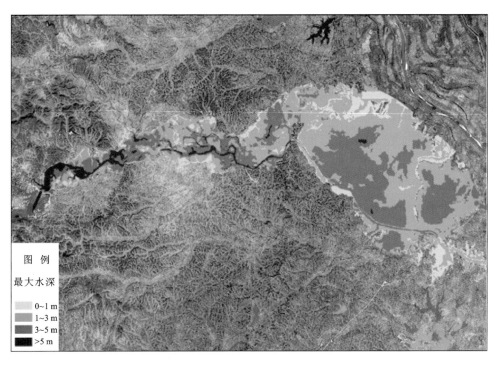

图 4.18 洪水淹没深度的演进模拟

4）洪水淹没历时

洪水淹没历时是洪水灾害损失评估中确定承灾体损失率的重要指标。承灾体的损失率是用来计算洪灾损失的重要参数，因而洪水淹没历时是计算洪灾损失的重要间接指标。不同的淹没历时，对于不同的农作物有不同的减产和绝收比例；淹没历时对于道路和水利设施也有不同的损害程度；房屋的地基及不同的房屋建筑类型在遭受不同的淹没历时时也会造成不同的损失率，见图 4.19。

图 4.19　洪水淹没历时的模拟与计算

4.4　基于遥感和 GIS 的分蓄洪区洪水灾情评估方法

分蓄洪区是流域防洪减灾重要的工程措施之一，在流域防洪减灾工作中发挥着至关重要的作用，在防汛的关键时刻为保护重要站点和重要区域的防洪安全做出了巨大的牺牲，同时分蓄洪区在非汛期的性质也比较特殊。为了后期发挥防洪效益，分蓄洪区在建设规划中也要充分考虑分洪带来的经济损失，所以其经济的发展也受到一定的制约。因此对于分蓄洪区的灾情评估必须做到客观、准确、快速，一方面灾情评估结果可以作为分洪前洪水调度方案的技术支持,供防汛管理部门做出合理的决策,另一方面在分洪后可以更加客观、合理地补偿分洪损失、洪灾理赔及灾后重建。给分洪区人民更加科学合理有信服力的补偿标准,有利于分洪区灾民的心理抚慰,有利于社会的稳定,有利于建立分蓄洪区的后期长效运行机制。

传统的灾情评估方法主要通过统计上报来完成,在实际工作中存在统计速度慢、工作效率低、小灾大报、弱灾强报、虚报多报等不客观、不合理的现象。因此分蓄洪区的灾情评估比普通的洪灾损失评估更加精细、更加准确、更加客观、更加高效。空间信息技术除了在基础数据采集、洪水特性因子的快速获取、统计数据的空间展布等方面发挥强大的技术优势之外,在承灾体属性科学获取、损失率的科学率定及洪灾损失的快速计算等方面,遥感和 GIS 技术也发挥着越来越重要的作用。

4.4.1 分蓄洪区洪灾损失率的计算方法

在利用灾情评估模型进行洪水淹没损失的估算之前,除了要采集分蓄洪区的人口社会经济及土地利用、房屋、道路、工程设施等大量的基础数据外,另一个重要的步骤就是确定不同承灾体遭受不同规模和等级的洪水灾害时灾情估算的损失率。

1. 承灾体洪灾损失率的影响因素

承灾体的损失率是指洪水淹没区各类承灾体损失的价值与灾前其原有价值或正常年份各类价值的比值。影响承灾体损失率的因素有许多,主要是看洪水特性因子对承灾体损害和影响的程度,其中最关键的指标是洪水淹没深度和淹没历时。通常情况下洪水淹没深度越深,损失就越大,比如房屋随着淹没深度的增加,其稳定性和牢固程度会降低,房屋内存放的粮食或者其他日常生活设施及固定财产损失也会逐步增加;但是也有些承灾体在洪水淹没到一定深度后,损失率达到极限,随着淹没深度的增加,其损失率不会继续上升,如鱼塘,当洪水淹没了鱼塘后,渔业养殖基本就会完全损失,随着深度的增加,渔业的损失量不会增加,道路淹没的损失也不会因为淹没水深而呈线性增加。

洪水淹没历时是损失率确定的另一个重要因素,通常随着淹没历时的增加,承灾体的损失率会逐步上升,比如土坯和砖木结构的房屋,随着淹没历时的增长,房屋的地基和墙体随着洪水浸泡时间的增长,地基变软下沉,墙体的稳定性变差等。

除了洪水特性因子之外,承灾体的属性也是确定洪灾损失率的一个重要因素。比如房屋的结构类型不同,其损失率不一样,框架结构和砖混结构的房屋通常地基较深,多为钢筋混凝土浇筑,稳定性好,墙体耐水淹的能力较强,房屋的损失率会低;同时往往框架结构和砖混结构的房屋相对来说层数较高,当分蓄洪区分洪前,大量的生活物资和固定财产可以从低层向高层转移,这样也会减轻房屋附属财产的损失,降低其损失率。而对于砖木和土坯房屋,随着洪水淹没深度的增加和淹没历时的延长,地基的稳定性变差,墙体抗压性减弱,其洪水损失率也会相应地增高。

2. 分蓄洪区洪灾损失率计算方法

承灾体损失率的确定通常是由以下几种方式来实现的。

一是通过对有经验的农民、相关科技人员及有关专家进行调查、统计而测算出来的,这一类获取方式通常称为经验法,如表 4.11 所示。

表 4.11 不同洪水淹没深度房屋的损失率

资产类型	水深	<0.5 m	0.5~1 m	1~1.5 m	1.5~2 m	2~2.5 m	2.5~3 m	3~6 m	>6 m
房屋	平房	8	12	17	21	26	31	35	65
	楼房	3	6	9	12	16	19	22	37
家庭财产		9	19	26	33	38	46	58	67

二是利用历次发生的洪水灾害,统计在不同淹没深度和淹没历时,不同承灾体的损失率,这一类获取方式通常称为历史洪水法。在做灾情评估时,往往会考虑两种方式相结合来确定承灾体的损失率,这样可以提高损失率的精度和准确性。

表 4.12 是防汛管理部门根据历史洪水统计的各行业和产业洪水灾害造成的损失率的统计结果,后将这些损失率作为洪水灾情评估和计算的依据。其中:①数据来源于水利部长江水利委员会(原长办)1983 年编制的"关于荆江分洪区洪灾损失评估报告";②数据来源于公安县荆江分洪区建设工程管理局于 1991 年编制的"荆江分洪区基本资料汇编";③数据来源于水利部长江水利委员会(原长办)1987 年制定的"长江中游地区分蓄洪经济损失调查简要分析表";④数据来源于长江防汛抗旱总指挥部办公室 1990 年编制的"长江中下游蓄滞洪区损失评估报告";⑤数据来源于水利部长江水利委员会张行彬编写的"长江中下游分蓄洪区分洪经济损失调查和分析报告";⑥数据来源于水利部长江水利委员会(原长办)1987 年制定的"长江中游分蓄洪区分蓄洪经济损失调查简要分析表";⑦数据来源于湖北省水利水电勘测设计院于 1989 年编制的"江汉平原防洪工程效益计算,洪湖分蓄洪工程效益价值计算实例"。

表 4.12 分蓄洪区各行业或产业损失率表

类别	项目	各资料损失率							平均损失率
		①	②	③	④	⑤	⑥	⑦	
工商企事业	工业资产	60	38	54	80	60	60	—	58.7
	商业资产	60	64	68	80	60	60	—	65.3
	邮电通信	60	60	50	60	—	93	85	68
	农电系统	50	90	80	80	100	89	85	82
	农村广播	100	100	80	—	—	—	85	91.3
	医疗卫生	—	80	70	—	—	—	60	70
	文化体育	—	80	70	—	—	73	60	70.8
	学校	80	80	70	80	—	—	60	74
	乡镇资产	70	70	60	60	70	—	60	65
	村组资产	—	80	60	60	60	—	60	64
	乡镇企业	70	80	70	70	—	—	—	72.5
	交通运输	50	60	50	—	—	27.8	30	43.6
居民财产	农业机械	60	—	50	60	50	—	—	55
	私人财产	80	68	75	80	80	74	80	76.7
	牛、马	10	—	20	10	10	—	30	16
	猪	30	—	40	30	30	—	60	38
	家禽	100	—	100	—	—	—	90	96.7
工程设施	泵站	50	60	—	—	—	—	—	55
	涵闸	50	20	—	—	—	—	—	35
	农田设施	50	—	100	—	—	—	—	75
	公路桥梁	50	—	50	50	50	—	—	50
农林渔业	农业	100	100	100	100	100	89.3	90	97
	林业	20	57	52	25	20	51.9	—	37.7
	水产	100	89	68	100	100	68.1	80	86.4
综合平均		61.9	70.89	65.32	64.06	60.77	68.61	67.67	64.32

第三种方法是多元统计回归模型计算法。4.4.1小节的第一部分已经提到洪涝灾害损失率的影响因素较多,通常是多个因素共同作用下的结果,有些承灾体的损失率即使在

单因素的影响下,也基本可以满足一定的曲线变化趋势,满足一定的相关关系。通过国内相关成果的总结,洪涝灾害损失率的一般多元统计回归计算模型为

$$\delta = f * A^c * B^d \tag{4-6}$$

式中:δ 为洪灾损失率;A 为洪水特性因子,包括洪水淹没范围、洪水淹没深度、洪水淹没历时;B 为承灾体属性因子,包括承灾体的类型、结构、材料类型等属性;f、c、d 为系数,通过洪水灾害的统计资料或统计调查实验的数据回归求得。

这个计算模型主要考虑了影响损失率的两个主要的方面,即洪水特性因子 A 和承灾体的属性因子 B。

该模型可以通过变形,求某一行业或产业的受单个因素影响的损失率,也可以对模型取对数关系,使模型转换为多元线性回归模型。总之模型的含义是固定的,可以通过各种软件,依据获取的实验、统计、调查数据进行回归和建模,求出最适合该产业或行业的洪灾损失率,见表 4.13。

表 4.13　荆江分洪区各种农作物或行业的洪灾损失率

作物或行业种类	淹没水深 0.5 m			淹没水深 1.0 m			淹没水深 1.5 m		
	历时 3 天	历时 6 天	历时 9 天	历时 3 天	历时 6 天	历时 9 天	历时 3 天	历时 6 天	历时 9 天
早稻	22.88	46.88	56.00	48.38	69.75	95.00	85.00	93.75	100.00
中稻	30.00	47.50	64.50	52.50	70.00	95.63	76.25	91.25	100.00
晚稻	36.88	54.38	80.00	63.70	78.10	97.50	82.00	90.00	100.00
玉米	13.75	53.75	87.50	54.38	83.13	99.38	97.50	100.00	100.00
芝麻	65.30	78.20	95.60	100.00	100.00	100.00	100.00	100.00	100.00
大豆	96.36	100.00	100.00	99.82	100.00	100.00	100.00	100.00	100.00
花生	75.20	86.30	98.60	85.00	100.00	100.00	92.30	100.00	100.00
蔬菜	86.45	95.32	100.00	100.00	100.00	100.00	100.00	100.00	100.00
苎麻	23.40	34.52	52.76	45.60	57.65	72.60	54.30	67.50	87.60
渔业	0.00	0.00	0.00	80.00	83.00	86.70	97.00	100.00	100.00
林业	0.00	0.00	0.00	0.00	0.00	0.00	0.00	0.00	0.00
畜牧业	30.00	50.00	80.00	30.00	50.00	80.00	30.00	50.00	80.00
房屋	6.13	13.50	25.25	11.00	20.25	33.38	19.75	32.88	44.00

洪灾损失率具有特殊的地域性,不同的流域和地区,相同的洪水规模造成的洪灾损失和损失率不一定相同,所以损失率通常是依据研究区域长期的洪灾历时数据积累和分析获取或计算出来的。

3. 基于统计回归模型的水稻淹没损失率精算方法

我国易遭洪灾的水稻产区,各省份针对水稻受洪水淹没造成的减产问题大多都做过试验研究和实地调查分析,水稻受淹减产的试验成果研究统计详见表 4.14。

表 4.14 中稻受淹减产统计表

生育期	品种(691)受淹后减产率/%					生育期	品种(910)受淹后减产率/%				
	淹水部位(生长点)	淹水深度/cm	淹水历时/天				淹水部位(生长点)	淹水深度/cm	淹水历时/天		
			2	5	8				2	4	6
分蘖	淹中叉	12	5.73	4.30	7.76	分蘖	1/3	19.4	16.30	24.08	26.12
	淹顶叉	18	9.87	19.81	21.25		2/3	38.8	27.92	30.53	73.50
孕穗	淹没项	45	11.96	28.96	29.53		3/3	58.2	100.00	100.00	100.00
	淹中叉	45	7.84	13.00	22.60	中分蘖	1/3	29.0	17.22	20.93	23.58
	淹顶叉	64	13.90	20.74	23.69		2/3	58.0	28.16	40.80	68.32
抽穗	淹没项	100	22.30	43.76	59.02		3/3	87.0	100.00	100.00	100.00
	淹中叉	46	12.73	20.74	23.69	末孕	1/3	35.3	22.40	28.50	32.70
	淹顶叉	65	21.73	31.36	4.47		2/3	70.7	36.73	39.67	77.55
	淹没顶	102	51.85	69.90	1.99	穗		100.0	100.00	100.00	100.00

通过对以上统计表试验成果的分析,建立了计算水稻受淹减产率的数学模型(详见表 4.15)。

表 4.15 水稻受淹减产的数学模型

水稻品种	生育期	指数函数方程	相关系数 R
中稻"691"	分蘖期	$Y=0.287H^{1.08}T^{0.4776}$	0.83
	孕穗期	$Y=0.429H^{1.2408}T^{0.705}$	0.96
	抽穗期	$Y=0.0153H^{1.675}T^{0.455}$	0.93
中稻"910"	分蘖中期	$Y=0.511H^{1.104}T^{0.43}$	0.93
	分蘖末期	$Y=0.3937H^{1.858}T^{0.488}$	0.95
	孕穗期	$Y=0.4337H^{1.888}T^{0.864}$	0.95

注:据长江荆江河段洪水预警公共信息平台的建设及应用

数学模型的基本方程为

$$Y=AH^bT^c \tag{4.7}$$

式中:Y 为水稻受淹后的减产率,%;H 为淹水深度,cm;T 为淹水历时,天;A、b、c 为模型待定参数。

由于减产率计算方程诸参数,是根据小型试验田试验值确定的,当应用到大田中做减产率预报时,表 4.15 中的公式尚需要修正。小型试验田的产量折合亩产为 557 kg/亩,大田实验亩产为 485 kg/亩,两者相差 72 kg/亩,试验产量变为大田实际产量需减少 13%,为使上述公式便于在大田中应用,对上述减产率计算方程应再乘以修正系数,即

$$Q = \beta A H^b T^c \tag{4.8}$$

式中:Q 为大田中水稻受淹后的减率,%;β 为修正系数,研究分析值为 1.13。

利用回归模型,对水稻淹没损失进行估算:

1)水稻直接经济损失估算

$$R_{水稻直接} = \sum_{i=1}^{m} \eta_i w_i + R_{存粮} \tag{4.9}$$

式中:$R_{水稻直接}$ 为水稻直接经济损失,元;η_i 为第 i 级淹没水深下,水稻受淹损失率(减产率),%;W_i 为第 i 级淹没水深范围内,水稻正常年产值,元;m 为淹没水深等级数;$R_{存粮}$ 为国家或集体存粮被洪水冲走或因受淹粮食霉变造成的损失,元。

2)水稻间接损失估算

水稻间接经济损失,除包括抗洪、抢险、救灾等费用外,还有因农田受淹、水稻减产给农产品加工企业及轻工业造成的损失和因水冲、沙压造成的土质恶化、农业基础设施破坏、恢复期水稻净产值减少、农业投入增加等两部分。既有"地域性波及损失",又有"时间后效性波及损失",涉及面广,内容繁杂,计算范围无明显界限,很难对每次洪灾都进行上述两部分间接损失的调查估算,建议采用经验系数法来估算。水稻间接经济损失可由下式计算:

$$R_{水稻间接} = K \times R_{水稻直接} + Cp \tag{4.10}$$

式中:$R_{水稻间接}$ 为水稻洪灾间接经济损失,元;p 为抗洪、抢险、救灾等费用,元;K 为反映后两部分间接损失的经验系数,%。

研究表明,我国淮河流域农村综合间接损失经验系数 $K = 15\% \sim 30\%$;松辽河流域为 $20\% \sim 30\%$;长江流域为 $15\% \sim 30\%$(三峡建设论证中 K 采用 28%)。

4.4.2 基于 GIS 的分蓄洪区洪水灾情评估方法

对分蓄洪区洪水灾害的描述通常包括对灾害过程和洪灾造成结果的描述。对洪水灾害过程的描述主要包括洪水灾害的特征(如淹没范围、淹没水深、淹没历时等)随时间的变化及由此带来的影响和损失。对分洪洪水造成的灾害的结果描述,则侧重于对分洪洪水造成的影响和损害的结果进行描述。分蓄洪区洪水灾情评估的目的是充分评估和分析分洪洪水灾害发生的损失和严重性,为防洪抗灾、洪水调度、灾后重建及分蓄洪区的管理与规划提供决策支持。

1.洪水灾情评估的层次指标

洪水灾情评估具有多层次性,根据评估的目的、获取资料的丰富程度和评估完成时间要求,可以进行不同深度层次的评估不同的评估,层次可以进行不同内容的评估,并生成不同的灾情评估结果。

第一层次是简单灾情影响评估,即对洪灾影响范围内受灾的情况和数量进行统计和估计。主要指标包括:洪水淹没范围内的人口、房屋、交通线路、基础设施、家庭和社会财产及工商企业的数量及空间分布状况。这一层次的评估相对来说对资料要求较低,但是其优点在于可以统计洪灾影响范围内的各种受灾信息,并且可以在较短时间内完成,对于灾中灾情应急评估具有较大的实用价值。

第二层次是对承灾体受灾程度的评估,是指承灾体在一定洪水规模下(比如用淹没水深和面积表征)的受灾状况进行等级划分。比如农作物损失等级可以分为轻度受灾(受灾减产比率为 $10\% \sim 30\%$)、重度受灾(受灾减产比率为 $30\% \sim 80\%$)及特重度受灾(受灾减产比率大于 80%);对于基础建设和工程设施分为轻度损坏、严重损坏和完全毁坏。在这个层次的评估过程中,需要对不同承灾体的受灾程度进行等级调查和划分,并对不同等级的承灾体数量和空间分布进行统计和估算。因为受灾程度评估对资料要求稍高,而且需要一定的地面调查数据作为辅助,因此评估过程的时间要求稍长。

第三层次是洪水灾害损失评估,首先要全面获取洪水灾害的自然特性因子,如洪水淹没范围、洪水淹没深度、洪水淹没历时等,同时要采集洪水淹没范围内的基础数据,包括土地利用、人口社会经济、房屋、道路交通、河流水系、基础建设和工程设施等,然后根据洪水的等级和相应的洪水特性因子对承灾体造成损失的损失率进行确定,最终计算出相应等级的洪水在一定范围内造成的经济损失的数量(以实物形式或货币形式)。这一层次的灾情评估需要全面地调查收集资料,并根据一定的模型和方法进行计算,需要较长时间才能完成,一般这个层次的灾情评估非常精细,涉及的数据量较大,数据的采集工作量较大。

确定洪水灾情评估的不同深度和层次性,对于洪水调度和分蓄洪区管理实践具有重要意义。不同的评估阶段、用户对象需要的评估层次会不相同。灾中动态监测评估时间要求紧,对资料详细程度和损失精度的要求也不能过高,速度要求往往是第一位的,主要以前两个层次评估为主。分蓄洪区的灾后重建规划和损失经济补偿与理赔,则需要计算详细的损失情况,需要进行第三层次的精细评估。随着计算机技术和空间信息技术的发展,计算机与模型模拟技术、遥感与 GIS 技术在分蓄洪区洪水灾情评估中发挥着越来越重要的作用,它们把灾情评估的时间需求大幅度地缩短,提高了评估计算的工作效率。

2. 基于 GIS 格网的洪水灾情评估方法

传统的洪水灾情评估往往是基于行政区划单元进行损失计算,由行政单位统计汇总或者由科研人员通过相关的数据按照行政区划单元进行计算统计。当然这个行政区划单元根据不同洪灾损失评估的范围可大可小,对于流域级的洪水灾情评估,行政区划单元可以大到县一级范围,对于分蓄洪区的灾情评估,通常可以小到村一级。图4.20 为行政区划单元与洪水淹没范围的叠加,可以看出洪水淹没范围很难和行政区划单元的边界重合或者一致。在计算洪水灾害损失时,通常对行政区划单元的受灾面积使用四舍五入的方法进行处理,得到洪水淹没的行政区划单元,以此来计算受洪水淹没的行政区划单元的社会经济指标和洪水灾害损失。但是这一方法最大的缺点在于忽略或者增加了某一行政区划单元的小部分面积,降低了灾情评估的准确性,尤其是在分蓄洪区灾情评估中,往往成为经济补偿和灾后重建资金的不公正、不客观因素,造成灾区的不信任和不稳定情绪。

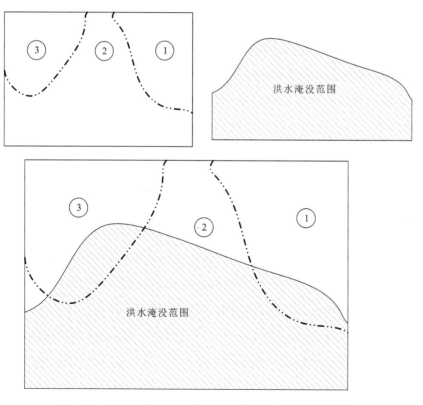

图 4.20　行政区划单元与洪水淹没范围的不规则叠加分析

为了解决上一种计算方法的弊端,后来又提出一种改进的计算方法,就是把所有的人口社会经济指标按照行政区划单元的面积进行平均处理,在进行灾情评估时,按照实际淹

没的面积来分别计算各个行政区划单元受淹区内的社会经济指标,计算公式如下:

$$R = \sum_{i=1}^{n} \frac{P_{ij}}{A_i} \times S_i \qquad (4.12)$$

式中:R 为研究区的洪灾造成的总损失;i 为研究区内行政区划单元;P_{ij} 为第 i 行政区划单元第 j 类经济或产业的生产总值;A_i 为第 i 行政区划单元的总面积;S_i 为第 i 行政区划单元实际遭受洪水淹没的面积。

将各行政区划单元的经济总量与面积进行平均,再根据实际淹没的面积来计算实际损失。

还有些学者根据实际行政区划单元的总值在行政区划单元内进行均匀地布点,每个点代表一定的经济数量指标,通过实际淹没面积内包含的点的个数来计算实际的淹没损失,这一方法的原理和经济数量的面积平均计算方法是一样的。这两种方法较最初的按照行政区划单元来统计洪灾损失的方法更具有科学意义,它们对某一行政区划单元既没有忽略被淹没区域,也没有多算淹没区的面积,其评估结果向客观性和科学性方面做出了较大的推进。但是该方法对于所有人口社会经济指标采用的是面积平均法,当某一行政区划单元范围内,被淹没的某一区域是荒地或者滩涂等未利用地或难利用地的时候,洪水淹没该区域既不会造成经济损失,也不会带来受灾人口,也就是不存在洪水淹没损失的问题,但是在实际计算中,这一部分面积也参与了计算,结果也就生成了一定的经济损失统计,这显然是不客观、不科学的。

洪水淹没范围受到地形的影响,一般是不规则的边界形式,与行政区划的界限很难重合,洪水经常只淹没某一行政区划的一部分。人口社会经济等数据是按照行政区划单元统计的,但在行政区划单元内它们的分布也是不均衡的,采用均衡分布的办法也是不科学、不合理的。第 3 章中提到人口社会经济数据空间展布方法,从科学客观的角度解决了属性信息的空间分布问题,有力推动了灾情评估的精确性和准确性。前面提到的灾情评估方法最大的问题在于进行洪水灾情精确评估时,需要考虑洪水特性因子的影响,洪水特性因子的分布也受很多因素的影响,并不是规则的空间分布,如何解决承灾体的属性和洪水特性因子的叠加空间分析才是解决洪水灾情评估的关键因素。

GIS 空间分析为这一难题找到了解决办法,GIS 格网技术可以实现对承灾体各种属性信息的相对准确定位与分布,并实现不同图层、不同属性信息的空间叠加分析。基于 GIS 空间格网的洪水灾情评估计算方法将实现了空间展布的各种人口和社会经济等属性数据与洪水特性因子等相关数据相叠加,形成了所谓的灾情评估格网。格网不但具有传统的 GIS 网格之间的拓扑信息,还包含了洪水特性因子(如洪水淹没水深、流速、淹没历时),以及各种土地利用分类信息和所属行政单元信息。

格网的大小直接关系到洪水灾情评估的精度,也影响着模型的运行和计算的速度。格网大小不是随机确定的,而必须与灾情评估基础数据库中的空间数据的尺度紧密相关,如土地利用数据、DEM 数据、洪水演进模型的离散网格的大小等,也和评价的研究区的范围大小相关,如是研究流域尺度的,还是某个洪泛区的,本章的研究对象是分蓄洪区,所以具有特定的研究尺度。通常格网的大小应该大于或等于相应的基础空间数据的格网尺寸,因为过细的格网一方面增加了运算的时间,另一方面又没有那么高精度的数据,细格网的计算要求是徒劳的。但是如果格网的大小过粗,会大大降低灾情评估结果的计算精度。通常采用的格网大小与研究区域的 DEM 网格一致,或与洪水演进模型离散网格一致。

3. 基于 GIS 格网的洪水灾情评估模型

建立了洪水灾情评估的格网,并通过 GIS 图层的叠加和空间分析功能获取了各个格网所包含的各种承灾体的属性信息和洪水特性因子,就可以根据一定的模型和算法进行灾情损失的精确评估。

洪灾损失评估要考虑不同行业或产业的固定资产或财产的损失,以及行业或产业停产停工造成的损失。固定资产的损失通常通过调研或同级的行业或产业的固定资产损失率来确定,产值的损失则是通过淹没历时来计算,对于没有产值的单位通过职工工资来计算,比如学校、事业单位等。对于洪水特性因子主要考虑淹没水深、淹没历时等。洪灾造成的经济损失评估模型如下:

$$R = \sum_i \sum_j \sum_k \sum_m F_i \times A_{ij} \times \delta_{jkm} + \sum_i \sum_j \delta_i \times B_{ij} \times \frac{D}{365} \quad (4.13)$$

式中:i、j、k、m 分别为 GIS 格网的序号代码、行业代码、洪水淹没深度、洪水淹没历时等信息;F_i 为 GIS 格网的单元类型系数,当格网类型为耕地、居住用地、工矿用地、林地时,该系数为 1,该格网参与计算,当格网为水域或未利用地时,格网系数为 0,该格网不参与运算,即该格网在洪水淹没时未造成洪涝灾害损失,但是当格网为鱼塘或渔业养殖时,格网的系数为 1;A_{ij} 为第 i 网格第 j 行业的产值或固定资产数额;δ_{jkm} 为第 j 行业,k 米洪水淹没水深、m 天洪水淹没历时条件下的洪灾损失率;B_{ij} 为第 i 格网内第 j 行业或产业的全年生产总值;D 为淹没的天数。

为了分开统计不同行政区划单元所遭受的洪水灾害损失,通常该模型运行时先读取格网所属的行政区划字段,对分行政区域进行统计,最后进行汇总,得到整个计算范围的洪灾损失情况。

如果要计算某一产业或行业的损失,在模型运行读取 A_{ij} 时,令需要计算的行业或产业值为 1,其他行业为 0,这时模型运行只计算了指定行业造成的经济损失,得出的结果即为该行业的洪灾总损失。

分蓄洪区灾情评估的模型运行流程如图 4.21 所示。

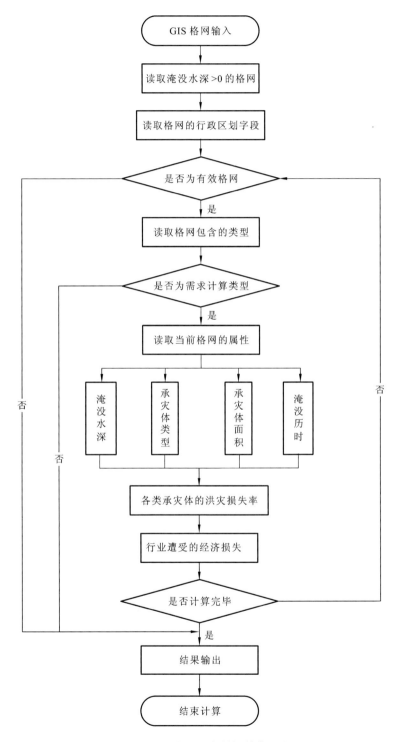

图 4.21　基于格网的灾情评估算法流程

4.4.3 基于 LIDAR 与评估模型的房屋淹没损失精算实例

为了提高分蓄洪区洪灾损失评估的精度,一方面要加强分蓄洪区灾情评估的基础数据库建设,做到数据准确,内容丰富;另一方面要准确地获取不同承灾体的洪灾损失率。4.4.1节讲到不同承灾体的洪灾损失率可以由三种方法获取,在进行分蓄洪区房屋淹没损失评估时,过去通常是由相关的行政区划单位对房屋的面积和结构等数据层层上报,然后根据确定的房屋类型来赋予一定的损失率,最后通过统计计算所有遭受洪水淹没的房屋洪灾损失。这样带来的问题是,经常出现房屋面积、类型和层数的误报、错报现象,或者是有意地改变房屋的面积和类型,以获取更多的房屋补贴和经济补偿。所以必须采用客观科学的方法来确定房屋的面积、类型和层数,然后赋予相应的洪灾损失率,这样才能做到灾情评估的客观准确,做到经济补偿的公平合理。

1. LIDAR 技术精算房屋损失的基本原理

机载激光雷达 LIDAR,又称为航空激光雷达。LIDAR 技术是近十多年来摄影测量与遥感专业领域最具革命性的研究成就之一。该测量系统是由激光测距仪 Laser Scanner、GPS 和惯性导航系统 INS 三大主要核心技术集成,以飞机为数据采集平台,获取地面三维位置信息的测量系统。这种系统的核心技术主要是将激光脉冲定向发射到地面并测量脉冲过程的往返时间,通过处理计算每个脉冲返回到发射脉冲信号传感器的时间,快速计算出传感器与地面或者地面上接收脉冲目标之间的距离。随着 LIDAR 技术的发展,目前的 LIDAR 系统可以同时携带高精度 CCD 相机,在测量地表三维地形的同时,获取地表的高精度影像,并可以通过地面控制 GPS 和飞机上的惯导系统对地形地物进行精确定位。因此目前 LIDAR 采集的数据量越来越丰富,在各行各业发挥着越来越重要的作用。

对此机载激光雷达硬件技术的迅速发展,LIDAR 数据处理和行业应用的研究相对来说稍微落后,这突出体现在目前国际上还没有一套完整和稳健的激光雷达数据处理系统软件。现有的由各自的设备生产商开发提供的处理软件,相对来说专业性和技术性不能完全满足科研和行业应用的高端要求。随着 LIDAR 技术的发展,它的使用目前在水利、国土、电力等等相关部门逐渐推广,其优越性越来越突出。

基于 LIDAR 技术的分蓄洪区房屋洪水损失率精算的基本原理是通过 LIDAR 获取分蓄洪区的地表及建筑物的点云数据,通过对点云数据的去噪和分层处理得到地表的点云数据和建筑物的顶层点云数据,通过对点云数据的三维建模,获取建筑物的模型,再对 CCD 相机获取的建筑物正射影像进行解译,获得建筑物的面积,利用正射影像获取的面积对点云的建模进行修正,得到建筑物的最终三维模型,通过对建筑物模型的三维参数进行测量,并根据分蓄洪区房屋的结构特点判断房屋的层数和相应的结构特征,从而赋予其相应的洪水淹没损失率。

利用 LIDAR 技术获取的分蓄洪区的点云分辨率可达 1 m,CCD 相机获取的 DOM 数据最大分辨率为 0.2 m,因此获取的房屋层数和结构类型准确率非常高。从科学的角度精确采集分蓄洪区房屋的数量及结构类型,为房屋洪灾损失率的计算提供了精确的获取方法。确定房屋损失率是计算房屋淹没损失的最关键的步骤,结合房屋淹没损失精算模型,可以准确获取房屋淹没后的损失。

2. 基于 LIDAR 的房屋淹没损失的精算方法

1) 基于 TIN 的 LIDAR 数据滤波原理

机载激光雷达数据进行滤波的基本原理就是将影响实际地形的地物点视为噪点,通过各种算法将其从大量的机载激光雷达点云数据中剔除。机载激光雷达点云数据在空间分布上具有离散、不规则的特点,这种空间分布特征就决定了它在提取和分析空间信息方面有其自身独特的优势。

机载激光雷达点云数据滤波的基本原理是相邻近激光脚点间的高程突变也即局部不连续,一般这种情况不是由地形的陡然起伏变化造成的,更有可能是由于一些较高点位于某些地物之上导致的。即使地面高程突变是由地形变化引起的,但是就一个区域而言,它所表现出来的形式也是不同,陡坎地形只会引起某个方向上高程信息的突变,而房屋通常引起的是四个方向上的跃变。同理,在一定范围内,地形表面激光脚点的高程和地物(房屋树木等)激光脚点高程的变化很大,如房屋的边界处等。所以,在判断某部分点云是否位于真实地形表面时,通常采用参考地形表面点,并设置一定的阈值范围,对邻近激光脚点的相对高差进行判断,如果这两点间的高差在阈值范围之内,就认为此点是地面点,否则将其剔除。同时,阈值范围的设定应充分考虑两激光脚点的距离,随着距离的增大,阈值也相应加大。

不规则三角网(triangulated irregular network,简称 TIN)是斜率及区块过滤算法中经常用到的数据结构之一,是一种非常重要的表示数字高程模型的方法。假设地面在某局部区域内是平坦的,先选择该区域局部最低点作为种子点构建 TIN 模型,根据同一三角面内最近顶点的高度夹角及垂直距离等阈值条件来判断新的地面点,循环逐次加密,直至没有新的地面点可以用来提取 DEM 模型。

本书中的点云数据滤波是通过 TerraScan 软件来实现的。TerraScan 是芬兰 TerraSolid 公司自主开发的一套专门用来处理 LIDAR 点云数据的软件,它的点云滤波算法就是基于改进的不规则三角网加密方法来实现的,能够对上百万个点的海量 LIDAR 点云数据集中进行分类处理工作。基于该方法获取的 LIDAR 点云数据滤波结果,适用于输电线测量、城市 3D 建模、公路勘测、海岸带滩涂测量和在有森林覆盖地区地面模型的获取等。TerraScan 软件不但能识别 LAS 格式的数据文件,而且还能识别 XYZ 文本文件,以及二进制文件格式的 LIDAR 点云数据文件,其滤波算法主要是基于 TIN 来实现的。

TerraScan 分类的基本原理是首先采用最小邻近区域算法获取一个初始的稀疏的不

规则三角格网,每次将设定的阈值条件内的点添加到三角网中,然后重新构建新的不规则三角格网,并重新计算新的阈值条件,对剩余点云进行同样的筛选,这样重复循环多次,直到没有新的点加入为止。添加新点的判定方法是用目标点到不规则格网中相应三角形顶点角度及该目标点到三角形面的距离与相应的阈值范围进行比较。

这种分类法有比较好的断线检测能力,更加适用于地面情况比较复杂的城市地区,能够成功地分离出大多数房屋信息。在点云数据的处理过程中,阈值参数范围的选择非常关键,它关系到是否能正确地找到新的地面点。角度阈值的大小控制,会影响 TerraScan 对点云条带间空白区域的处理能力。如果设置的角度阈值太小,点云条带的边缘部分有可能被剔除,这时增大角度阈值范围可以解决这个问题。但同其他分类方法一样,在分离地物点云信息时,一部分地形点云也会被剔除。由于 TerraScan 计算时使用的是不规则三角格网,所以计算量比较大,而且最初始的不规则三角格网的形成是通过最小邻近区域算法来实现的,所以如果设置的起始点中有非地面点,就有可能导致最终的地面信息中包含一些高程较低的错误点。

2)基于 LIDAR 数据的 DEM 数据制作技术

机载 LIDAR 获取的原始激光数据经过初期的数据预处理之后就得到了激光点云数据,这些经过初处理的点云数据包括地面点、建筑物点、植被点、水域点、其他地物类型点及干扰噪声点,并且这些点都在同一个数据层。点云数据分类的目的就是要将这些点放在不同的预先定义的专题数据层中,如地面地形点放在 ground 层、植被层点放在 vegetation 层、建筑物点云放在 building 层等。其中关键技术是要分离出地面点,进而生成真实的 DEM 数据。分类提取 DEM 数据的过程如下。

(1)设置分类层。LIDAR 数据处理软件 TerraScan 中提供了多种分类类别,用户也可以根据自身的需要添加不同的专题点层,并设置该点层的类别、编号和颜色等信息,每个激光回波信号点都将被分到唯一的一个类别层中。

(2)分离低点。所谓低点是指点高程低于周围区域内其他所有点高程的一些点。分离低点的原理就是给定一个点作为指定中心点,用指定范围的其他点与中心点的高程进行比较,如果它明显低于指定范围内其他点,那么这个点就被确定为低点。低点是因为雷达点云多路径反射而形成的比实际点位低的错误点。

(3)分离孤立点。所谓孤立点是指在指定的一定范围的三维空间内分布异常稀疏的点。分离孤立点的基本原理是指定某一点为目标点,然后以目标点为中心点,设定其搜索半径,形成一个三维搜索空间,如果在这个空间内,包含的雷达激光点数小于设定的最小阈值,则这些目标点就被判为孤立点。

(4)分离空中点。所谓空中点是指点高程明显高于周围所有点云高程平均值的一些点,一般用来提取由于云和飞鸟等因素造成的明显高于其周围点平均高程的噪声点,但是这样分离很可能会把空中实际存在的电力线、通信线等也提取出来。所以提取噪声点后要检查分离的分类是否准确,其方法是如果中心点高程高于周围点的平均高程限差,那么该点是噪声点。

（5）提取地面点。提取真实地面点是通过反复迭代建立地面三角网模型实现的，该步骤是分类中最关键的一步。首先，用指定的最低点作为初始地面点，建立一个不规则三角网模型，在这个初始建立的地面模型中，大部分的点云都是在地面以下的，只有其中较高高程的一些点可能会接触到地面；然后在最初的初始模型基础上抬高模型，如果一些点和 TIN 模型之间的角度及距离符合预设的阈值，就把这些新点增加到原来的 TIN 模型中，增加的这些点使模型变得越来越接近真实的地表地形。

一般来说向地面点类中增加点比从地面点类中剔除点要容易得多，所以在地面点分类的时候，参数顶点角度值应该选择较小的值，而不是较大的值。这样初步处理完成后，地面地形中的局部区域还可能需要优化，所以需要进一步向地面类中加点。

在自动分类完成后，一般还要进行一些人工辅助编辑等后续工作，以使分类更加准确。通常参照模型和实地影像进行编辑修改，建立数字地面模型 DEM 和数字表面模型 DSM，利用这两个模型的比较来判断激光点云的分类是否准确，是否贴合地形，对于还不容易判断的点云就需要参考实地的影像来确定属于哪一类。

3）LIDAR 点云建筑物信息提取

LIDAR 点云数据中包含了大量的建筑物的三维信息，这些三维信息提供了许多可供分离建筑物信息的依据，为建筑物信息的提取带来了很大的便利。但是由于地物类型的复杂性、多样性，从 LIDAR 点云数据中提取建筑物仍然存在许多困难。主要表现在：点云数据的激光点的个数非常多，对于大数据量的 LIDAR 数据，全局处理肯定不太现实，所以需要将建筑物单独分离出来，对每个独立的建筑物进行分析、提取。但是建筑物可能存在于任何位置，并有可能被其他一些在反射强度上有相似辐射特性的物体所影响，如道路等；在一些绿化条件比较好的地区，一些较高的邻近建筑物的树木可能会遮挡部分建筑物，这会给建筑物的提取带来较大的困难。

近十多年来，国内外学者对机载 LIDAR 数据提取建筑物开展了大量的研究，并取得了很多比较理想的成果。他们通常是把 LIDAR 数据和其他相关的数据源结合起来，充分利用其他相关数据源的数据特性和 LIDAR 点云数据本身的特点，采用各种算法来克服上述困难，提取建筑物。

这些方法主要包括：基于二次回波的渐进滤波提取建筑物、基于激光雷达点云数据生成 DSM 和 DTM 自动提取建筑物、融合 LIDAR 点云数据和影像数据或者平面设计图的建筑物提取分析方法等。

4）基于 LIDAR 的建筑物重建

传统的建筑物重建的主要方法是利用摄影测量技术，从各种遥感图像的立体像对中提取建筑物的信息，进而建立建筑物模型。随着 LIDAR 技术的发展，点云数据能够快速、精确地获取目标的三维信息，尤其是精确的高程信息，LIDAR 技术已经成为一种重要并广泛使用的建筑物三维重建技术。但如何自动快速地从大量的空间分布不规则的三维离散点云中提取建筑物点云,并重建建筑物模型,目前的技术方法并不完全成熟,本书利用 terrasolid 软件实现对建筑物三维重建的探索研究。

首先利用 TerraScan 读出点云,为了便于建模,方便观看和对照,可将点云按照高程分不同颜色显示。然后剖切目标建筑点云,在 terrasolid 的主工具栏里视图中剖切目标建筑物,剖切完以后,显示出剖切面。再利用放置智能线工具,将剖切出的点云连成线框。最后利用加厚为实体命令按钮将剖切面加厚为实体,可以利用修改实体、移动、复制、旋转等工具对所建的模型进行修改和完善。将建成后的白模另存为 AutoCAD 的 dxf 格式,利用 3DMax 软件给所建的模型添加纹理即可。

5)基于 CCD 影像解译房屋精确面积

由 CCD 影像通过辐射纠正、几何纠正、滤波、增强等一系列遥感数据处理流程得到 DOM,在遥感软件中利用 DOM 提取房屋精确面积。

6)房屋面积校正和房屋类型的判定

利用 CCD 相机获取的正射影像提取房屋的精确面积,理论上讲由 DOM 获取的房屋面积比利用点云构建的三维模型获取的房屋面积更加准确,因此可以用 DOM 获取的房屋面积对三维模型的房屋面积进行校正,利用校正后的三维模型获取房屋的高度。根据分蓄洪区的实地调查及房屋建筑的特点,可以判读该房屋的类型,通常为一层砖木结构、二层的混凝土结构房屋、三层以上砖混结构等类型。

3. 基于 LIDAR 与灾情评估模型的房屋淹没损失计算

根据第 4 章中介绍的基于 GIS 的洪水淹没水深的计算方法,得到研究区内各格网的淹没水深 H,房屋分布在不同的位置、不同的格网内,有不同的淹没水深,而根据 LIDAR 数据获取的房屋数据,其自身也有不同的类型、高度、层数、面积。利用房屋洪水淹没损失公式,将提取的各参数代入公式,即可得到各房屋的淹没损失,求和即得总的房屋淹没损失。

$$L(h,t) = a \cdot D(k) \cdot H^b \cdot T^c \times S \cdot N \cdot V_{房屋}(k)$$
$$+ q \cdot \left(\frac{1}{N}\right)^m \cdot H^f \cdot T^p \cdot D(k) \times V_{财物} \tag{4.14}$$

式中:$L(h,t)$ 为 h 淹没水深,t 淹没历时条件下的房屋淹没总损失;$V_{房屋}(k)$ 为类型为 k 的房屋本体受淹损失率,%;H 为洪水淹没水深,m;T 为洪水淹没历时,天;S 为房屋面积;$D(k)$ 为房屋类型 k 对应的受淹毁坏参数;a、b、c 为模型待定参数;$V_{财务}$ 为房屋内存财物受淹损失率,%;N 为房屋的楼层数;q、m、f、p 为模型待定参数。

结合前期调研及历史洪水造成的损失分析,以及其他相关部门制定的损失率统计表,可以根据 LIDAR 获取的房屋结构类型和层数赋予相应的损失率,模型可以得到简化。

$$L_{(h,t)} = \sum_{i=1}^{n} F_i \times S \times \delta_{k,h,t} + \sum P_i \times S \times V_{k,h,t} \tag{4.15}$$

式中: $L_{(h,t)}$ 为 h 淹没水深、t 淹没历时条件下的房屋淹没的总损失; F_i 为房屋损失修正系数; S 为房屋面积; $\delta_{k,h,t}$ 为 k 房屋类型、h 淹水深度、t 淹没时长条件下的房屋损失率; $V_{k,h,t}$ 为 k 房屋类型、h 淹水深度、t 淹没时长条件下的房屋财产损失率。

参 考 文 献

[1] MAZZORANA B,COMITI F,SCHERER C,et al. Developing consistent scenarios to assess flood hazards in mountain streams[J]. Journal of Environmental Management,2012,94(1):112-124.

[2] RAMAL B,BABAN S M J. Developing a GIS based integrated approach to flood management in Trinidad,West Indies[J]. Journal of Environmental Management,2008,88(4):1131-1140.

[3] GRANICA M F B K. Applications of imaging radar in hydro-geological disaster management[J]. Remote Sensing Review,1997,16(1/2):1-134.

[4] DOULGERIS C,GEORGIOU P,PAPADIMOS D,et al. Ecosystem approach to water resources management using the MIKE 11 modeling system in the Strymonas River and Lake Kerkini[J]. Journal of Environmental Management,2012,94(1):132-143.

[5] GILLENWATER D,GRANATA T,ZIKA U. GIS-based modeling of spawning habitat suitability for walleye in the Sandusky River,Ohio,and implications for dam removal and river restoration[J]. Ecological Engineering,2006,28(3):311-323.

[6] DEUTSCH M,RUGGLES F. Optical data processing and projected applications of the ERTS-1 imagery covering the 1973 Mississippi River Valley floods[J]. Jawra Journal of the American Water Resources Association,1974,10(5):1023-1039.

[7] 刘云,李义天,谈广鸣,等.洞庭湖分蓄洪区实时洪水调度系统的研制[J].武汉大学学报,2008,41(2):46-51.

[8] 刘仁义,刘南.基于 GIS 技术的水利防灾信息系统研究[J].自然灾害学报,2002,11(1):62-67.

[9] 刘权,任祖春,杨明.GIS 支持下辉发河流域遥感洪水监测与预报系统研究[J].东北师大学报:自然科学版,2001(12):99-104.

[10] 刘志明,晏明.1998 年吉林省西部洪水过程遥感动态监测与灾情评估[J].自然灾害学报,2001,10(3):98-102.

[11] 刘南,刘仁义.基于 GIS 技术的海塘防洪减灾信息系统[J].自然灾害学报,2005,14(1):116-120.

[12] 朱强,陈秀万,彭俊.基于网格的洪水损失计算模型[J].武汉大学学报,2007,40(6):42-46.

[13] 吴迪军,孙海燕,黄全义,等.应急平台中一维洪水演进模型研究[J].武汉大学学报,2000,33(5):542-545.

[14] 张小峰,董炳江,穆锦斌,等.特大洪水在荆江河段演进模拟研究[J].中国水利,2008(17):43-46.

[15] 张成才,陈秀万,郭恒亮.基于 GIS 的洪灾淹没损失计算方法[J].武汉大学学报,2004,37(1):55-89.

[16] 张林鹏,魏一鸣,范英.基于洪水灾害快速评估的承灾体易损性信息管理系统[J].自然灾害学报,2002,11(4):66-73.

[17] 李云,范子武,吴时强,等.大型行蓄洪区洪水演进数值模拟与三维可视化技术[J].水利学报,2005,

36(10):1158-1164.

[18] 杨芳丽,张小峰,张艳霞.一维河网嵌套二维洪水演进数学模型应用研究[J].人民长江,2011,41(1):59-62.

[19] 陆宇红.GIS 技术在洪水演进系统建设中的应用[J].测绘科学,2004,29(7):117-119.

[20] 陈景秋,张永祥,韦春霞.二维溃坝洪水波的演进绕流和反射的数值模拟[J].水利学报,2005(5):569-574.

[21] 胡四一,施勇,王银堂,等.长江中下游河湖洪水演进的数值模拟[J].水科学进展,2002,13(3):278-286.

[22] 崔占峰,张小峰.分蓄洪区洪水演进的并行计算方法研究[J].武汉大学学报,2005,38(5):24-29.

[23] 黄诗峰,徐美,陈德清.GIS 支持下的河网密度提取及其在洪水危险性分析中的应用[J].自然灾害学报,2001,10(4):129-132.

[24] 槐文信,赵振武,童汉毅,等.渭河下游河道及红泛区洪水演进的数值仿真(I)[J].武汉大学学报,2003,36(4):10-14.

第 **5** 章

洞庭湖蓄滞洪区
信息化管理实践

5.1 洞庭湖蓄滞洪区

5.1.1 洞庭湖概况

洞庭湖区位于长江中游荆江南岸,东经 111°40′～113°10′,北纬 28°30′～30°20′,总面积 18780 km²,其中湖南省部分 15200 km²。其东面有幕阜山、罗霄山等湘赣界山,南面有南岭山系,西面有武陵、雪峰山脉,而北面则濒临长江荆江河段,是一个周围三面是山、向北凹陷缺口的盆地形湖泊与平原组成的地区。洞庭湖平原上除散布有小量岗丘(如赤山、君山等)外,地势坦荡,一望无垠,地面高程一般为 30～50 m。洞庭湖区行政辖区包括湖南省的常德、益阳、岳阳、长沙、湘潭、株洲 6 个市的 31 个县(市、区),湖北省的荆州市辖区的 3 个县市,有大小堤垸 266 个,防洪堤长 5812 km,其中一线堤长 3471 km,二线堤长 1509 km,主要的间堤长 832 km。

洞庭湖入湖水系错综复杂,是一个以湖泊为中心的向心状水系,呈扇形分布。北面有松滋、虎渡、藕池三口水系,南面、西面有湘江、资水、沅水、澧水四水水系,东面有汨罗江、新墙河水系,出湖口仅一处,由岳阳城陵矶注入长江。现在的洞庭湖一般分为东洞庭湖、南洞庭湖、西洞庭湖三部分,水面最大的是东洞庭湖。

洞庭湖区土地肥沃,光热充足,物产丰富,并有众多的珍稀特产,如洞庭银鱼、香莲、香稻等,属农业经济较发达的地区,已成为粮、棉、油、猪、丝和糖等全国九大商品生产基地之一,农产品商品率达到 50% 左右。目前,湖区有 11 个商品粮基地县,4 个水产品基地县,粮、棉、油、麻、水产品等单产和总产均居湖南省各区前列。农业生产的发展推动了粮食加工、饲料工业、纺织工业等轻工业的发展。并且洞庭湖区拥有长沙、岳阳、益阳、常德等一批大中城市,其中湖南省会长沙市是湖南省政治、经济、文化中心,洞庭湖区在湖南占有举足轻重的地位,是湖南省的一块宝地。

由于特殊的地理位置、恶劣的气候条件、复杂的江湖关系,洞庭湖区又是一个洪涝灾害多发的地区。湖区群众修防负担沉重,"冬三月修堤,夏三月防汛",大量的人力、物力、财力消耗在修堤和防汛上,而且洪涝灾害损失十分严重,1996 年、1998 年的直接经济损失分别达到 150 亿元和 89 亿元。沉重的修防负担和严重的洪涝灾害,严重制约着湖区经济社会发展和人民生活水平的提高,是湖南省的"心腹之患"。

在秦汉以前(距今 2000 年左右),洞庭湖只是君山附近的一小块水面,方圆 260 里[①]。当时云梦泽南连长江,北通汉水,方圆 900 里,长江洪水出三峡后,入云梦泽调蓄,再下汉口。在长江和汉水大量洪水拥入云梦泽的同时,大量泥沙也被带入,长时间的淤积作用使云梦泽逐渐萎缩,到魏晋南朝时期(公元 500 年前后),云梦泽由过去的 900 里缩小到 300～400 里,逼使荆江水位抬升,向南倒灌入洞庭,洞庭湖逐渐扩大,与南面的青草湖相连,湖

---

① 1 里=500 m。

面由方圆 260 里扩大到方圆 500 里。随着荆江河段水位进一步抬升,云梦泽和洞庭湖面积进一步演变,到唐宋时期(公元 1000 年前后),云梦泽演变为大面积的洲滩和星罗棋布的小湖群,洞庭湖演变为南连青草湖、西吞赤沙湖的大湖面,横亘 700~800 里。明嘉靖年间(1522~1566 年)向江北分流的九穴十三口中最后一口郝穴堵闭,形成了统一的荆江大堤,原来的云梦泽变成了江汉平原,江水进一步抬升,洞庭湖湖面扩大到全盛时期,1644~1825 年湖面约 6000 km²,号称"八百里洞庭"。

1860 年、1870 年长江大水,藕池、松滋相继决口,长江四口向南分流,滚滚洪水流入洞庭湖的同时,泥沙也大量流入洞庭湖,泥沙的淤积造成洲滩高地迅速发育,部分河道、湖泊、洲滩被围垦利用,从此,洞庭湖又逐渐萎缩,1949 年湖泊面积为 4350 km²,1995 年湖泊面积为 2625 km²(1995 年水利部长江水利委员会测量值)。湖泊面积加上洪道面积也不到 4000 km²,仅为全盛时期的 2/3 左右(表 5.1)。

表 5.1　洞庭湖面积容积变化情况

年代	面积	容积 /×10⁸ m³	差值		备注
			面积/km²	容积/×10⁸ m³	
秦汉以前(距今 2000 年)	方圆 900 里	—	—	—	云梦泽方圆 900 里
魏晋南朝时期(公元 500 年前后)	方圆 500 里	—	—	—	云梦泽方圆 300~400 里
唐宋时代(公元 1000 年前后)	方圆 700~800 里	—	—	—	云梦泽变为星罗棋布的小湖群
清代、全盛时期(1644~1825 年)	6000 km²	—	—	—	1542 年郝穴堵口,统一的荆江大堤形成,1860 年、1870 年藕池、松滋相继决口
1949 年	4350 km²	293	−1650		
1958 年	3141 km²	268	−1209	−25	由于洪道整治、堵支并流原因
1978 年	2691 km²	174	−450	−94	围垦
1995 年	2625 km²	167	−66	−7	面积变化主要受测量精度影响,容积变化主要是由于泥沙淤积

针对洞庭湖的特殊自然地理环境和重要的经济地位,中华人民共和国成立以来,党和政府十分重视湖区的水利建设,倾注了大量精力,在党中央、国务院的亲切关怀下,在省委、省政府的正确领导下,湖区广大干部群众自力更生、艰苦奋斗,进行了大规模的治理,特别是在 1998 年国家实行积极的财政政策以来,国家加大了洞庭湖治理投资力度,洞庭湖治理取得了巨大的成绩,防洪能力明显提高,抗灾能力明显增强。

5.1.2　洞庭湖蓄滞洪区概况

在 20 世纪 50 年代初期,我国就提出"蓄泄兼筹,以泄为主"的防洪方针,在安排修建水库调蓄洪水、整治河道、加高加固堤防、增加河道行洪能力的同时,规划拟定利用沿江河两岸湖泊、洼地和部分堤垸作为临时的蓄滞洪区,以补充水库、河道的蓄泄不足,并作为防御大洪水的措施,洞庭湖也曾规划过蓄洪垦殖区。1985 年国务院批准了"长江防御特大洪水方案",1995 年国家防汛抗旱总指挥部和水利部主持审查通过《湖南省洞庭湖蓄滞洪区安全建设规划》,长江如重现 1954 年洪水,湖南省洞庭湖区要承担 160×10^8 m³ 超额洪水的分蓄洪任务[1]。

国家发展计划委员会和水利部 1998 年发文《行蓄洪区安全建设试点项目管理办法》[2]中提到:"行蓄洪区安全建设是防洪建设的一个薄弱环节,近几年来,大江大河行蓄洪区运用时带来的损失很大。为了减少损失并做到有计划的行蓄洪,需要加快安全建设的步伐。在建设目标上,需要根据财力,由长期以来的以转移保命为主,逐步转向更高的标准,既确保人民群众的生命安全,又把财产损失降低到最低限度。为了实现这一目标,并考虑到安全建设的复杂性,需要在已经取得经验的基础上,进行进一步的试点,为更大规模、更高标准的建设探索经验和进行示范。"

洞庭湖蓄洪区的范围包括钱粮湖、君山、建新、建设、屈原、城西、江南陆城、集成安合、南汉、民主、和康、共双茶、围堤湖、澧南、九垸、西官、安澧、安昌、安化、北湖、义合、南顶、六角山及大通湖东(新州、幸福、隆西、同兴)等 266 处[3]。

我国多暴雨洪水,洪涝灾害频繁。在修建水库拦蓄洪水、加固江河堤防、利用河道排泄洪水的同时,设置一定数量的蓄滞洪区,适时分蓄洪水、削减洪峰,对保障重点地区、大中城市和重要交通干线防洪安全,最大限度地减少灾害损失发挥了十分重要的作用。但是,随着经济社会发展和人口增加,许多蓄滞洪区被不断开发利用,调蓄洪水能力大大降低,蓄滞洪区的建设与管理滞后,安全设施、进退洪设施严重不足,蓄滞洪区已成为防洪体系中极为薄弱的环节。上述问题如果得不到及时解决,一旦发生流域性大洪水,将难以有效运用蓄滞洪区,流域防洪能力将大大降低。同时,由于蓄滞洪区内人口众多,居民生活水平普遍较低,补偿救助等保障体系不完善,蓄滞洪区一旦运用不仅损失严重,甚至可能影响社会稳定[4]。为进一步加强蓄滞洪区的建设与管理,确保蓄滞洪区及时安全有效运用,建设蓄滞洪区信息化管理系统十分重要。

蓄滞洪区信息化管理实践的试点区域是共双茶、钱粮湖、大通湖东三个蓄洪垸。钱粮湖、共双茶和大通湖东垸位于湖南省北部的东、南洞庭湖区,均为洞庭湖区蓄洪垸。三垸总蓄洪面积 936.29 km²,蓄洪总容积 51.91×10^8 m³。蓄洪区内现有总人口 52.70 万人,耕地面积 75.13 万亩。

钱粮湖垸东临东洞庭湖,南靠藕池河东支,北有华容河由西向东从其北部穿过,全垸堤线总长 146.39 km,耕地面积 35.90 万亩,2007 年蓄洪垸内人口 23.44 万人,蓄洪面积 422.60 km²,蓄洪水位为 33.06 m,蓄洪容积 22.20×10^8 m³。

共双茶垸位于沅江市北部,北临草尾河,南临黄土包河,东面南洞庭湖,西面隔水与赤山相望,四面环水,东西长,南北窄,由共华、双华及茶盘洲三垸组成。全垸总面积为 43.64 万亩,其中耕地面积 23.64 万亩,堤线总长 121.74 km,2007 年垸内人口 16.18 万,蓄洪面积 293.00 km²,蓄洪水位 33.65 m,蓄洪容积 18.51×10^8 m³。

大通湖东垸东临洞庭湖,西南以胡子口哑河与大通湖垸相隔,北为藕池河东支,与钱粮湖垸相邻,全垸一线防洪堤总长 43.36 km,耕地面积 15.59 万亩,2007 年区内人口 13.08 万人,蓄洪面积 220.69 km²,蓄洪水位 33.68 m,蓄洪容积 11.20×10^8 m³。

蓄洪垸的具体位置见图 5.1、图 5.2。

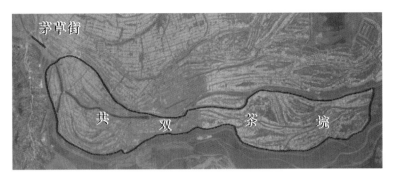

图 5.1 共双茶垸

图 5.2 钱粮湖垸与大通湖东垸

5.2 数据采集与制作

5.2.1 空间数据

针对蓄滞洪区信息化管理的特点,我们使用机载 LIDAR 采用航空摄影的方式采集部分空间数据,主要包括 DOM 和 DEM。将购买的高分辨率卫星影像作为系统底图。

基础地理信息数据主要由国土部门和水利部门提供。提供的形式有电子数据,可将数据预处理后直接使用;此外还会提供纸质版本,需经数字化后方可入库。

1. 航空摄影数据采集与制作

1)数据采集

测区位于湖南省北部,地处东经 $112°17'\sim112°51'$,北纬 $28°53'\sim29°32'$,北与湖北省交界,南接益阳。测区地势平坦,属于长江中下游平原,高差小于 50 m。秋冬季节植被多为棉花,树叶基本掉落,激光点基本能打到地面。测区属于北亚热带季风湿润气候区,气候湿润,年平均气温 $17℃$,年平均降水量 1302 mm,年平均相对湿度为 79%,全年无霜期为 277 天,进入秋季后雨水少,是航空摄影的最佳时节。

本次测量平面采用 1954 北京坐标系,中央子午线为 $114°$,高程系统采用 1985 国家高程基准。如图 5.3 所示为本次航空摄影测量数据采集的技术路线。

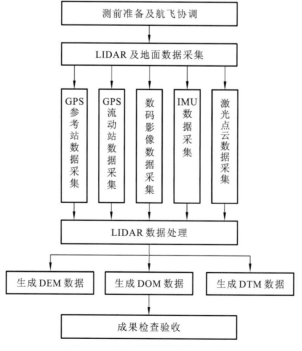

图 5.3 航空摄影测量技术路线

摄影测量所需的设备如表 5.2 所示。

表 5.2　仪器设备和软件

序号	仪器、软件名称	标称精度	数量
1	德国 TopoSys 公司 HARRIER 68i 机载激光测量系统	平面＜20 cm 高程＜15 cm	1 套
2	天宝 5700/5800 GPS 接收机	$5\ mm + 1 \times 10^{6}$	4 台
3	台式电脑	—	15 台
4	笔记本电脑	—	4 台
5	南方 CASS 7.1 成图系统	—	4 套
6	TOPPIT 处理软件	—	8 套
7	POSPAC 处理软件	—	2 套
8	TGO 解算软件	—	4 套
9	打印机	—	1 台

　　本书收集了三垸前期的 D 级 GPS 控制点成果，作为本书研究航空摄影地面控制基站坐标，并在地图上进行了展布，以方便基站选择，控制点分布如图 5.4 所示。

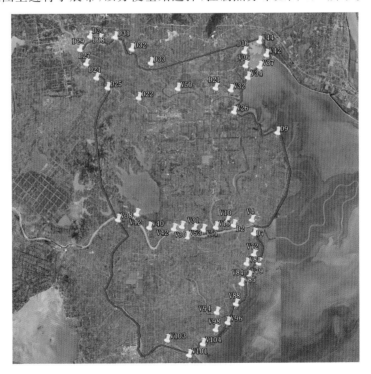

图 5.4　钱粮湖和大通湖东控制点分布

因大通湖东与钱粮湖紧邻,故这两个蓄洪垸一并测量。任务量估算如表5.3、表5.4所示。

表5.3 共双茶任务量估算

任务指标	指标数值	备注
测区面积/km²	约380	
相对航高/m	1300	
飞行速度/(km/h)	160	运5
平均点间隔/m	<0.8	MPIA模式
影像分辨率/m	<0.15	60mm焦距
航向重叠度/%	65	
旁向重叠度/%	20	
测线总数/条	20	
测线总长度/km	880	
测线时间/h	8~9	
飞行架次估计	约3架	按照单架次测线时间3h计算

表5.4 钱粮湖和大通湖东任务量估算表

任务指标	指标数值	备注
测区面积/km²	约685	
相对航高/m	1300	
飞行速度/(km/h)	160	运5
平均点间隔/m	<0.8	MPIA模式
影像分辨率/m	<0.15	60mm焦距
航向重叠度/%	65	
旁向重叠度/%	20	
测线总数/条	30	
测线总长度/km	1050	
测线时间/h	10~11	
飞行架次估计	约4架	按照单架次测线时间3h计算

测区航摄飞行设计从高效、经济的原则出发,综合考虑仪器设备的性能、地形、地势、高差、摄区形状、航高、航向重叠度、旁向重叠度和航行协调等一系列要素进行设计。根据带状线路的走向及设备的特点,将全线分成两个区域进行航飞,飞行高度1300 m。具体

分区示意图见图 5.5、图 5.6。

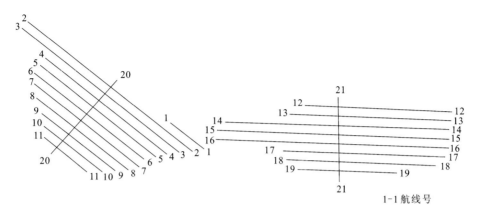

图 5.5　共双茶航线示意图

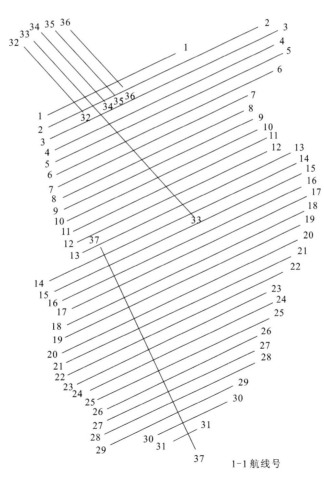

图 5.6　钱粮湖和大通湖东航线示意图

为了确认相应地面控制点,需架设地面参考站。本书采用天宝 5700 和天宝 5800 双频接收机,采样间隔为 1s。基站点采用测区四等平面控制点。

基站点位置选择原则如下:①参考站两点之间间隔不大于 50 km,起点和终点参考站离线位起点和终点不得大于 25 km,一般架设在已有的四等 GPS 点上,测区已有的控制点可满足本项目的参考站架设;②点位环视的视野开阔,地平仰角 15°以上无障碍物;③不宜在微波通信的过道中设点;④测站点应远离大功率无线电辐射源(如电视台、微波站等),其距离不得少于 500 m;⑤离高压输电线、变电站的距离不得小于 200 m;⑥避开大面积水域设站。

基站点观测要求如下:①必须在 LIDAR 系统启动前 30 min 开始采集数据,系统关闭30 min 后终止数据采集,准确记录开机时间和关机时间;②观测人员必须按照 GPS 接收机操作手册的规定进行观测作业;③天线安置在脚架上直接对中整平时,对中误差不得大于1 mm;④观测时应防止人员或其他物体触动天线或遮挡信号;⑤每时段观测应在测前、测后分别量取天线高,两次天线高之差应不大于 3 mm,并取平均值作为天线高;⑥在现场应按规定作业顺序填写观测记录,不得事后补记;⑦点位 10 m 以内不得使用对讲机;⑧每日观测结束后,应将外业数据文件及时转存到存储介质上,不得作任何剔除或删改,必要时做双备份。

地面控制点和地面参考站的现场图片如图 5.7、图 5.8 所示。

(a)

(b)

图 5.7　地面控制点

图 5.8　地面参考站

本次测量采用德国 Trimble 机载雷达、Harrier 68i 飞行控制系统、Rollei Metric AIC Pro(像素 6000 万)数码相机、Applanix POS/AV 系列(采样频率 200 Hz)惯导系统、Riegl LMS-Q680i 激光扫描仪,租用运五飞机,总共飞行 7 架次,飞行时间 35 h,完成航空摄影数据采集工作。具体设备参数如图 5.9、表 5.5 所示。

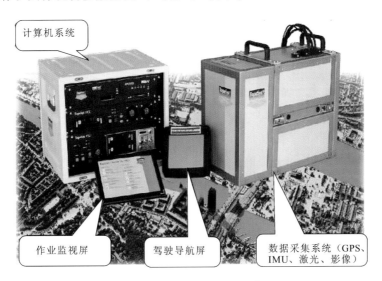

图 5.9   Timble LIDAR 系统

表 5.5   激光扫描仪参数表

型号	Riegl LMS-Q680i
视场角	45/60
测量频率	80~400 kHz
数据获取方式	全波段
强度信息	16 bit
扫描频率	5~160 Hz
眼睛安全度	1 级
距离分辨能力	0.020 m
垂直精度	<0.15 m(绝对精度)
水平精度	<0.25 m(绝对精度)
扫描方式	平行线扫描

为保证数据处理的精度,消除系统误差,本书在线路的沿线测量部分高程和平面参考数据,每隔约 10 km 做一个参考面。本书共做了六个参考面,均匀分布在两个测区,见图 5.10。

参考面位置选择原则如下:①高程测量范围在航飞数据采集范围内,高程参考面要选在比较平整的坚硬地面,旁边无障碍物阻挡;②采用 GPS RTK 测量和水准测量。为保证精度,流动站与基准站的最大距离不超过 5 km;③点间距为 2 m,总点数不少于 30 个;

图 5.10　参考面测量

④平面测量范围航飞数据采集范围内,主要采集路边线和规则的房屋;⑤采用 GPS RTK 和全站仪测量,为保证精度,流动站与基准站的最大距离不超过 5 km;⑥平面测量范围航飞数据采集范围内,主要采集规则的房屋和建筑物。

本次航摄面积为 995.7 km²,本测区测量外业工作先后投入 1 个航摄组共 5 人,一个飞行机组共 8 人,一个后勤保障及地面控制测量组共 7 人。

本次外业测量成果包括地面控制测量成果、激光点云、数码影像、导航文件。其中地面控制测量成果约 100 MB,导航文件约 60 MB,激光点云 17.9 GB,数码影像 131.9 GB。钱粮湖和大通湖东数据如图 5.11 所示。

图 5.11　钱粮湖和大通湖东航摄 DOM 数据

2）数据处理

航飞获得的外业数据成果如表5.6所示。

表5.6 外业数据成果列表

文件名	数据类型	数据格式描述	备注
SDF	原始激光数据	一条航带包括 5 个文件：yymmdd_hhmmss.idx、yym-mdd_hhmmss.idx.log、yymmdd_hhmmss.sdf、yymmdd_hhmmss.sdf.dic、yymmdd_hhmmss.sdf.log	hhmmss 是 UTC 时间
SDC	转换后的激光数据	一条航带包括 7 个文件：yymmdd_hhmmss_GPE.sdc、yymmdd_hhmmss_GPE.sdc.log、yymmdd_hhmmss_GPE.sdh、yymmdd_hhmmss_GPE-gps.csv、yymmdd_hhmmss_GPE-gps.csv.log、yymmdd_hhmmss_GPE-hk.csv、yymmdd_hhmmss_GPE-hk.csv.log	hhmmss 是 UTC 时间
RGB	原始影像和解压缩后的影像	一个飞行计划对应一个文件夹，其命名为 yymmdd_hhmmss，在此文件夹中包括 4 个子文件夹和 33 个.log 和 1 个.prj 文件，capture 文件夹中有原始影像文件，developed 文件夹中可以存放解压缩后的影像文件，其他两个文件夹一般不用，yymmdd_hhmmss.log 文件记录了相机的程序启动和关闭时间及每幅影像的拍照时间	hhmmss 是 UTC 时间
NAV	导航数据	DEFAULT.0XX，一般一个文件大小为 12.4 MB 左右	
POSPAC	基站数据和导航数据的解算成果数据	vnv_yymmdd0x.out、sbet_yymmdd0x.out、event1_yymmdd0x.dat，以及解算的工程文件	hhmmss 是 UTC 时间
BASE STATION	基站数据	每个基站包括 xxxxxxxx.DAT 和 xxxxxxxx.T01 两个文件，基站摆россии对应的控制点和仪器高度存放在一个记事本文件中	xxxxxxxx 由仪器编号和文件编号组成
参考面	高程数据和平面数据	高程数据和平面数据	
坐标转换关系	控制点坐标数据	控制点的经纬度坐标和 WGS84 坐标及七参数	
航飞日志与航飞设计	飞行记录，航飞设计	飞行记录用 UTC 时间记录了每条航带飞行起始时间 影像说明记录了每条航带的影像起始编号 航飞设计文件	

数据预处理流程如图 5.12 所示。

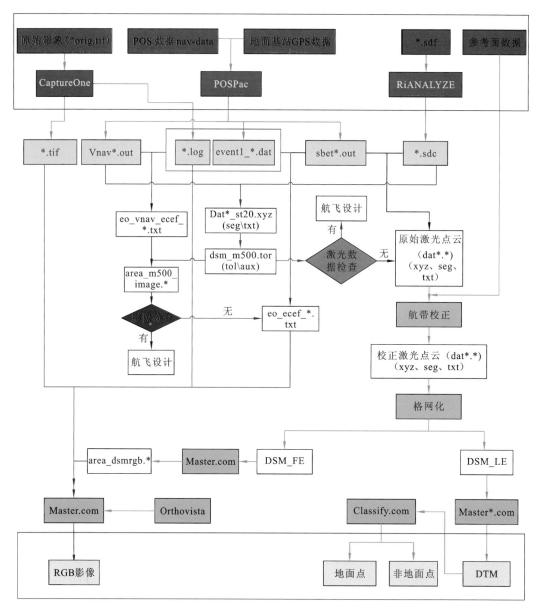

图 5.12　数据预处理流程

预处理流程如下：

（1）导航文件制作。利用 POS 姿态数据与地面 GPS 基站数据联合处理，获取导航数据文件（sbet＊.out 和 vnav＊.out）。输出成果：生成"HHMMSS 航次导航文件（sbet＊.out 和 vnav＊.out）"。

（2）控制文件制作。检查航带是否存在漏飞现象的同时，通过覆盖数据范围制作控制文件。输出成果：生成"××航次控制文件（control.ini）"，如果单条航带数据量太大，需要分段做 control.ini。

（3）三维激光点云坐标计算（预处理＋航带校正）。将原始激光数据进行预处理生成原始的三维激光点云数据，然后将原始点云数据依据实测的平面和高程控制点进行平面和高程校正，计算出地表目标物的空间三维坐标。

（4）数字地面模型（DTM）制作。利用校正后的三维激光点云进行分类生成地面点和非地面点，再基于分类后的地面点提取出末次回波的点云数据，然后再进行格网化（进行分幅）、填补小缝隙、去除粗差点、过滤和内插制等操作制作 DTM。

（5）点云分类。在 DTM 制作的基础上，把地面点和非地面点分开存储在不同的文件里。

（6）正射影像制作。基于 DTM 与获取的影像数据制作单幅正射影像（DOM），利用 Orthovister 对其进行拼接、匀色、分幅，制作最终 1000×1000 的正射影像图。

预处理过程中的数据检查如下：

（1）数据预处理检查。数据预处理中，导航数据导入 POSPac 后，要查看导航数据的起止时间是否与实际飞行时间匹配，飞行轨迹是否完整、无中断；处理完 sbet*.out 后，要检查导航文件 sbet*.out 的精度是否达到下一页所述的导航数据检查检验指标所要求的精度指标，否则会影响到后续处理的精度；注意查看卫星质量图，质量完好的卫星图数量越多，精度越高；注意查看处理报告，PDOP 因子应≤4，如果不满足要求，需要重新计算 sbet*.out 文件。

（2）覆盖数据检查。检查激光数据和影像数据是否覆盖了整个测区范围，是否有数据漏洞、条带遗失。

（3）激光数据指标检查。在激光数据预处理中，生成的点云数据要满足下一页所述激光数据检查检验指标的要求。

（4）坐标转换检查。在七参数求算软件中用交叉验证方法检查坐标转换精度，利用七参数建立当地坐标系文件 georef.ini，再在 kortra_gui 中验证坐标转换参数在 Toppit 中的精度，东北高精度不应超过 3cm。

（5）航带调整。在进行航带调整时，必须很细心。在航带平面调整中，调整后的地物要与参考面测量中的地物完全重合，否则需要重复以上步骤重新调整，直到满足要求为止。高程相对调整的结果要达到小于 15cm 的数据精度指标的要求，否则会影响到后续处理的精度。在航带高程绝对调整中，要查看生成的报告里面的平均误差是否达到下一页所述的数据精度指标的要求，在此基础上，才能进行后面的处理。

（6）DTM 制作。DTM 制作要严格按照标准流程进行，制作过程中，检查房屋建筑是否过滤干净，房屋周围的树木及森林植被是否大范围去除干净，大面积的无激光点的水域是否内插完全、没有空洞。总之，DTM 中必须无明显的地物残留，去除率应达到 95%，这样有利于后面的分类处理，有利于提高点云分类的精度。

（7）正射影像（RGB）检查。检查正射影像中是否有黑洞，是否有影像变形，是否有影像缺失；影像拼接处是否存在错位（特别要注意道路和房屋的拼接处），是否有拼接缝；影像整体色彩应均衡;图幅结合表须无错误、无细缝;无存在其他缺陷。

预处理过程中各项关键技术指标控制如下:

(1)漏飞检查检验指标。无明显的数据漏洞、航带遗失。

(2)导航数据检查检验指标。参考点与 GPS 相位中心的偏移在两次迭代运行间的差距不大于 3 mm;处理后轨迹精度东、北方向不大于 5 cm,高程方向不大于 10 cm。

(3)激光数据检查检验指标。东北高精度不大于 3 cm;DTM 中必须无明显的地物残留,去除率不小于 95%,分类精度不小于 90%。

(4)影像检查检验指标。影像中无黑洞;拼接处不存在错位;影像整体色彩均衡。

(5)数据精度指标。数据成果与实际空间对象对比指标。空间点水平误差不大于 20 cm;空间点垂直误差不大于 10 cm;影像分辨率为 0.1 m。

测量资料整理要求如下:

(1)数据格式。DTM 成果为 Tiff 格式,DOM 成果为 Tiff 格式,分类点云成果为 Coo 格式。

(2)数据文件。上交的数据磁(光)盘上必须提供 Readme.txt 说明文件,包括图中各层说明、系统说明、接边说明、使用环境和测图软件说明、文件和文件扩展名所代表的含义及其他有关的重要信息。

(3)地形图接合表要求。地形图接合表应绘出实际测绘范围线、图名、图号(顺序号)。

(4)资料打印要求。测量资料的各种报告、表格等的纸张尺寸统一使用 A4 标准。

3)数据检查

数据检查使用的仪器设备见表5.7。

表 5.7　数据检查使用的仪器设备

仪器名称	标称精度	数量
天宝 5700/5800 GPS 接收机	5 mm+1×10^{-6}	4 台
TOPCON 335	测角 5″	2 台
瑞士 Leica NA2 水准仪	每千米往返测高精度 0.7 mm	2 台
PDA 计算机		1 台

检查项包括:DTM、DOM、DEM 成果资料,其中外业检测是对以上内容进行实地仪检和实地巡检,在作业组检查的基础上,对内业成果进行 100% 最终检查。

检查方案如下:

(1)内业检查。严格按照相关规范的要求,对其内容进行详细检查,确保测量方法、各项限差、精度指标等能满足规范的要求。检查测量数据的逻辑性,进行资料文字校对工作,对于不符合规范要求的需要返工的,立即要求作业队返工,需要修改的,立即返回作业队修改,直到符合规范等相关要求为止。按照相关规范及技术设计书要求,对 DTM、DEM、DOM 进行详细检查。

(2)外业检查。DTM、DEM、DOM 平面位置检查采用 GPS-RTK 测量的方法进行,在设置好转换参数后，经过检查控制坐标无误后，再测量房角、高压杆、通信杆、道路边线等平面地物。DTM、DEM、DOM 高程检查采用五等水准测量检查的方法进行，采用附和水准路线或闭合水准路线的方法测量，计算出高程检查点的高程等，与 DTM、DEM 成果比较，看是否满足高程精度统计的需要。

以上检查基本可以反映全线的精度情况。

2. 基础地理信息数据采集与制作

基础地理信息数据包括电子数据和纸质数据。电子数据只需根据数据库建库规范调整相应字段，检查数据逻辑一致性即可进入数据整理与建库阶段，而纸质资料则需经过数字化等一系列操作才能进行数据整理和建库操作。

数字化是将地图上的空间特征转化成为用数字形式表示数据的过程。在计算机中，把构成一幅地图的点、线、面各要素转化为 x、y 坐标表示。单个坐标代表一个点，一串坐标代表一条线，一条或多条线围成一个区域（面或多边形）。所以数字化是获取一系列点和线的过程。

纸质资料数字化的方法主要有手扶跟踪数字化和扫描屏幕自动数字化。

手扶跟踪数字化是比较传统的一种数字化方法，需要将数字化仪与安装了数字化软件的电脑连接，手持定标器对地形图定向，然后用定标器采集地图上的地形特征，经过软件编辑后获得最终的矢量数据。地形图数字化数据采集就是要对地形、地图的每一特征点的点位坐标进行采集，然后输入其属性信息和点的连接信息。对于地形图的分层，其分层方法是任意的。对于数字化完成的相邻两幅地形图，如有地物跨两幅地形图，则两幅地形图需要分别数字化。由于误差的影响，将产生拼接误差，如果误差在允许范围内，可采用移动地物点的方式使其无缝连接；若超过误差范围，则需查明原因，改正错误数据。接边后的数据要保证接边处的地物完整且连续。数字化精度是数字化工作必须考虑的问题，它包括了图纸定位误差、采样误差和仪器误差等[5]。

扫描屏幕自动数字化是随着计算机技术的发展而产生的一种新型数字化方法，其数字化效率较手扶跟踪数字化高，速度更快。它是将地图扫描，并分解成按行列划分的栅格文件，且利用数字化软件自动将栅格数据转换为矢量数据的过程。首先，将图像进行扫描，得到栅格数据；然后，通过预处理将因图纸不干净、线不光滑和受扫描仪影响产生的斑点、孔洞和毛刺等噪声去除；接着对原始栅格图像进行坐标纠正，修正图纸坐标的误差，并进行图幅定向等工作；再接着对栅格图像进行细化操作，即寻找扫描图像中的骨架线，细化过程中要保证线段的连通性，必要的时候还需要剔除毛刺和人工补断；而后由计算机软件将其自动数字化成矢量文件；最后人工去除图像中的毛刺，精纠正图像坐标，即可完成数字化工作。

完成地图数字化工作后，需要对特征点的坐标精度进行严格的检查，分析误差产生的原因并加以改正。点位的坐标精度就是地图中地物地貌的图纸位置与真实地面位置之间的误差。通过全野外数字测量或摄影测量采集的数字地形图可检验数字化成果的误差,地物点对相邻控制点位置中误差及相邻地物点间的间距中误差不得大于相应比例尺测图规范中的规定。数字化采集的产品误差以偏离中心位置为衡量标准,主要地物的误差不得超过 0.2 mm,次要地物的误差不得超过 0.3 mm,线状目标位移中误差不得超过 0.35 mm。

经过严格检查的数字化产品方可入库到蓄滞洪区信息化管理平台数据库中。

5.2.2 非空间数据

洞庭湖蓄滞洪区非空间数据的收集包括工情数据的采集与制作、蓄滞洪区水文资料采集与接入、气象数据接入、社会经济数据搜集与整理,以及相关支持库需要数据的搜集与整理。本节主要介绍工情数据的采集与制作,以及蓄滞洪区水文数据的接入。

1. 工情数据采集与制作

洞庭湖蓄滞洪区的工情数据包括防汛物资信息、电排信息、机埠信息、转移道路信息、安全区情况、界桩、干堤及对应的工程设计图、干堤险段,主要由洞庭湖水利工程管理局提供电子数据和纸质资料,具体制作过程如下。

防汛物资信息、电排信息、机埠信息、界桩、干堤、安全区:.shp 原始文件和纸质文件。电子数据经检查后即可导入数据库,纸质文件需经过数字化后导入数据库。

转移道路信息:.jpg 格式图片。需扫描数字化后导入数据库。

干堤险段:文字资料。需人工标出后录入数据库中。

工程设计图:.dwg 格式文件。需转换成.jpg 格式后导入数据库中。

2. 蓄滞洪区水文数据接入

蓄滞洪区涉及的水文站众多,分别隶属于湖南省水文局、湖北省水文局和长江水文局等不同机构。按控制站流域可分为湘江流域、资水流域、沅水流域、澧水流域、长江和洞庭湖,此外还有大型水库站。具体信息如表 5.8～表 5.14 所示。

表 5.8 湘江流域水文站信息

水系	河名	站名	警戒水位/m	历史最高水位/m	发生时间	所属地区	所在县	控制面积/km²
湘江	宜水	常宁				衡阳	常宁	
湘江	舜水	蓝山	270.50	271.07	2007-6-7	永州	蓝山	254
湘江	湘江	绿埠头				永州	东安	6431
湘江	湘江	长沙枢纽下				长沙	望城	
湘江	捞刀河	星沙				长沙	长沙	
湘江	蒸水	西渡				衡阳	衡阳	

水系	河名	站名	警戒水位/m	历史最高水位/m	发生时间	所属地区	所在县	控制面积/km²
湘江	洣水	衡东	50.50			衡阳	衡东	10036
湘江	浙水	汝城				郴州	汝城	
湘江	侧水	永丰				娄底	双峰	
湘江	西河	湘阴渡	107.50	112.42	2006-7-16	郴州	永兴	1473
湘江	湘江	全州	149.00			广西	全州	5579
湘江	湘江	老埠头	103.00	107.18	1976-7-10	永州	零陵	21341
湘江	湘江	祁阳	83.00	88.51	1976-7-10	永州	祁阳	25182
湘江	湘江	归阳	45.50	49.52	1976-7-11	衡阳	祁东	27983
湘江	湘江	衡阳	56.50	60.59	1994-6-18	衡阳	衡阳	52120
湘江	湘江	衡山	49.00	54.88	1994-6-18	衡阳	衡山	63980
湘江	湘江	株洲	40.00	44.58	1994-6-18	株洲	芦淞	71979
湘江	湘江	湘潭	38.00	41.95	1994-6-18	湘潭	湘潭	81638
湘江	湘江	长沙	36.00	39.18	1998-6-27	长沙	长沙	83020
湘江	灌江	灌阳	247.10			广西	灌阳	954
湘江	沱江	涔天河		50.160	2002-8-8	永州	江华	2469
湘江	永明河	江永		46.60	1976-7-8	永州	江永	505
湘江	萌渚水	大路铺		50.07	1974-7-2	永州	江华	612
湘江	宜水	豪福		100.67	1959-6-10	永州	道县	431
湘江	消水	道县				永州	道县	
湘江	潇水	双牌	128.50	131.08	1998-6-14	永州	双牌	10599
湘江	祁水	下马渡				永州	祁阳	
湘江	白水	金洞		55.44	1968-7-8	永州	祁阳	795
湘江	钟水	嘉禾	95.50	97.18	2006-7-16	郴州	嘉禾	1473
湘江	新田河	新田				永州	新田	
湘江	舂陵水	飞仙	147.00	151.01	2006-7-17	郴州	桂阳	3556
湘江	湘江	冷水滩				永州	冷水滩	21612
湘江	蒸水	石门坎		42.65	1962-6-27	衡阳	衡阳县	1020
湘江	蒸水	神山头	96.00	99.25	1982-6-18	衡阳	衡南	2857
湘江	武水	井头江		10.33	1993-7-20	衡阳	衡阳县	165
湘江	舂陵水	欧阳海下				郴州	桂阳	5409

水系	河名	站名	警戒水位/m	历史最高水位/m	发生时间	所属地区	所在县	控制面积/km²
湘江	耒水	东江下	184.02	189.42	1961-8-27	郴州	资兴	4659
湘江	耒水	永兴	96.50	98.19	2010-6-20	郴州	永兴	6980
湘江	耒水	耒阳	77.50	83.38	2006-7-16	衡阳	耒阳	9902
湘江	河漠水	炎陵		93.32	2007-8-21	株洲	炎陵	814
湘江	洣水	龙家山	95.71	98.85	1982-6-17	株洲	茶陵	4515
湘江	永乐江	安仁	89.00	90.51	2007-8-21	郴州	安仁	1950
湘江	萍水	萍乡				江西省	萍乡	
湘江	南川水	潼塘		99.51	1995-6-26	株洲	醴陵	1162
湘江	渌水	大西滩	51.50	54.50	2010-6-25	株洲	醴陵	3132
湘江	涓水	射埠	46.50	50.06	1995-7-1	湘潭	湘潭	1404
湘江	涟水	涟源	140.40	143.04	1995-6-30	娄底	涟源	152
湘江	侧水	双峰	76.12	78.16	1982-6-17	娄底	双峰	1462
湘江	铁水	泗汾		56.84	2009-7-3	株洲	醴陵	1497
湘江	涟水	娄底	96.00	97.46	2010-6-24	娄底	娄星	1515
湘江	涟水	湘乡	47.00	49.53	1969-8-11	娄底	湘潭	6053
湘江	浏阳河	双江口	26.70	28.75	1969-6-26	长沙	浏阳	2067
湘江	浏阳河	郎梨	36.00	40.23	1998-6-27	长沙	长沙	3815
湘江	金井河	螺岭桥		29.66	1995-6-23	长沙	长沙	327
湘江	捞刀河	罗汉庄	34.00	35.76	2002-8-22	长沙	长沙	2468
湘江	乌江	石坝子		62.18	1969-8-1	长沙	宁乡	563
湘江	沩水	宁乡	45.00	45.45	2002-8-2	长沙	宁乡	2089
湘江	大塘冲	鸾山				株洲	攸县	
湘江	宁远河	九嶷		307.10	1985-5-27	永州	宁远	231
湘江	浥江	操箕潭		55.50	2006-7-15	衡阳	耒阳	390
湘江	沤江	寨前	721.10	723.00	2010-6-20	郴州	桂东	384
湘江	郴水	郴州	3.67	9.04	1999-8-13	郴州	苏仙	354
湘江	洣水	茶陵	100.50			株洲	茶陵	4347
湘江	西河	火田				郴州	桂阳	
湘江	春陵水	嘉禾				郴州	嘉禾	
湘江	湘江	靖港				长沙	望城	

续表

水系	河名	站名	警戒水位/m	历史最高水位/m	发生时间	所属地区	所在县	控制面积/km²
湘江	舜水	大麻营				永州	蓝山	
湘江	湘江	仙人掌				广西	全州	
湘江	沱江	江华		52.47	2008-6-13	永州	江华	2158
湘江	春陵水	兰山				永州	蓝山	
湘江	洣水	甘溪	51.50	57.56	2007-8-23	衡阳	衡东	9972
湘江	韶河	韶山				湘潭	韶山	
湘江	攸水	黄丰桥		102.26	1977-6-10	株洲	攸县	299
湘江	洣水	攸县				株洲	攸县	5994
湘江	韶河	韶山				湘潭	韶山	

表 5.9 资水流域水文站信息

水系	河名	站名	警戒水位/m	历史最高水位/m	发生时间	所属地区	所在县	控制面积/km²
资水	资水	安化		92.26	2008-11-7	益阳	安化	22820
资水	西洋江	黄家桥	258.00			邵阳	新邵	
资水	赧水	武冈				邵阳	武冈	
资水	资水	罗家庙	229.00	235.74	1996-7-18	邵阳	邵阳	11657
资水	资水	邵阳	214.00	222.21	1996-7-19	邵阳	邵阳	12238
资水	资水	冷水江	173.50	174.53	2010-6-25	娄底	冷水江	16260
资水	资水	新化	170.50	184.59	1996-7-19	娄底	新化	17740
资水	资水	润溪		173.28	1996-7-20	益阳	安化	20287
资水	资水	大埠溪				益阳	安化	
资水	沂溪	蒙公塘		70.18	2005-6-6	益阳	桃江	507
资水	资水	桃江	39.20	44.44	1996-7-17	益阳	桃江	26748
资水	资水	益阳	36.50	39.48	1996-7-21	益阳	赫山	28089
资水	夫夷水	资源	376.20			广西	资源	469
资水	夫夷水	新宁	294.25	300.38	1952-5-31	邵阳	新宁	2456
资水	平溪	洞口	315.80	319.60	2001-6-10	邵阳	洞口	904
资水	赧水	黄桥	267.00	271.37	1996-7-17	邵阳	洞口	2660
资水	夫夷水	塘渡口	227.00	230.35	2003-5-17	邵阳	邵阳	4548
资水	邵水	茅坪	214.00	222.02	1996-7-19	邵阳	邵阳	2060

水系	河名	站名	警戒水位/m	历史最高水位/m	发生时间	所属地区	所在县	控制面积/km²
资水	伊溪	竹溪坡		130.63	1969-8-10	益阳	安化	686
资水	赧水	隆回	250.00	256.19	1996-7-18	邵阳	隆回	5871
资水	油溪	邹家滩		199.86	1998-6-13	娄底	新化	589
资水	渭溪	青山		95.39	2002-7-5	益阳	安化	87
资水	蓼水	红岩	101.00	105.86	2015-6-18	邵阳	绥宁	694
资水	资水	筱溪电站				邵阳	新邵	
资水	潺溪	马路				益阳	安化	

表 5.10 沅水流域水文站信息

水系	河名	站名	警戒水位/m	历史最高水位/m	发生时间	所属地区	所在县	控制面积/km²
沅水	舞阳河	旧州	665.00	665.85	1985-6-4	贵州	黄平	292
沅水	龙江河	岑巩	383.50	387.90	1995-6-25	贵州	岑巩	1373
沅水	清水江	锦屏	310.20			贵州	锦屏	11375
沅水	大杨溪	杨溪桥				常德	桃源	
沅水	龙田溪	龙田溪				怀化	洪江	
沅水	征溪	征溪				怀化	辰溪	
沅水	果利河	龙山				湘西	龙山	
沅水	古阳河	古丈				湘西	古丈	
沅水	龙门河	花桥		5.54		怀化	中方	71
沅水	沅江	黔城	193.00	197.49		怀化	洪江	34940
沅水	沅江	安江	163.00	170.29		怀化	洪江	40305
沅水	沅江	浦市	119.46	126.37	1996-7-18	湘西	泸溪	54144
沅水	沅江	沅陵	109.29	114.63		怀化	沅陵	78595
沅水	沅江	桃源	42.50	46.90	1996-7-17	常德	桃源	85223
沅水	沅江	常德	39.00	42.49	1996-7-19	常德	武陵	86557
沅水	舞阳河	玉屏	336.00	355.84	1999-7-17	贵州	玉屏	
沅水	舞阳河	施秉	524.00			贵州	施秉	1280
沅水	舞阳河	大菜园	459.50	463.41	1996-7-2	贵州	镇远	2200
沅水	舞水	芷江	250.10	251.82		怀化	芷江	8215
沅水	舞水	怀化	218.00	221.85		怀化	怀化	9383

水系	河名	站名	警戒水位/m	历史最高水位/m	发生时间	所属地区	所在县	控制面积/km²
沅水	平溪	禾滩		14.00		怀化	新晃	437
沅水	马尾河	下司	605.00	610.49	2000-6-8	贵州	麻江	2154
沅水	清水江	施洞	515.00	522.24	1970-7-12	贵州	台江	6039
沅水	渠水	通道	206.00	210.87		怀化	通道	3784
沅水	文昌溪	江东		6.10		怀化	靖州	17
沅水	渠水	岩头	93.30	98.45		怀化	会同	5236
沅水	巫水	洪江	174.50	183.31		怀化	洪江	4180
沅水	二都河	山溪桥	11.00	11.88		怀化	溆浦	1162
沅水	溆水	溆浦	155.00	157.01		怀化	溆浦	2957
沅水	辰水	陶伊	136.50	142.30		怀化	麻阳	6111
沅水	沅江	辰溪	120.00	128.00		怀化	辰溪	52241
沅水	辰水	铜仁				贵州	铜仁	
沅水	沱江	凤凰	303.50	305.90	1974-6-30	湘西	凤凰	524
沅水	峒河	吉首	184.54	188.38	1999-7-8	湘西	吉首	769
沅水	武水	河溪	156.45	158.53	1999-7-8	湘西	吉首	2556
沅水	六洞河	六洞桥	527.00	529.68	2004-7-19	贵州	三穗	788
沅水	酉水	来凤				湖北省	来凤	
沅水	横板桥河	横板桥		3.25		怀化	溆浦	31
沅水	红岩溪	红岩溪	391.50	392.66	1991-7-6	湘西	龙山	204
沅水	酉水	石堤	79.93	83.84	1999-6-28	重庆		8400
沅水	猛洞河	永顺	196.43	201.49	1993-7-23	湘西	永顺	1035
沅水	酉水	高砌头	115.00	120.71		怀化	沅陵	17698
沅水	沅江	五强溪		62.41	2007-7-25	常德	桃源	82185
沅水	沅江	草龙潭		15.95		怀化	沅陵	340
沅水	荔溪	麻溪铺		8.86	2008-5-27	怀化	沅陵	311
沅水	松桃河	松桃				贵州	松桃	
沅水	锦江	芦家洞				贵州	铜仁	
沅水	清水江	锦屏				贵州	锦屏	
沅水	巴拉河	南花		723.02	1970-7-12	贵州	凯里	463
沅水	南哨河	南哨				贵州	剑河	

续表

水系	河名	站名	警戒水位/m	历史最高水位/m	发生时间	所属地区	所在县	控制面积/km²
沅水	梅江	秀山				重庆		
沅水	酉水	古丈				湘西	古丈	
沅水	沅江	五宝山				常德	汉寿	
沅水	巫水	绥宁				邵阳	绥宁	

表 5.11　澧水流域水文站信息

水系	河名	站名	警戒水位/m	历史最高水位/m	发生时间	所属地区	所在县	控制面积/km²
澧水	澧水中源	陈家河				张家界	桑植	695
澧水	澧水南源	莫家塔				张家界	桑植	532
澧水	索水	索溪				张家界	武陵源	
澧水	杉木桥	杉木桥				张家界	慈利	
澧水	澧水	合口				常德	临澧	
澧水	溇水	雁池		143.88	2011-6-18	常德	石门	1835
澧水	溇水	鹤峰				湖北省	鹤峰	
澧水	澧水(北源)	凉水口		293.64	1987-8-20	张家界	桑植	877
澧水	澧水	桑植	256.50	266.27	1998-7-22	张家界	桑植	3114
澧水	澧水	张家界	163.00	167.08	1998-7-22	张家界	永定	4627
澧水	澧水	簧子头		113.16	2003-7-9	张家界	慈利	5983
澧水	澧水	石门	58.50	62.66	1998-7-23	常德	石门	15307
澧水	澧水	津市	41.00	45.02	2003-7-11	常德	津市	17549
澧水	溇水	淋溪河		236.46	2008-8-30	张家界	桑植	2348
澧水	溇水	双枫潭		184.44	1998-7-23	张家界	慈利	414
澧水	溇水	长潭河	99.65	102.92	1993-7-23	张家界	慈利	4913
澧水	溇水	皂市		80.76	2004-7-11	常德	石门	3000
澧水	道水	临澧				常德	临澧	
澧水	澧水	澧县				常德	澧县	
澧水	溇水	江坪河				常德	鹤峰	
澧水	澧水	江垭(下)				张家界	慈利	3711
澧水	澧水	莲花堰				常德	澧县	

表 5.12 长江流域水文站信息

水系	河名	站名	警戒水位/m	历史最高水位/m	发生时间	所属地区	所在县	控制面积/km²
长江	长江	寸滩	180.50	192.78	1905-8-11	长江干流	江北	
长江	长江	万县				长江干流	万州	
长江	长江	巫山				长江干流	巫山	
长江	长江	宜昌	53.00	55.73	1954-8-7	长江干流	宜昌	
长江	长江	枝城	49.00	50.74	1981-7-19	长江干流	宜都	
长江	长江	沙市	43.00	45.22	1998-8-17	长江干流		
长江	长江	新厂		41.14	1998-8-17	长江干流	公安	
长江	长江	监利	35.50	38.31	1998-8-17	长江干流	华容	
长江	长江	莲花塘	32.50	35.80	1998-8-20	岳阳	岳阳	
长江	长江	螺山	32.00	34.95	1998-8-20	长江干流	临湘	1294911
长江	长江	汉口	26.30	29.73	1954-8-18	长江干流	武汉	1488036
长江	长江	武隆	190.00	204.63	1999-6-30	长江干流	武隆	
长江	清江	长阳		84.50	1971-6-11	长江干流	长阳	15300
长江	清江	高坝洲		50.28	2000-7-18	长江干流	宜都	
长江	长江	清溪场				长江干流		
长江	长江	忠县				长江干流		
长江	长江	石首				长江干流		

表 5.13 洞庭湖水文站信息

水系	河名	站名	警戒水位/m	历史最高水位/m	发生时间	所属地区	所在县	控制面积/km²
洞庭湖	涔水	王家厂南				常德	澧县	
洞庭湖	涔水	王家厂北				常德	澧县	
洞庭湖	西洞庭	肖家湾				益阳	南县	
洞庭湖	松滋河(西支)	新江口	44.00	46.18	1998-8-17	长江干流	松滋	
洞庭湖	松滋河	沙道观	44.00	45.52	1998-8-17	长江干流	松滋	
洞庭湖	洞庭湖	自治局		41.38	1998-7-24	常德	安乡	
洞庭湖	洞庭湖	弥陀寺	43.00	44.90	1998-8-17	常德	荆州	
洞庭湖	虎渡河	黄山头上		41.38	1954-8-7	长江干流	公安	
洞庭湖	虎渡河	黄山头下		41.04	1998-7-25	长江干流	公安	
洞庭湖	藕池河	藕池(管)	38.50	40.28	1998-8-17	长江干流	石首	
洞庭湖	安乡河	藕池(康)	38.50	40.44	1998-8-17	长江干流	石首	
洞庭湖	洞庭湖	南县	35.50	37.57	1998-8-19	益阳	南县	
洞庭湖	洞庭湖	官垸		43.00	1998-7-24	常德	澧县	

水系	河名	站名	警戒水位/m	历史最高水位/m	发生时间	所属地区	所在县	控制面积/km²
洞庭湖	洞庭湖	石龟山	38.50	41.89	1998-7-24	常德	澧县	
洞庭湖	洞庭湖	安乡	37.50	40.44	1998-7-24	常德	安乡	
洞庭湖	洞庭湖	三岔河				益阳	沅江	
洞庭湖	洞庭湖	草尾	34.50	37.37	1996-7-21	益阳	沅江	
洞庭湖	洞庭湖	牛鼻滩		40.57	1996-7-19	常德	常德	
洞庭湖	洞庭湖	周文庙	36.00	38.79	1996-7-20	常德	汉寿	
洞庭湖	洞庭湖	南咀	34.00	37.62	1996-7-21	益阳	南县	
洞庭湖	洞庭湖	小河咀	34.00	37.57	1996-7-21	益阳	沅江	
洞庭湖	洞庭湖	沙头	36.50	38.15	1996-7-21	益阳	益阳	
洞庭湖	洞庭湖	沅江	33.50	37.09	1996-7-21	益阳	沅江	
洞庭湖	洞庭湖	湘阴	34.00	36.66	1996-7-22	岳阳	湘阴	
洞庭湖	洞庭湖	营田	33.50	36.54	1996-7-22	岳阳	湘阴	
洞庭湖	洞庭湖	鹿角	33.00	36.14	1998-8-20	岳阳	岳阳	
洞庭湖	洞庭湖	岳阳	32.50	36.06	1998-8-20	岳阳	岳阳	
洞庭湖	洞庭湖	城陵矶	32.50	35.94	1998-8-20	岳阳	岳阳	
洞庭湖	汨罗江	加义		96.86	1973-6-25	岳阳	平江	1567
洞庭湖	汨罗江	平江	70.50	78.16	1954-7-25	岳阳	平江	
洞庭湖	汨罗江	伍市		37.25	2010-6-20	岳阳	平江	4179
洞庭湖	油港	桃林		9.56	1967-6-24	岳阳	临湘	523
洞庭湖	源潭河	聂市				岳阳	临湘	
洞庭湖	涔水（北支）	闸口				湖北省	澧县	
洞庭湖	新湾河	新湾				益阳	沅江	

表 5.14　洞庭湖水库站信息

水系	河名	站名	正常蓄水位/m	汛限水位/m	历史最高水位/m	发生时间	所属地区	所在县	控制面积/km²
湘江	沱江	涔天河		310.50		1979-9-6	永州	江华	2423
湘江	潇水	双牌	170.00	170.00	170.60	1994-7-1	永州	双牌	10594
湘江	舂陵水	欧阳海	130.00	128.00～128.50	130.13	1985-6-30	郴州	桂阳	5409
湘江	耒水	东江	285.00	284.00	284.62	1996-10-1	郴州	资兴	4719
湘江	攸水	酒埠江	164.00	163.00	164.73	1983-6-1	株洲	攸县	625
湘江	涟水	水府庙	94.00	93.00	94.40	1991-1-1	娄底	湘乡	3160

续表

水系	河名	站名	正常蓄水位/m	汛限水位/m	历史最高水位/m	发生时间	所属地区	所在县	控制面积/km²
湘江	洣江	官庄	123.60	123.00～123.60	123.42	1993-7-1	株洲	醴陵	201
湘江	沩水	黄材	166.00	166.00	167.54	1969-8-10	长沙	宁乡	241
湘江	新墙河	铁山	92.20	91.20	93.15	1995-6-1	岳阳	岳阳	493
湘江	浏阳河	株树桥	165.00	163.00	166.20	1993-7-1	长沙	浏阳	564
湘江	波水	青山垅	243.80	242.80	245.37	2000-9-1	郴州	永兴	450
资水	资水	柘溪	169.00	162.00～165.00	172.73	1996-7-20	益阳	安化	22640
资水	赧水	六都寨	355.00	353.00	353.01	1996-6-1	邵阳	隆回	338
沅水	沅江	洪江	190.00	187.00			怀化	洪江	
沅水	沅水	三板溪	475.00	475.00	479.21		怀化	锦屏	
沅水	沅江	五强溪	108.00	98.00	113.26	1996-7-19	怀化	沅陵	83800
沅水	酉水	凤滩	205.00	198.50	206.11	1996-7-20	怀化	沅陵	17500
沅水	白洋河	黄石	90.00	90.00	91.49	1998-7-23	常德	桃源	552
沅水	夷望溪	竹园	102.50	101.00	102.66	1998-11-1	常德	桃源	702
沅水	酉水	碗米坡	248.00	248.00	247.95	2004-5-1	湘西	保靖	10415
沅水	巫水	白云	540.00	537.00	538.99	2004-8-1	邵阳	城步	556
澧水	渫水	皂市	140.00	125.00			常德	石门	3000
洞庭湖	涔水	王家厂	82.60	80.00	83.62	1983-7-1	常德	澧县	484
澧水	娄水	江垭	236.00	210.60～215.00	235.89	2000-11-1	张家界	慈利	3711
长江	长江	三峡	175.00	145.00			宜昌	秭归	

5.2.3 工程设施图片采集

传统的水利信息系统中,各类工程设施的图片采集需要采集员用相机到实地拍摄,本系统利用蓄滞洪区管理平台的优势,使终端用户用手机即可拍摄照片并上传到系统数据库中。

本系统以开发的手机 APP 作为终端,用户将其安装在手机上,方便地拍摄照片,并同时记录下相机拍摄的角度和地理位置等参数,作为附属信息上传到系统数据库中,实时信息可视化子系统可根据存储在数据库中的附属信息直接在二、三维可视化模块中展示。

照片的附属信息表如表 5.15 所示。

表 5.15 水利工程设施图片采集参数

字段名	说明	字段名	说明
Name	照片名称	Facility_Name	水利设施名称
Project	照片地理坐标系	Facility_Class	水利设施种类
Address	水利设施地址	x Resolution	分辨率 x
X Coordinate	X 坐标	y Resolution	分辨率 y
Y Coordinate	Y 坐标	Date	拍摄日期
Z Coordinate	Z 坐标	Time	拍摄时间
Yaw	俯仰角	Aperture	光圈
Pitch	航偏角	Shutter	快门
Roll	翻滚角	ISO	ISO
Distance	拍摄距离	Balance	白平衡

5.3 数据整理与建库

洞庭湖防洪蓄洪管理系统数据库中的数据以基础地理信息为基础,如道路、植被、水系、居民地、数字高程模型、数字正射影像数据等,涵盖公共地理信息,如堤防、分蓄洪区、涵闸等,以及业务地理信息。公共地理信息描述多个业务部门关心的、具备地理实体特征的信息,其信息为该地理实体的基本信息;业务地理信息建立专用信息分类,其地理实体特征通过与公共地理信息的一个或多个分类信息关联进行提取,描述业务特征内容。

数据库系统是本系统的基础信息支撑,针对示范区的自然要素和社会经济要素的特点,分别采用了传统的关系型数据库 Microsoft SQL Server、主流的非关系型数据库 MangoDB 和主流的空间数据库 ESRI GeoDatabase 这三种数据库混合存储和管理数据。

(1)采用传统的关系型数据库 Microsoft SQL Server 存储大部分无须经常变更的数据,例如社会经济数据和相关支持库等。

(2)采用非关系型数据库 MangoDB 存储实时产生的海量非结构化数据,例如水文数据和气象数据等。

(3)采用 ESRI 公司的 GeoDatabase 数据库存储与空间相关的数据,例如空间数据和工情数据。利用 ARC/INFO 内嵌的 CASE 工具,设计能够高效、合理地表达流域景观特征的空间数据模型及数据库结构,包括各种地理特征的几何表达方式、特征之间的空间关系、对象之间的语义关系、属性项定义等。

整体数据库的结构如图 5.13 所示,涉及的数据类型如表 5.16 所示。

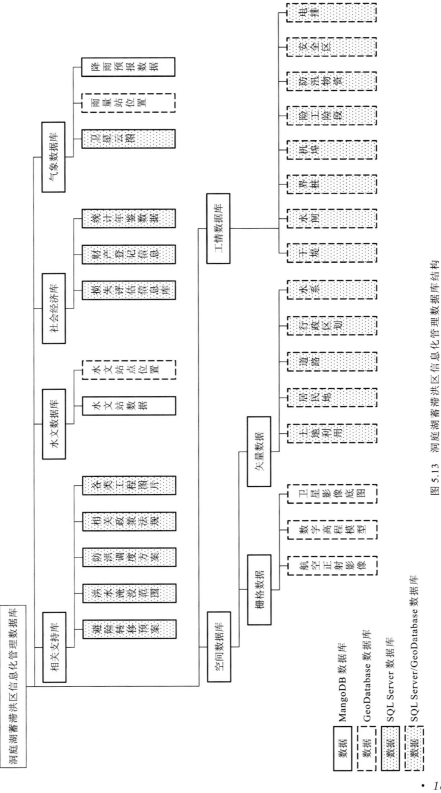

图 5.13 洞庭湖蓄滞洪区信息化管理数据库结构

表 5.16 数据库中的数据类型

数据类型	说明	举例
CHAR()	字符型,括号内为字段长度	CHAR(40):字段为字符型,40 个字符或 20 个汉字
NUMBER()	整数型,括号内是整数的位数,在括号外的右侧给出计量单位名称	NUMBER(2):数字型,2 位整数,单位为"m",如"25 m"
NUMBER(,)	浮点型,括号内逗号前是字段总长度,逗号后是小数的位数,括号右侧是计量单位的中文名称	NUMBER(8,3):数字型,小数点前可填 4 位(到千),小数点后为 3 位,单位为 m,如"2345.234 m"

5.3.1 空间数据

1. 航空摄影数据整理与建库

洞庭湖蓄滞洪区信息化管理数据库中,航空摄影数据主要包括航空正射影像(DOM)、数字高程模型(DEM)和卫星影像底图,其原始数据格式均为.tiff,进入数据库中由 SDE 作为中间引擎连接 Microsoft SQL Server 数据库,管理空间栅格数据。

2. 基础地理信息数据整理与建库

洞庭湖蓄滞洪区信息化管理数据库中,基础地理信息数据主要包括居民地、道路、行政区划、水系、土地利用等,其原始数据格式均为.shp。

数据库表设计如表 5.17～表 5.23 所示。

表 5.17 河流数据库表设计

序号	名称	类型	单位	索引序号	可否为空	说明
1	Shape	Polygon			N	数据类型
2	NAME	CHAR(20)			N	河流名称
3	GB_CODE	CHAR(50)			Y	基础地理信息要素分类代码
4	ENT_CODE	CHAR(50)			Y	水利行业河流编码
5	GRADE	CHAR(2)			Y	河流等级
6	BASIN	CHAR(50)			Y	所属流域代码
7	AVG_WIDTH	NUMBER(4)	m		Y	平均宽度
8	MAX_WIDTH	NUMBER(4)	m		Y	最大宽度

注:Y 为可,N 为否,后同。

表 5.18　湖泊数据库表设计

序号	名称	类型	单位	索引序号	可否为空	说明
1	Shape	Polygon			N	数据类型
2	NAME	CHAR(20)			N	湖泊名称
3	GB_CODE	CHAR(50)			Y	基础地理信息要素分类代码
4	ENT_CODE	CHAR(50)			Y	水利行业湖泊编码
5	AREA	NUMBER(15)	m^2		Y	水面面积
6	VOLUME	NUMBER(15)	m^3		Y	容积
7	AVG_DEPTH	NUMBER(4)	m		Y	平均水深
8	MAX_DEPTH	NUMBER(4)	m		Y	最大水深
9	QUALITY	CHAR(10)			Y	水质

表 5.19　水库数据库表设计

序号	名称	类型	单位	索引序号	可否为空	说明
1	Shape	Polygon			N	数据类型
2	NAME	CHAR(20)			N	水库名称
3	GB_CODE	CHAR(50)			Y	基础地理信息要素分类代码
4	ENT_CODE	CHAR(50)			Y	水利行业湖泊编码
5	AREA	NUMBER(15)	m^2		Y	水面面积
6	VOLUME	NUMBER(15)	m^3		Y	库容
7	USE	CHAR(10)			Y	水库用途

表 5.20　道路数据库表设计

序号	名称	类型	单位	索引序号	可否为空	说明
1	Shape	Polyline			N	数据类型
2	NAME	CHAR(20)			N	道路名称
4	GB_CODE	CHAR(50)			Y	基础地理信息要素分类代码
5	GRADE	CHAR(2)			Y	道路等级
6	LANE	NUMBER(2)			Y	车道数
7	WIDTH	NUMBER(4)	m		Y	路宽
8	MATERIAL	NUMBER(4)	m		Y	道路材料
9	DIRECTION	CHAR(4)			Y	"单向"或"双向"

表 5.21　行政区划数据库表设计

序号	名称	类型	单位	索引序号	可否为空	说明
1	Shape	Polygon			N	数据类型
2	NAME	CHAR(20)			N	行政区名称
4	CODE	CHAR(50)			Y	行政区划单元分类代码

表 5.22　居民地数据库表设计

序号	名称	类型	单位	索引序号	可否为空	说明
1	Shape	Point			N	数据类型
2	居民点	CHAR(50)			N	由数据采集员自行填写

表 5.23　土地利用数据库表设计

序号	名称	类型	单位	索引序号	可否为空	说明
1	Shape	Polygon			N	数据类型
2	NAME	CHAR(50)			N	土地利用种类名称
3	LANDP_ID	CHAR(50)			N	土地利用种类编码
4	AREA	NUMBER(9)	m^2		Y	面积
5	PRRIMETER	NUMBER(9)	m		Y	周长

行政区划单元分类代码如表 5.24 所示。

表 5.24　行政区划单元分类代码

序号	小类名称	分类代码
1	国家行政单元	620000
2	省级行政单元	630000
3	特别行政区单元	680000
4	地、市、州级行政单元	640000
5	县级行政单元	650000
6	乡、镇行政单元	660000
7	行政村	310107
8	城市中心城区	999999
9	其他特殊行政管理区	999999

5.3.2　工情数据

如图 5.14 所示,洞庭湖蓄滞洪区信息化管理工情数据主要包括干堤、水闸、界桩、机埠、干堤险段、防汛物资、安全区和电排等(表 5.25~表 5.32)。

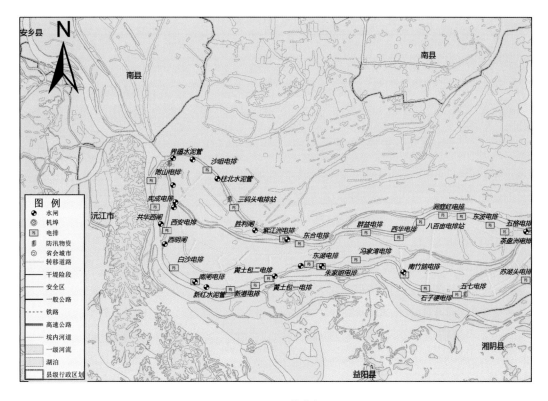

图 5.14　工情数据

1．干堤

干堤数据表设计见表 5.25。

表 5.25　干堤数据表设计

序号	名称	类型	单位	索引序号	可否为空	说明
1	Shape	Polyline			N	数据类型
2	垸名	CHAR(50)			N	干堤所在唯一垸名
3	编号	NUMBER(4)			N	可自由编辑
4	地点	CHAR(50)			N	干堤所在唯一地名
5	桩号	CHAR(9)			N	"起始点"+"距离"唯一标示
6	长度	NUMBER(4)	m		N	数据采集员自行填写
7	险象	CHAR(50)			N	由实地调查员自行填写

2．水闸

水闸数据表见表 5.26。

表 5.26　水闸数据表设计

序号	名称	类型	单位	索引序号	可否为空	说明
1	Shape	Point			N	数据类型
2	编号	NUMBER(4)			N	可自由编辑
3	闸名	CHAR(50)			N	此处的水闸不一定全为"水闸"工程,要求在同一个蓄滞(行)洪区内,水闸名称不得相同
4	桩号	CHAR(50)			Y	"起始点"+"距离"唯一标示
5	孔数	NUMBER(4)			Y	
6	垸名	CHAR(50)			N	闸所在唯一垸名
7	河系	CHAR(50)			N	闸所在唯一河系
8	孔宽	NUMBER(19,1)	m		Y	按现有资料填
9	孔高	NUMBER(19,1)	m		Y	按现有资料填
10	闸身长度	NUMBER(19,1)	m		Y	按现有资料填
11	底板高程	NUMBER(19,1)	m		Y	指堰顶高程
12	地基类别	CHAR(50)			Y	指泄水建筑物所在位置的地质情况
13	堤顶高程	NUMBER(19,1)	m		Y	行洪口堤防的顶高程
14	闸身结构	CHAR(50)			Y	按现有资料填
15	闸门形式	CHAR(50)			Y	枚举型,填写格式规范为:铸铁平板门/钢筋混凝土平板门/钢平板门/混凝土平板门/梁拱/木平板门/铁平板门(由数据采集员自行填写,例如当有多种闸门形式时)
16	修建年月	NUMBER(19,2)			Y	工程最后竣工日期
17	电排装机	CHAR(50)			Y	按现有资料填
18	水泵池底板	NUMBER(19,2)			Y	按现有资料填
19	经度	CHAR(50)	(°)		Y	经度,用5位整数表示,如东经110.87°,写成110.87;我国地处东经,故缺省"东经"字样

序号	名称	类型	单位	索引序号	可否为空	说明
20	纬度	CHAR(50)	(°)		Y	纬度,用5位整数表示,如北纬30.54°,写成30.54;我国地处北纬,故缺省"北纬"字样
21	照片编号	CHAR(50)			Y	用整数表示

3. 界桩

界桩数据表设计见表5.27。

表 5.27　界桩数据表设计

序号	名称	类型	单位	索引序号	可否为空	说明
1	Shape	Polyline			N	数据类型
2	垸名	CHAR(50)			N	界桩所在唯一垸名
3	编号	NUMBER(4)			N	可自由编辑
4	桩号	CHAR(9)			N	"起始点"+"距离"唯一标示

4. 机埠

机埠数据表设计见表5.28。

表 5.28　机埠数据表设计

序号	名称	类型	单位	索引序号	可否为空	说明
1	Shape	Point			N	数据类型
2	编号	NUMBER(4)			N	可自由编辑
3	闸名	CHAR(50)			N	此处的水闸不一定全为"水闸"工程,要求在同一个蓄滞(行)洪区内,水闸名称不得相同
4	桩号	CHAR(50)			Y	"起始点"+"距离"唯一标示
5	孔数	NUMBER(4)			Y	
6	垸名	CHAR(50)			N	闸所在唯一垸名
7	河系	CHAR(50)			N	闸所在唯一河系
8	孔宽	NUMBER(19,1)	m		Y	按现有资料填
9	孔高	NUMBER(19,1)	m		Y	按现有资料填

序号	名称	类型	单位	索引序号	可否为空	说明
10	闸身长度	NUMBER(19,1)	m		Y	按现有资料填
11	底板高程	NUMBER(19,1)	m		Y	指堰顶高程
12	地基类别	CHAR(50)			Y	指泄水建筑物所在位置的地质情况
13	堤顶高程	NUMBER(19,1)	m		Y	行洪口堤防的顶高程
14	闸身结构	CHAR(50)			Y	按现有资料填
15	闸门形式	CHAR(50)			Y	枚举型,填写格式规范为:铸铁平板门/钢筋混凝土平板门/钢平板门/混凝土平板门/梁拱/木平板门/铁平板门(由数据采集员自行填写,例如当有多种闸门形式时)
16	修建年月	NUMBER(19,2)			Y	工程最后竣工日期
17	电排装机	CHAR(50)			Y	按现有资料填
18	水泵池底板	NUMBER(19,2)			Y	按现有资料填
19	经度	CHAR(50)	(°)		Y	经度,用 5 位整数表示,如东经110.87°,写成 110.87;我国地处东经,故缺省"东经"字样
20	纬度	CHAR(50)	(°)		Y	纬度,用 5 位整数表示,如北纬30.54°,写成 30.56;我国地处北纬,故缺省"北纬"字样
21	照片编号	CHAR(50)			Y	用整数表示

5. 干堤险段

干堤险段数据表设计见表5.29。

表 5.29 干堤险段数据表设计

序号	名称	类型	单位	索引序号	可否为空	说明
1	Shape	Polyline			N	数据类型
2	垸名	CHAR(50)			N	干堤险段所在唯一垸名
3	编号	NUMBER(4)			N	可自由编辑
4	地点	CHAR(50)			N	干堤险段所在唯一地名
5	桩号	CHAR(9)			N	"起始点"+"距离"唯一标示
6	长度	NUMBER(4)	m		N	数据采集员自行填写
7	险象	CHAR(50)			N	由实地调查员自行填写

6. 防汛物资

防汛物资数据表设计见表 5.30。

表 5.30　防汛物资数据表设计

序号	名称	类型	单位	索引序号	可否为空	说明
1	Shape	Point			N	数据类型
2	名称	CHAR(50)			N	由数据采集员自行填写
3	经度	CHAR(50)	(°)		Y	经度,用5位整数表示,如东经 110.87°,写成 110.87;我国地处东经,故缺省"东经"字样
4	纬度	CHAR(50)	(°)		Y	纬度,用5位整数表示,如北纬 30.54°,写成 30.54;我国地处北纬,故缺省"北纬"字样
5	照片编号	CHAR(50)			Y	用整数表示

7. 安全区

安全区数据表设计见表 5.31。

表 5.31　安全区数据表设计

序号	名称	类型	单位	索引序号	可否为空	说明
1	Shape	Point			N	数据类型
2	名称	CHAR(50)			N	由数据采集员自行填写
3	经度	CHAR(50)	(°)		Y	经度,用5位整数表示,如东经 110.87°,写成 110.87;我国地处东经,故缺省"东经"字样
4	纬度	CHAR(50)	(°)		Y	纬度,用5位整数表示,如北纬 30.54°,写成 30.54;我国地处北纬,故缺省"北纬"字样
5	可容纳人数	NUMBER(6)	人		Y	安全区可容纳的避险人数
6	照片编号	CHAR(50)			Y	用整数表示

8. 电排

电排数据表设计见表5.32。

表 5.32　电排数据表设计

序号	名称	类型	单位	索引序号	可否为空	说明
1	Shape	Point			N	数据类型
2	Id	NUMBER(6)			Y	可自由编辑
3	编号	NUMBER(4)			N	可自由编辑
4	闸名	CHAR(50)			N	此处的水闸不一定全为"水闸"工程,要求在同一个蓄滞(行)洪区内,水闸名称不得相同
5	桩号	CHAR(50)			Y	"起始点"+"距离"唯一标示
6	孔数	NUMBER(4)			Y	
7	垸名	CHAR(50)			N	闸所在唯一垸名
8	河系	CHAR(50)			N	闸所在唯一河系
9	孔宽	NUMBER(19,1)	m		Y	按现有资料填
10	孔高	NUMBER(19,1)	m		Y	按现有资料填
11	闸身长度	NUMBER(19,1)	m		Y	按现有资料填
12	底板高程	NUMBER(19,1)	m		Y	指堰顶高程
13	地基类别	CHAR(50)			Y	指泄水建筑物所在位置的地质情况
14	堤顶高程	NUMBER(19,1)	m		Y	行洪口堤防的顶高程
15	闸身结构	CHAR(50)			Y	按现有资料填
16	闸门形式	CHAR(50)			Y	枚举型,填写格式规范为:铸铁平板门/钢筋混凝土平板门/钢平板门/混凝土平板门/梁拱/木平板门/铁平板门(由数据采集员自行填写,例如当有多种闸门形式时)
17	电排装机	CHAR(50)			Y	用整数标示,填写标准为 XXX/YYY
18	水泵池底板	NUMBER(19,2)			Y	按现有资料填
19	修建时间	NUMBER(19,2)			Y	工程最后竣工日期

续表

序号	名称	类型	单位	索引序号	可否为空	说明
20	经度	CHAR(50)	(°)		Y	经度,用 5 位整数表示,如东经110.87°,写成 110.87;我国地处东经,故缺省"东经"字样
21	纬度	CHAR(50)	(°)		Y	纬度,用 5 位整数表示,如北纬 30.54°,写成 30.56;我国地处北纬,故缺省"北纬"字样
22	照片编号	CHAR(50)			Y	用整数表示

5.3.3　气象数据

1. 卫星云图

卫星云图,由气象卫星自上而下观测到的地球上的云层覆盖和地表面特征的图像。目前接收的云图主要有红外云图、可见光云图及水汽图等。利用卫星云图可以识别不同的天气系统,确定它们的位置,估计其强度和发展趋势,为天气分析和天气预报提供依据。在海洋、沙漠、高原等缺少气象观测台站的地区,卫星云图所提供的资料,弥补了常规探测资料的不足,对提高预报准确率起了重要作用。

洞庭湖蓄滞洪区信息化管理平台卫星云图接入中央气象台发布的风云二号卫星云图。

大陆区域彩色卫星云图、大陆区域水汽卫星云图和大陆区域红外卫星云图分别如图 5.15、图 5.16 和图 5.17 所示。

图 5.15　大陆区域彩色卫星云图

图 5.16　大陆区域水汽卫星云图

图 5.17　大陆区域红外卫星云图

中国气象网图片格式的卫星云图经过解析后,可在二、三维展示窗口中叠加到地图上与其他要素共同显示。

2. 天气预报

洞庭湖蓄滞洪区信息化管理平台天气预报信息接入中央气象台发布的天气预报,包括实时天气、24 小时预报图、48 小时预报图、72 小时预报图,并利用中国天气网发布的 api 接口,实时获取天气预报的 json 数据,并在系统中展示。

实时天气如图 5.18 所示。

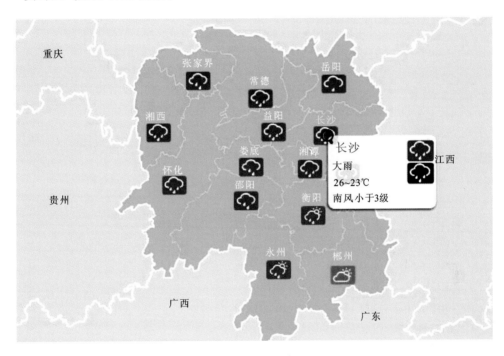

图 5.18　实时天气图

5.3.4　水文资料

水文数据的数据库设计从中华人民共和国水利部发布的《实时雨水情数据库表结构与标识符》(SL 323—2011)为标准。

洞庭湖蓄滞洪区信息化管理主要涉及的基本信息表包括测站基本属性表、库(湖)站关系表、堰闸站关系表、河道站防洪指标表、库(湖)站防洪指标表、库(湖)站汛限水位表等[6]。

表结构设计如表 5.33～表 5.38 所示。

表 5.33　测站基本属性表设计

序号	字段名	字段标识	类型及长度	是否允许空值	计量单位	主键序号
1	测站编码	STCD	CHAR(8)	N		1
2	测站名称	STNM	CHAR(30)			
3	河流名称	RVNM	CHAR(30)			
4	水系名称	HNNM	CHAR(30)			
5	流域名称	BSNM	CHAR(30)			
6	经度	LGTD	NUMBER(10,6)		(°)	
7	纬度	LTTD	NUMBER(10,6)		(°)	
8	站址	STLC	CHAR(50)			
9	行政区划码	ADDVCD	CHAR(6)			
10	基面名称	DTMNM	CHAR(16)			
11	基面高程	DTMEL	NUMBER(7,3)		m	
12	基面修正值	DTPR	NUMBER(7,3)		m	
13	站类	STTP	CHAR(2)			
14	报汛等级	FRGRD	CHAR(1)			
15	建站年月	ESSTYM	CHAR(6)			
16	始报年月	BGFRYM	CHAR(6)			
17	隶属行业单位	ATCUNIT	CHAR(20)			
18	信息管理单位	ADMAUTH	CHAR(20)			
19	交换管理单位	LOCALITY	CHAR(10)	N		2
20	测站岸别	STBK	CHAR(1)			
21	测站方位	STAZT	NUMBER(3)		(°)	
22	至河口距离	DSTRVM	NUMBER(6,1)		km	
23	集水面积	DRNA	NUMBER(7)		km²	
24	拼音码	PHCD	CHAR(6)			
25	启用标志	USFL	CHAR(1)			
26	备注	COMMENTS	CHAR(200)			
27	时间戳	MODITIME	DATETIME			

表 5.34　（库）湖站关系表设计

序号	字段名	字段标识	类型及长度	是否允许空值	计量单位	主键序号
1	测站编码	STCD	CHAR(8)	N		1
2	关联站码	RLSTCD	CHAR(8)	N		2
3	入出库标志	IOMRK	CHAR(1)	N		3
4	时间戳	MODITIME	DATETIME			

表 5.35　堰闸站关系表设计

序号	字段名	字段标识	类型及长度	是否允许空值	计量单位	主键序号
1	测站编码	STCD	CHAR(8)	N		1
2	关联站码	RLSTCD	CHAR(8)	N		2
3	关系标志	RLMRK	CHAR(1)	N		3
4	时间戳	MODITIME	DATETIME			

表 5.36　河道站防洪指标表设计

序号	字段名	字段标识	类型及长度	是否允许空值	计量单位	主键序号
1	测站编码	STCD	CHAR(8)	N		1
2	左堤高程	LDKEL	NUMBER(7,3)		m	
3	右堤高程	RDKEL	NUMBER(7,3)		m	
4	警戒水位	WRZ	NUMBER(7,3)		m	
5	警戒流量	WRQ	NUMBER(9,3)		m^3/s	
6	保证水位	GRZ	NUMBER(7,3)		m	
7	保证流量	GRQ	NUMBER(9,3)		m^3/s	
8	平滩流量	FLPQ	NUMBER(9,3)		m^3/s	
9	实测最高水位	OBHTZ	NUMBER(7,3)		m	
10	实测最高水位出现时间	OBHTZTM	DATETIME			
11	调查最高水位	IVHZ	NUMBER(7,3)		m	
12	调查最高水位出现时间	IVHZTM	DATETIME			
13	实测最大流量	OBMXQ	NUMBER(9,3)		m^3/s	
14	实测最大流量出现时间	OBMXQTM	DATETIME			
15	调查最大流量	IVMXQ	NUMBER(9,3)		m^3/s	
16	调查最大流量出现时间	IVMXQTM	DATETIME			
17	历史最大含沙量	HMXS	NUMBER(9,3)		kg/m^3	
18	历史最大含沙量出现时间	HMXSTM	DATETIME			
19	历史最大断面平均流速	HMXAVV	NUMBER(9,3)		m/s	
20	历史最大断面平均流速出现时间	HMXAVVTM	DATETIME			
21	历史最低水位	HLZ	NUMBER(7,3)		m	
22	历史最低水位出现时间	HLZTM	DATETIME			
23	历史最小流量	HMNQ	NUMBER(9,3)		m^3/s	

序号	字段名	字段标识	类型及长度	是否允许空值	计量单位	主键序号
24	历史最小流量出现时间	HMNQTM	DATETIME			
25	高水位告警值	TAZ	NUMBER(7,3)		m	
26	大流量告警值	TAQ	NUMBER(9,3)		m^3/s	
27	低水位告警值	LAZ	NUMBER(7,3)		m	
28	小流量告警值	LAQ	NUMBER(9,3)		m^3/s	
29	启动预报水位标准	SFZ	NUMBER(7,3)		m	
30	启动预报流量标准	SFQ	NUMBER(9,3)		m^3/s	
31	时间戳	MODITIME	DATETIME			

表 5.37　(库)湖站防洪指标表设计

序号	字段名	字段标识	类型及长度	是否允许空值	计量单位	主键序号
1	测站编码	STCD	CHAR(8)	N		1
2	水库类型	RSVRTP	CHAR(1)			
3	坝顶高程	DAMEL	NUMBER(7,3)		m	
4	校核洪水位	CKFLZ	NUMBER(7,3)		m	
5	设计洪水位	DSFLZ	NUMBER(7,3)		m	
6	正常高水位	NORMZ	NUMBER(7,3)		m	
7	死水位	DDZ	NUMBER(7,3)		m	
8	兴利水位	ACTZ	NUMBER(7,3)		m	
9	总库容	TTCP	NUMBER(9,3)		$10^6 \ m^3$	
10	防洪库容	FLDCP	NUMBER(9,3)		$10^6 \ m^3$	
11	兴利库容	ACTCP	NUMBER(9,3)		$10^6 \ m^3$	
12	死库容	DDCP	NUMBER(9,3)		$10^6 \ m^3$	
13	历史最高库水位	HHRZ	NUMBER(7,3)		m	
14	历史最大蓄水量	HMXW	NUMBER(9,3)		$10^6 \ m^3$	
15	历史最高库水位(蓄水量)出现时间	HHRZTM	DATETIME			
16	历史最大入流	HMXINQ	NUMBER(9,3)		m^3/s	
17	历史最大入流时段长	RSTDR	NUMBER(5,2)			
18	历史最大入流出现时间	HMXINQTM	DATETIME			

序号	字段名	字段标识	类型及长度	是否允许空值	计量单位	主键序号
19	历史最大出流	HMXOTQ	NUMBER(9,3)		m^3/s	
20	历史最大出流出现时间	HMXOTQTM	DATETIME			
21	历史最低库水位	HLRZ	NUMBER(7,3)		m	
22	历史最低库水位出现时间	HLRZTM	DATETIME			
23	历史最小日均入流	HMNINQ	NUMBER(9,3)		m^3/s	
24	历史最小日均入流出现时间	HMNINQTM	DATETIME			
25	低水位告警值	LAZ	NUMBER(7,3)		m	
26	启动预报流量标准	SFQ	NUMBER(9,3)		m^3/s	
27	时间戳	MODITIME	DATETIME			

表 5.38 （库）湖站汛限水位表设计

序号	字段名	字段标识	类型及长度	是否允许空值	计量单位	主键序号
1	测站编码	STCD	CHAR(8)	N		1
2	开始月日	BGMD	CHAR(4)	N		2
3	结束月日	EDMD	CHAR(4)	N		
4	汛限水位	FSLTDZ	NUMBER(7,3)		m	
5	汛限库容	FSLTDW	NUMBER(9,3)		$10^6\ m^3$	
6	汛期类别	FSTP	CHAR(1)			
7	时间戳	MODITIME	DATETIME			

涉及的实时信息类表包括：降水量表、河道水情表、堰闸水情表、闸门启闭情况表、泵站水情表等。

实时信息类表如表 5.39～表 5.43 所示。

表 5.39 （库）降水量表设计

序号	字段名	字段标识	类型及长度	是否允许空值	计量单位	主键序号
1	测站编码	STCD	CHAR(8)	N		2
2	时间	TM	DATETIME	N		1
3	时段降水量	DRP	NUMBER(5,1)		mm	
4	时段长	INTV	NUMBER(5,2)		h	
5	降水历时	PDR	NUMBER(5,2)			
6	日降水量	DYP	NUMBER(5,1)		mm	
7	天气状况	WTH	CHAR(1)			

表 5.40 河道水情表设计

序号	字段名	字段标识	类型及长度	是否允许空值	计量单位	主键序号
1	测站编码	STCD	CHAR(8)	N		2
2	时间	TM	DATETIME	N		1
3	水位	Z	NUMBER(7,3)		m	
4	流量	Q	NUMBER(9,3)		m^3/s	
5	断面过水面积	XSA	NUMBER(9,3)		m^2	
6	断面平均流速	XSAVV	NUMBER(5,3)		m/s	
7	断面最大流速	XSMXV	NUMBER(5,3)		m/s	
8	河水特征码	FLWCHRCD	CHAR(1)			
9	水势	WPTN	CHAR(1)			
10	测流方法	MSQMT	CHAR(1)			
11	测积方法	MSAMT	CHAR(1)			
12	测速方法	MSVMT	CHAR(1)			

表 5.41 堰闸水情表设计

序号	字段名	字段标识	类型及长度	是否允许空值	计量单位	主键序号
1	测站编码	STCD	CHAR(8)	N		2
2	时间	TM	DATETIME	N		1
3	闸上水位	UPZ	NUMBER(7,3)		m	
4	闸下水位	DWZ	NUMBER(7,3)		m	
5	总过闸流量	TGTQ	NUMBER(9,3)		m^3/s	
6	闸水特征码	SWCHRCD	CHAR(1)			
7	闸上水势	SUPWPTN	CHAR(1)			
8	闸下水势	SDWWPTN	CHAR(1)			
9	测流方法	MSQMT	CHAR(1)			

表 5.42 闸门启闭情况表设计

序号	字段名	字段标识	类型及长度	是否允许空值	计量单位	主键序号
1	测站编码	STCD	CHAR(8)	N		2
2	时间	TM	DATETIME	N		1
3	扩展关键字	EXKEY	CHAR(1)	N		3
4	设备类别	EQPTP	CHAR(2)			

序号	字段名	字段标识	类型及长度	是否允许空值	计量单位	主键序号
5	设备编号	EQPNO	CHAR(2)			
6	开启孔数	GTOPNUM	NUMBER(3)			
7	开启高度	GTOPHGT	NUMBER(5,2)		m	
8	过闸流量	GTQ	NUMBER(9,3)		m³/s	
9	测流方法	MSQMT	CHAR(1)			

表 5.43　泵站水情表设计

序号	字段名	字段标识	类型及长度	是否允许空值	计量单位	主键序号
1	测站编码	STCD	CHAR(8)	N		2
2	时间	TM	DATETIME	N		1
3	站上水位	PPUPZ	NUMBER(7,3)		m	
4	站下水位	PPDWZ	NUMBER(7,3)		m	
5	开机台数	OMCN	NUMBER(3)			
6	开机功率	OMPWR	NUMBER(5)		kW	
7	抽水流量	PMPQ	NUMBER(7,3)		m³/s	
8	站水特征码	PPWCHRCD	CHAR(1)			
9	站上水势	PPUPWPTN	CHAR(1)			
10	站下水势	PPDWWPTN	CHAR(1)			
11	测流方法	MSQMT	CHAR(1)			
12	引排特征码	PDCHCD	CHAR(1)			

5.3.5　社会经济数据

社会经济数据的主要依据是统计年鉴,其主要包括的表有区域国民经济和社会发展主要指标表(表5.44)、各县市分项目、分行业地区生产总值、各县市生产总值表等。下面主要列举区域国民经济和社会发展主要指标表包含的字段。

表 5.44　区域国民经济和社会发展主要指标表

序号	名称	类型	单位	索引序号	可否为空	说明
1	DISTRICT				N	区名称
2	YEAR				N	年份
3	TOTAL_POPULATION		万人		Y	年末总人口

序号	名称	类型	单位	索引序号	可否为空	说明
4	GROWTH_POPULATION		‰		Y	人口自然增长率
5	OCUPATION_POPULATION		万人		Y	年末从业人员数
6	DISTRICT_GDP		万元		Y	地区生产总值
7	PRIMARY_INDUSTRY				Y	第一产业
8	SECONDARY_INDUSTRY				Y	第二产业
9	INDUSTRY				Y	工业
10	TERTIARY_INDUSTRY				Y	第三产业
11	PGDP		元		Y	人均地区生产总值
12	AGRICULTURE_FORESTRY		万元		Y	农林牧渔业总产值
13	GRAIN_YIELD		t		Y	粮食产量
14	OIL_PLANTS		t		Y	油料产量
15	YIELD_OF_MUTTON		t		Y	猪牛羊肉产量
16	AQUATIC_PRODUCT_YIELD		t		Y	水产品产量
17	TOTAL_INDUSTRIAL_OUTPUT_VALUE		万元		Y	全部工业总产值
18	TOTAL_INDUSTRIAL_OUTPUT_VALUE_ABOVE_DESIGNATED_SIZE				Y	规模以上工业总产值
19	INDUSTRIAL_ADDED_VALUE_ABOVE_DESIGNATED_SIZE		万元		Y	规模以上工业增加值
20	CLOTH		万 m		Y	布
21	FINISHED_STEEL		t		Y	成品钢材
22	INVESTMENT_IN_FIXED_ASSETS_IN_THE_WHOLE_SOCIETY		万元		Y	全社会固定资产投资额
23	CAPITAL_CONSTRUCTION_INVESTMENT				Y	基本建设投资
24	RENEWAL_INVESTMENT				Y	更新改造投资
25	GROSS_OUTPUT_VALUE_OF_CONSTRUCTION_INDUSTRY		万元		Y	建筑业总产值
26	GENERAL_BUDGETARY_REVENUE_OF_LOCAL_FINANCE		万元		Y	地方财政一般预算收入

续表

序号	名称	类型	单位	索引序号	可否为空	说明
27	EXPENDITURE		万元		Y	财政支出
28	TOTAL_RETAIL_SALES_OF_CONSUMER_GOODS		万元		Y	社会消费品零售总额
29	TOTAL_EXPORTS		万美元		Y	外贸出口总额
30	ACTUAL_FOREIGN_DIRECT_INVESTMENT		万美元		Y	实际外商直接投资
31	NUMBER_OF_STUDENTS_IN_SECONDARY_VOCATIONAL_SCHOOLS		人		Y	中等职业学校在校生人数
32	NUMBER_OF_STUDENTS_IN_REGULAR_SECONDARY_SCHOOLS		人		Y	普通中学在校生人数
33	NUMBER_OF_PRIMARY_SCHOOL_STUDENTS		人		Y	小学在校生人数
34	NUMBER_OF_BEDS_IN_HOSPITALS_AND_HEALTH_CENTRES		张		Y	医院及卫生院床位数
35	NUMBER_OF_HEALTH_TECHNICAL_PERSONNEL		人		Y	卫生技术人员数
36	PER_CAPITA_LIVING_SPACE_USE_IN_RURAL_AREAS		m^2		Y	农村人均生活用房使用面积
37	TOTAL_WAGES_OF_STAFF_AND_WORKERS_IN_URBAN_UNITS		万元		Y	城镇单位在岗职工工资总额
38	ANNUAL_AVERAGE_WAGE_OF_WORKERS_IN_URBAN_UNITS		元		Y	城镇单位在岗职工年平均工资
39	PER_CAPITA_NET_INCOME_OF_RURAL_RESIDENTS				Y	农村居民人均纯收入

5.3.6 相关支持库

1. 蓄滞洪区管理方案

系统预先存储了分洪预案库,便于相关人员查看和调用,团洲垸蓄洪转移安置方案如表 5.45 所示。

表 5.45　分洪预案库示例（团洲乡）

单位名称	人数	大堤、顺堤台			外转		备注
		人数	安置区编号	桩号或地点	人数	地点	
团西	1293	200	△1	0+000～0+500	1093	北景港镇	
团伏	1269	320	△2	0+500～1+300	949	北景港镇	
团农	967	400	△3	1+300～2+300	569	北景港镇	
团建	1400	400	△4	1+300～2+300	1000	北景港镇	
集镇	1695	600	△5	3+300～4+600	1095	北景港镇	
团南	2111	800	△6	4+800～6+800	1311	北景港镇	
团洲	1658	360	△7	6+800～7+700	1298	北景港镇	
团东	2123	880	△8	7+700～9+900	1243	北景港镇	
棉种场	2023	720	△9	9+900～11+700	1303	北景港镇	
团胜	1436	160	△10	11+700～12+100	1276	北景港镇	
团新南	1478	320	△11	12+100～12+900	1158	北景港镇	
团新北	1370	280	△12	12+900～13+600	1090	北景港镇	
莲场	686	200	△13	13+600～14+100	486	北景港镇	
团结	1502	250 1100	△14	14+100～14+725 水产顺堤台	152	北景港镇	
团容	1483	1000 280	△15	水产顺堤台 14+725～15+425	203	北景港镇	
水产	432	280	△16	15+425～15+125	152	北景港镇	
团北	2401	920 1200	△17	16+125～18+425 团北顺堤台	281	北景港镇	
团华	1473	800 350 280	△18	团北顺堤台 18+425～19+300 20+000～20+800	41	北景港镇	
合计	26800	12100			14700		

2. 各类工程图片库

各类工程图片用于存储洞庭湖区各类水工设施的图片文件,从而在地图上能方便查看,如图 5.19~图 5.22 所示。

图 5.19　电排站图片

图 5.20　物资储备点图片

图 5.21 泵站图片

图 5.22 机埠图片

3. 洪水淹没范围库

洪水淹没范围库:由洪水风险分析子系统计算出洪水淹没范围,计算结果存储在数据库中即构成了洪水淹没范围库。它包括淹没水深图、最大流速图、到达时间图、淹没历时图等,如图 5.23~图 5.26 所示。

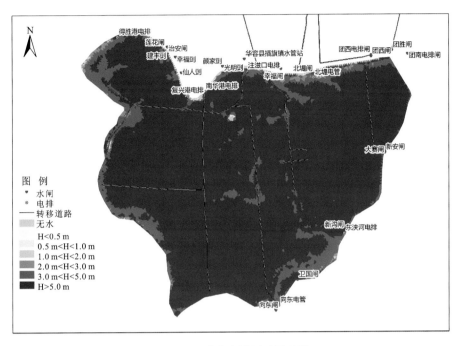

图 5.23 洪水淹没历时图示例

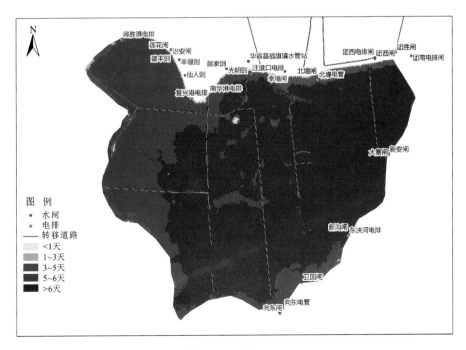

图 5.24 洪水最大流速图示例

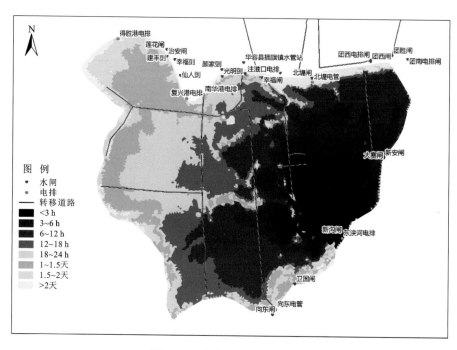

图 5.25 洪水到达时间图示例

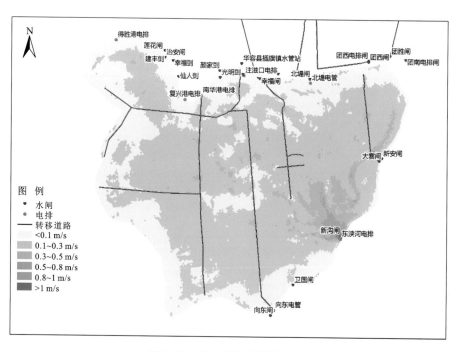

图 5.26 洪水淹没水深图示例

5.4 信息管理系统建设

5.4.1 蓄滞洪区综合管理平台

1. 业务需求

建立洞庭湖区的高效决策支持系统,可以为湖区土地规划利用、水资源管理、水利工程建设提供技术保障,对洪涝灾害科学评估与预警,建立应急响应系统,为相关部门提供可持续发展的科学依据,对防灾、抗灾、救灾提供科学指导,对洞庭湖区乃至湖南省社会经济发展具有重要的意义。

蓄滞洪区综合管理平台本质上来说是一种决策支持系统。选择洞庭湖区钱粮湖蓄洪垸、大通湖东蓄洪垸和共双茶蓄洪垸,通过航空摄影采集该区域基础地理数据,结合已有的工程、人口、社会经济、土地利用等数据,采用三维地理信息系统平台,建立一个示范系统;在三维场景下实现围垸各类数据的浏览、查询和分析;同时通过建立试点区域的洪水演进模型,对试点区域进行分洪淹没风险分析,在此基础上对试点区域进行蓄洪损失评估和制定蓄洪撤退方案,为洞庭湖防洪蓄洪提供可视化的决策支持平台。

蓄滞洪区综合管理平台是一个基于 B/S 架构的综合管理平台,主要提供基础二、三维地图服务,提供用户管理、数据管理等管理系统通用和基础的功能,通过统一规范的接口标准,协调各业务子系统之间的功能和数据的交换。

平台为上层的子系统提供基础地理数据支撑,能通过提供统一标准、统一接口和统一数据访问格式等方式提供基础信息服务。

本平台作为数据服务层,提供空间信息服务生产、空间信息服务资源管理、空间信息服务运行维护、空间信息服务资源展示、空间信息代理服务使用等能力。

(1)服务生产,面向服务提供者,包括基础地图服务、网络要素、三维地形服务、地面地址服务等各类 OGC 地图标准服务的生产。

(2)服务资源管理,面向平台管理员,包括服务资源及服务资源元数据的管理。

(3)服务运行维护,面向平台管理员,提供服务运行数据的查询和统计分析、平台服务流量的监控,并记录系统运行日志。

(4)服务资源展示,面向服务使用者,提供用户单点登录、服务搜索和服务订阅申请等业务功能。

(5)代理服务使用,面向平台管理者,提供对代理服务的管理、权限设定、访问权限认证、权限数据同步及权限缓存等。

本平台整体设计需遵循标准化、实用性、开放性、安全性和完备性。

(1)标准化。标准化是大型信息系统建设的基础,也是系统与其他系统兼容和进一步扩充的根本保证。

（2）实用性。实用性蓄滞洪区综合管理平台应以满足当前用户的需求为主要目标，了解不同部门、不同用户的实际需求，真正明确建设目标。

（3）开放性。开放性是综合管理平台生命力的表现，开放的系统能不断兼容新的子系统，不断完善自身。

（4）安全性。蓄滞洪区综合管理平台涉及种类繁多的空间数据和水利业务数据，需要特别注意涉密数据的安全和保密问题，应严格遵守国家相关保密政策，采用专业的信息安全机制，为数据共享创造安全的条件。

（5）完备性。各类子系统和服务都应有相应的发布、启动、停止、删除等功能，系统运维过程中还应该有相应的技术、组织机构和管理办法等。

2. 主要功能

1）二维地图可视化模块

二维地图可视化模块以洞庭湖区各类基础地理数据为底图，为各类子系统提供可视化底图。二维地图界面如图 5.27 所示。

图 5.27　二维地图可视化模块界面

2）三维地形可视化模块

三维地图可视化模块以洞庭湖区各类基础地理数据为底图，为各类子系统提供可视化底图。三维地图界面如图 5.28 所示。

图 5.28　三维地图可视化模块界面

3）基础空间信息服务模块

本模块提供基础地理数据服务的管理，包括启动、停止、修改、删除等操作。本部分具体包括如下内容：

（1）二维矢量数据发布为 WMS、WFS、KML、WMTS 服务；

（2）二维影像数据发布为 WCS、WMTS 服务；

（3）地名地址数据发布为地名地址服务；

（4）DEM 数据发布为 WMS、WMTS 及高程信息查询服务；

（5）新型数据服务的代理发布。

4）水利专题数据服务模块

社会经济数据包括人口信息统计数据、区域生产总值等，该部分以表格的形式发布。

（1）静态工情数据发布为 WMS、WFS、KML、WMTS 服务。

（2）图像影像资料以图片的形式发布服务。

（3）历史特大洪水数据以表格形式发布。

（4）历史灾情数据以表格形式发布。

（5）水资源信息发布为 WMS、WFS、KML、WMTS 服务。

（6）水土保持信息发布为 WMS、WFS、KML、WMTS 服务。

（7）实时工情数据信息发布为 WMS、WFS、KML、WMTS 服务。

（8）实时水雨情数据信息发布为 WMS、WFS、KML、WMTS 服务。

5）子系统管理模块

子系统管理模块负责管理整个建立在蓄滞洪区综合管理平台上的子系统的功能、各系统之间接口的设置与配合,协调各个子系统间的数据流转和功能配合。

5.4.2 数据汇集子系统

1. 业务需求

如第 3 章所述,蓄滞洪区涉及的数据种类繁多,因此需要统一的数据汇集子系统来管理各类数据。

本子系统按第 3 章中的逻辑,将洞庭湖蓄滞洪区的所有数据分类,并为所有数据开发了方便的增加、删除、查找、修改功能,让用户可以通过系统方便地整理各种来源的数据。

此外还开发了数据类型管理的功能,让用户可以自行增加数据类型,以满足复杂的业务需求。对于新增的数据类型,系统自动生成一整套增加、删除、查找和修改的管理功能,与预设的数据类型保持功能一致。

通过这一套完整的功能体系,一般情况下无须系统开发人员介入即可让用户自行管理蓄滞洪区所有的数据。

2. 系统功能架构

系统功能架构如图 5.29 所示。

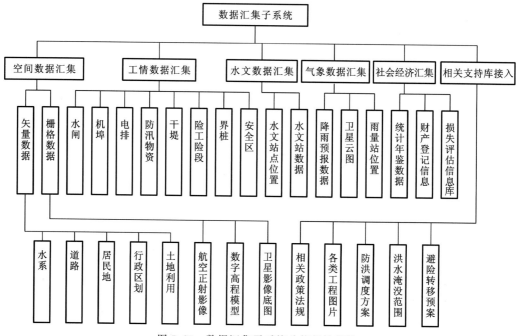

图 5.29 数据汇集子系统功能架构模块

3. 主要功能

1) 空间数据汇集

空间数据汇集主要包括矢量数据和栅格数据,细化来说,可分为水系、道路、居民地、行政区划、土地利用、航空正射影像、数字高程模型、卫星影像底图等,本模块负责搜集和整理此类数据,并定期更新。

2) 工情数据汇集

工情数据汇集包括水闸、机埠、电排、防汛物资、干堤、险工险段、界桩、安全区,此类数据为静态数据,本模块负责搜集和整理此类数据,并每隔一段时间更新。

3) 水文数据汇集

水文数据包括水文站点位置和水文站数据。水文站点位置是静态数据,不经常发生变化,由系统管理员手动维护即可;水文数据属于实时数据,每半小时都会有数据传入,本系统主要从湖南省水文局接入了蓄滞洪区相关水文站点的数据,定时从水文站接入和更新数据。

4) 气象数据汇集

气象数据汇集包括雨量站位置、降雨预报数据及卫星云图。雨量站位置是静态数据,不经常发生变化,由系统管理员手动维护即可;降雨预报数据也属于实时数据,部分站点由湖南省水文局传入,其他站点由湖南省气象局等单位接入;卫星云图数据也由湖南省气象局接入,并实时更新。

5) 社会经济汇集

社会经济汇集包括统计年鉴数据、财产登记信息和损失评估信息库。统计年鉴数据由各级统计局每年发布,因此可由系统管理员在每年的统计年鉴发布之后手动录入数据库中;财产登记信息需要搜集各县市、乡镇还有村组的数据,由下至上逐级上报,传统的搜集方式是由各级负责人统一搜集,经过蓄滞洪区信息化管理之后,可以由各级负责人用各自账号向上级逐级汇报,自动入库,节约了数据上交和统计的时间,提高了效率;损失评估子系统的计算结果入库后组成了损失评估信息库。

6) 相关支持库输入

其他相关支持库包括相关政策法规、各类工程图片、防洪调度方案、洪水淹没范围和避险转移预案。相关法规政策不常发生变化,由系统管理员定期更新。各类工程图片可由系统管理员定期更新,也可由用户拍摄上报,拍摄时利用手机记录下相机方位和位置即可。防洪调度方案主要由洞庭湖水利工程管理局提供。洪水淹没范围由洪水风险分析子系统计算后入库提供。避险转移预案由避险转移方案管理子系统计算后入库提供。

5.4.3 实时信息可视化子系统

1. 业务需求

蓄滞洪区的日常管理需要大量实时数据的支撑,尤其是在汛期时,决策者需要更加精确、直观、及时的数据。实时信息可视化子系统的目的是将蓄滞洪区日常管理需要的数据以直观的方式展现在二、三维电子地图上。决策者可同时在不同的维度观察数据,以便做出及时、正确的决策。例如,蓄滞洪区分洪时,同一个地方的水情数据和雨情数据可共同帮助决策者了解该地区的洪水淹没状况。

2. 系统功能结构

系统功能架构如图 5.30 所示。

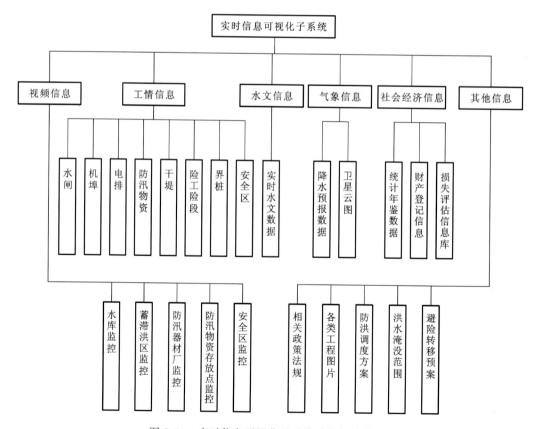

图 5.30 实时信息可视化子系统功能架构模块

3. 主要功能

1）视频信息可视化

视频信息可视化是为了掌握蓄滞洪区相关地区的实时动态,包括水库监控、蓄滞洪区监控、防汛器材厂监控、防汛物资存放点监控和安全区监控等,如图5.31所示。

图5.31　视频信息可视化界面

2）工情信息可视化

工情信息可视化是为了掌握蓄滞洪区相关水利设施的位置和正常运行状态,包括水闸、机埠、电排、防汛物资、干堤、险工险段、界桩和安全区等,如图5.32、图5.33所示。

3）水文信息可视化

水文信息可视化是为了将水文站传输的水位或流量在地图中直观地表现,如图5.34所示。

4）气象信息可视化

气象信息可视化是将接入的气象局的降水预报数据和卫星云图在地图中直观地表现,如图5.35所示。

5）社会经济信息可视化

社会经济信息可视化包括统计年鉴数据可视化、财产登记信息可视化和损失评估信息库可视化,是为了让决策者能直观地看到某一地区的经济发展状况,也方便在紧急时刻作出相对正确的分洪决策。

图 5.32　工情设施三维模型界面

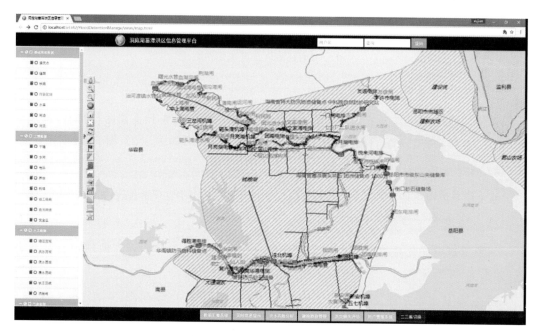

图 5.33　工情信息可视化界面

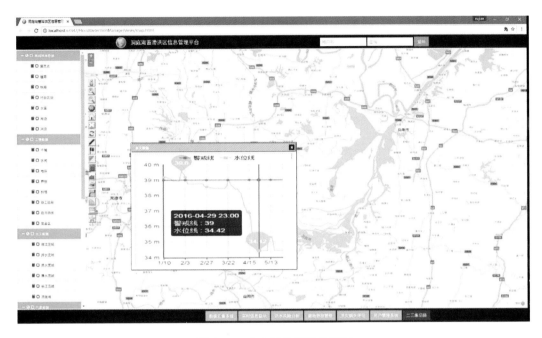

图 5.34　水文信息可视化界面

图 5.35　气象信息可视化界面

6）其他信息可视化

其他信息可视化包括相关政策法规、各类工程图片、防洪调度方案、洪水淹没范围和避险转移预案等,如图 5.36 所示。

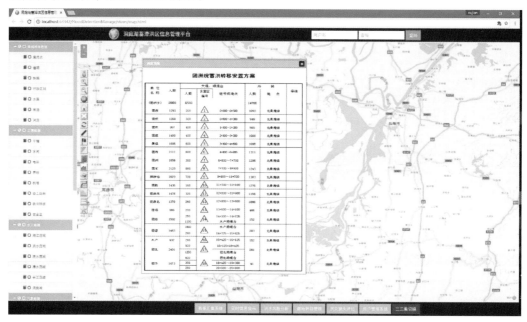

图 5.36　转移安置方案可视化界面

5.4.4　洪水风险分析子系统

1. 业务需求

本子系统通过洪水分析计算,确定洪水淹没要素(淹没范围、水深等),进而绘制洪水风险图,通过蓄滞洪区综合管理平台的二、三维显示模块在 B/S 系统中进行可视化。

因洪水计算耗时较长,无法在客户端计算机计算,故本子系统设计为服务器端的程序,客户端用户可通过 http 请求调用服务器端的程序进行计算,计算结果存放在服务器端数据库中,按计算所选取的洪水演进时间段和计算参数依次存放。客户端若下次调用同样时段和计算参数的洪水演进计算模型,无须重复计算直接调用,可减小服务器端的负载压力。

2. 业务逻辑与原理

1）示范区洪水演进及淹没分析

三峡工程建成运用后,若遇中下游防御标准洪水——1954 年洪水,按对荆江补偿调度或对城陵矶补偿调度,城陵矶附近仍有 218 亿~280 亿立方米的超额洪量。即使考虑三峡工程建成后河道冲刷导致城陵矶河段泄流能力有所加大,以及上游金沙江溪洛渡和向家坝水库建成发挥防洪作用,城陵矶附近 100×10^8 m³ 蓄滞洪区的建设也是必要的。

根据中华人民共和国水利部水利水电规划设计总院 2009 年 1 月 12～14 日对《洞庭湖区钱粮湖、共双茶、大通湖东垸蓄洪工程分洪闸工程可行性研究报告》的审查意见(草稿),要求"按三峡水库对荆江河段补偿和城陵矶河段补偿两种情况,采用 1954 年、1966 年和 1998 年三个典型年,说明分洪时的边界条件和计算过程,进一步复核不同分洪流量时的分洪效果"。计算结果表明,三垸进洪流量采用 8000～12000 m³/s 对城陵矶水位总的说来影响不十分明显。从分洪效果和经济合理方面综合考虑,三垸总的进洪规模采用 10000 m³/s 较为合适。

根据《洞庭湖区钱粮湖、共双茶、大通湖东垸蓄洪工程分洪闸工程可行性研究报告》的结论,对于 1954 年三十年一遇洪水,按照洪湖东分块与洞庭湖三垸蓄洪区联合分蓄超额洪量的能力,采用长江中下游整体洪水演进水力学数学模型进行模拟运算,确定三垸进洪闸最大分洪流量为 10000 m³/s,其中钱粮湖垸 4180 m³/s,共双茶垸 3630 m³/s,大通湖东垸 2190 m³/s。相应分洪设计水位为钱粮湖垸为 33.06 m,共双茶垸为 33.10 m,大通湖东垸为 33.07 m。分洪闸工程位置为钱粮湖垸为二门闸,共双茶垸为章鱼口,大通湖东垸为新沟闸。

根据三垸分洪闸设计规范,本书针对三垸的分洪洪水演进,选用分洪闸控制分洪的洪水演进模式对三垸的洪水演进过程进行了初步模拟。根据《洞庭湖区钱粮湖、共双茶、大通湖东垸蓄洪工程分洪闸工程可行性研究报告》(修订本),选择三垸分洪闸的分洪流量过程线作为模型计算的输入条件。具体为钱粮湖垸分洪闸进洪过程按下述条件控制:当钱粮湖垸内水位 $H < 31.20$ m 时,此时为自由出流阶段,流量为 4180 m³/s;当 31.20 m $< H < 32.56$ m 时,此时为淹没出流阶段,流量为 3510 m³/s;当 32.56 m $< H < 33.06$ m 时,需加临时分洪口门进洪。

共双茶垸分洪闸进洪过程按下述条件控制:当共双茶垸内水位 $H < 31.63$ m 时,此时为自由出流阶段,流量为 3630 m³/s;当 31.63 m $< H < 32.60$ m 时,此时为淹没出流阶段,流量为 3050 m³/s;当 32.60 m $< H < 33.65$ m 时,需加临时分洪口门进洪。

大通湖东垸分洪闸进洪过程按下述条件控制:当大通湖东垸内水位 $H < 31.84$ m 时,此时为自由出流阶段,流量为 2190 m³/s;当 31.84 m $< H < 32.57$ m 时,流量最大为 1840 m³/s;当 32.57 m $< H < 33.68$ m 时,需加临时分洪口门进洪。

由于缺少必要的模型率定数据,本书的洪水演进模型有待进一步验证,模型计算结果只能作为参考。

2)二维非结构网格浅水流洪水演进数学模型

模型应用守恒的二维非恒定流浅水方程组描述水流流动,应用有限体积法及黎曼近似解对耦合方程组进行数值求解,从而模拟出垸内洪水演进过程。为此,首先根据计算区域的天然地形并考虑已建或拟建水工建筑物的位置,用无结构网格(或结构网格)使计算区域离散化。然后逐时段地用有限体积法对每一单元建立水量、动量和浓度平衡,确保其守恒性,用黎曼近似解计算跨单元的水量、动量的法向数值通量,保证计算精度。模型设有 Osher、通量向量分裂(FVS)和通量差分裂(FDS)三种可选择的黎曼近似解。模型通过有限体积法的积分离散并利用通量的坐标旋转不变性把二维问题转化为一系列局部的一维问题进行解算,其无结构网格可由四边形、三角形或两者的混合组成。模型能模拟下列水流状态:非恒定流或恒定流;缓变流或急变流;渐变流或间断流;激波,如垮坝、涌波;干湿交替的动边界水流。

模型应用的边界条件为:流量过程;水位过程;水位流量关系。

(1)基本控制方程。守恒型二维浅水方程的矢量表达式为

$$\frac{\partial \boldsymbol{q}}{\partial t} + \frac{\partial \boldsymbol{f}(\boldsymbol{q})}{\partial x} + \frac{\partial g(\boldsymbol{q})}{\partial y} = b(\boldsymbol{q}) \tag{5.1}$$

式中:$\boldsymbol{q} = [h, h_u, h_v]^{\mathrm{T}}$ 为守恒物理向量;$\boldsymbol{f}(\boldsymbol{q}) = [h_u, h_u^2 + g_h^2/2, h_{uv}]^{\mathrm{T}}$ 为 x 向的通量向量;$g(\boldsymbol{q}) = [h_v, h_{uv}, h_v^2 + gh^2/2]^{\mathrm{T}}$ 为 y 向的通量向量;h 为水深;u 和 v 分别为 x 和 y 向的垂线平均匀流速分量;g 为重力加速度;源汇项 $\boldsymbol{b}(\boldsymbol{q})$ 为

$$\boldsymbol{b}(\boldsymbol{q}) = [q_{\mathrm{w}}, gh(s_{0x} - s_{\mathrm{fx}}) + q_{\mathrm{w}}u, gh(s_{0y} - s_{\mathrm{fy}})] \tag{5.2}$$

式中:s_{0x} 和 s_{fx} 分别为 x 向的河底坡度及摩阻坡度;s_{0y} 和 s_{fy} 分别为 y 向的河底坡度及摩阻坡度,q_{w} 为单位时间内的净雨深。模型中摩阻坡度由曼宁公式估算。这里略去了已在模型中考虑的风力、柯氏力、涡旋等外力。

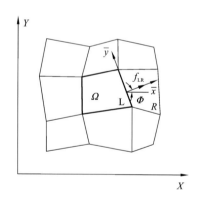

图 5.37 有限体积 Ω 的示意图

(2)方程组离散。应用散度定理在任意单元 Ω 上进行积分离散(图 5.37),求得 FVM 的基本方程:

$$\iint_{\Omega} q_t \mathrm{d}\omega = -\int_{\partial\Omega} \boldsymbol{F}(\boldsymbol{q}) \cdot \boldsymbol{n} \mathrm{d}L + \iint_{\Omega} \boldsymbol{b}(\boldsymbol{q}) \mathrm{d}\omega \tag{5.3}$$

式中:$\iint_{\Omega} q_t \mathrm{d}\omega$ 为任意单元 Ω 的体积,$\boldsymbol{n}$ 为 $\partial\Omega$ 单元边外法向单位向量;$\mathrm{d}\omega$ 和 $\mathrm{d}L$ 分别为面积分和线积分微元;$\boldsymbol{F}(\boldsymbol{q}) \cdot \boldsymbol{n}$ 为法向数值通量,$\boldsymbol{F}(\boldsymbol{q}) = [\boldsymbol{f}(\boldsymbol{q}), g(\boldsymbol{q})]^{\mathrm{T}}$。公式表明法向通量的求解,可将二维问题转换为一系列局部一维问题。

向量 $\boldsymbol{q}$ 为单元平均值,对于一阶精度则假定其为常数。据此对方程(5.3)离散求得 FVM 基本方程:

$$A \frac{\mathrm{d}\boldsymbol{q}}{\mathrm{d}t} = -\sum_{j=1}^{m} \boldsymbol{F}_n^j(\boldsymbol{q}) L_j + \boldsymbol{b}(\boldsymbol{q}) \tag{5.4}$$

$$\boldsymbol{b}(\boldsymbol{q}) = (A \cdot b_1, A \cdot b_2, A \cdot b_3)^{\mathrm{T}} \tag{5.5}$$

式中:A 为单元 Ω 的面积;m 为单元边总数;L_j 为单元中第 j 边的长度;$\boldsymbol{b}(\boldsymbol{q})$ 为源汇项;b_1, b_2, b_3 为三个方向的分向量的数值;$\boldsymbol{F}_n^j(\boldsymbol{q})$ 为单元边法向通量,简记为 $\boldsymbol{F}_n(\boldsymbol{q})$,其定义

如下[①]：

$$F_n(q) = \cos\Phi \cdot f(q) + \sin\Phi \cdot g(q) \tag{5.6}$$

不难证明，$f(q)$ 和 $g(q)$ 具有坐标变换旋转不变性，即满足

$$T(\Phi)F_n(q) = f[T(\Phi)q] = f(\bar{q}) \tag{5.7}$$

即

$$F_n(q) = T^{-1}(\Phi)f(\bar{q}) \tag{5.8}$$

式中：Φ 为法向向量 n 与 x 轴的夹角（由 x 轴起逆时针计量）；$T(\Phi)$ 和 $T^{-1}(\Phi)$ 分别为坐标旋转变换矩阵及其逆阵，表达式为

$$T(\Phi) = \begin{bmatrix} 1 & 0 & 0 \\ 0 & \cos\Phi & \sin\Phi \\ 0 & -\sin\Phi & \cos\Phi \end{bmatrix}; \quad T^{-1}(\Phi) = \begin{bmatrix} 1 & 0 & 0 \\ 0 & \cos\Phi & -\sin\Phi \\ 0 & \sin\Phi & \cos\Phi \end{bmatrix} \tag{5.9}$$

可得

$$A\frac{\Delta q}{\Delta t} = -\sum_{j=1}^{m} T^{-1}(\Phi)f(\bar{q})L_j + b(q) \tag{5.10}$$

式中：$\bar{q}$ 为由向量 q 变换而来的向量，其相应的流速分量分别为法向和切向。由此可见，求解的核心是 $f(\bar{q})$ 的计算。通过上述散度定理和通量旋转不变性的应用，原二维问题已转换成一系列法向一维问题，$f(\bar{q})$ 可通过解局部一维问题求得。鉴于，两相邻单元的 q 值可以不同，该值在两单元的公共边处可能发生间断，模型采用黎曼问题来处理 $f(\bar{q})$ 的计算。

局部一维黎曼问题是一个初值问题

$$\bar{q}_t + [f(\bar{q})]_{\bar{x}} = 0 \tag{5.11}$$

满足

$$\bar{q}(\bar{x}, 0) = \begin{cases} \bar{q}_L & \bar{x} < 0 \\ \bar{q}_R & \bar{x} > 0 \end{cases} \tag{5.12}$$

$\bar{x}$ 轴的原点位于单元边中点，其轴向与外法向一致。因此，$f(\bar{q})$ 即为该局部坐标原点处的外法向通量。$\bar{q}_L$ 和 $\bar{q}_R$ 分别为向量 $\bar{q}$ 在单元界面左右的状态，模型约定计算单元为左边而相邻单元则为右边。假定 $t=0$ 时的初始状态已知，通过解算此黎曼问题，可获得所需的原点位于 $\bar{x}=0$，时间为 $t=0$ 的外法向数值通量 $f(\bar{q})$，记为 $f_{LR}(q_L, q_R)$。

通常有下列途径估算法向通量 $f(\bar{q})$：

取简单的算术平均：公共边两侧单元通量的平均 $f(\bar{q}) = [f(\bar{q}_L) + f(\bar{q}_R)]/2$ 或由两侧单元物理守恒量的均值计算通量 $f(\bar{q}) = f([\bar{q}_L + \bar{q}_R]/2)$。

各种单调性格式：如全变差缩小格式（TVD）和通量输运校正格式（FCT）等。

基于特征理论并具有逆风性的黎曼近似解：通量向量分裂格式（FVS）、通量差分裂格式（FDS）和 Osher 格式。

上述第一途径较简单但会导致较大的误差,特别是在水流为间断状态时更为严重。第二途径已被广泛应用于水流模拟计算。第三种途径给出的格式已用于二维欧拉(Euler)方程及浅水方程的求解。本模型则将此三种格式应用于水流耦合求解,用户可根据需要任选一种。

(3)边界条件。边界条件包括:陆地边界、缓流及急流的开边界、内边界、动边界-干湿单元的转换边界、湿地支流边界。

陆地边界:也称作闭边界。如果两单元之间的公共边没有水流通过则该边称为陆地边界。

开边界:当单元边与计算域边界或物理边界一致时,必须求解边界黎曼问题。前述三种求解内部问题的黎曼近似解 Osher、FVS 和 FDS 均可使用。此时,边界处 q_L 为已知量,而 q_R 为要求的未知数。它可以根据局部流态类型(缓流或急流)和相容条件,通过选择外法向特征关系或根据指定的物理边界条件来确定。

内边界:模型中水利设施处的水流、水质计算仍处于 FVM 框架之下,但是法向通量的计算不能应用黎曼近似解 Osher、FVS 和 FDS,而要采用与水利设施相应的出流公式。

动边界-干湿单元的转换边界:流域中部分地区(如子流域或某个单元)的干湿循环变化,可根据本单元及相邻单元的水力条件来计算。在单元变干的过程中,有水的单元通过流量(即单元边质量通量)向四周邻近单元传输水量逐步变成半干单元,当单元内水深小于指定的极小阈值后成为完全的干旱单元。反之,在单元变湿的过程中,干旱单元由于周边邻近单元来水流量而逐步变成半干单元,当单元内水深大于另一指定的阈值后成为完全的湿单元。

湿地支流边界:模拟区内的湿地或支流入流可以设置在某一单元边上,其流量计算为表 5.46 中 $u_L < c_L$ 且 $u_R > -c_R$ 及 $c_A < u_A$ 的情况。若单元某边有调水时,可按负的湿地或支流入流处理。

表 5.65　相应 Osher 黎曼近似解的各种天然流态

流态	$u_L < c_L$ $u_R > -c_R$	$u_L > c_L$ $u_R > -c_R$	$u_L < c_L$ $u_R < -c_R$	$u_L > c_L$
$c_A < u_A$	临界流	急流	很少出现	很少出现
$0 < u_A < c_{mA}$	缓流	激波	很少出现	很少出现
$-c_B < u_A < 0$	缓流	很少出现	激波	很少出现
$u_A < -c_B$	临界流	很少出现	急流	很少出现

注:求解黎曼问题近似方程时,可得分段特征点 A 和 B,相应的水力要素为 c_A,c_B。

(4)模型程序流程。详细的洪水演进模型计算流程见图 5.38。

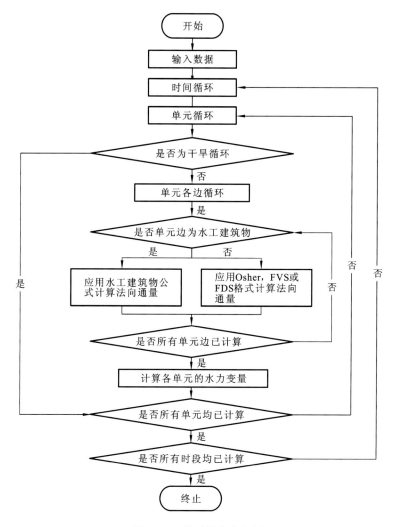

图 5.38　模型程序流程图

3. 系统功能结构

洪水风险分析子系统功能结构图如图 5.39 所示。

4. 主要功能

1）参数与输入控制

洪水演进模型的输入包括地形数据、计算网格信息文件、水工结构信息、水文气象数据等。

计算网格信息文件格式如图 5.40 所示。

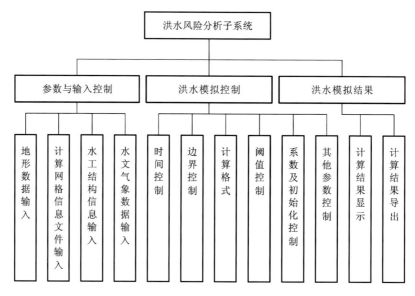

图 5.39 洪水风险分析子系统系统功能结构

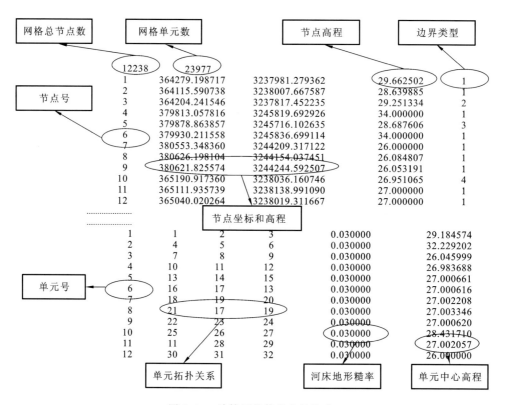

图 5.40 计算网格信息文件格式

　　其中,节点边界类型"1"表示水位,"2"表示流量,"3"表示水位流量关系,"4"表示闸门,等等。地形糙率可以根据经验分布式设定,也可以统一取值或分区域取值。

　　加载地形数据及计算网格信息文件,显示计算单元网格,自动计算单元中心位置,能够实时显示计算区域地形及各点的平面位置坐标。同时,软件可以显示网格单元信息和节点信息,以便检查数据导入的正确性。钱粮湖垸加载后的网格如图5.41所示。

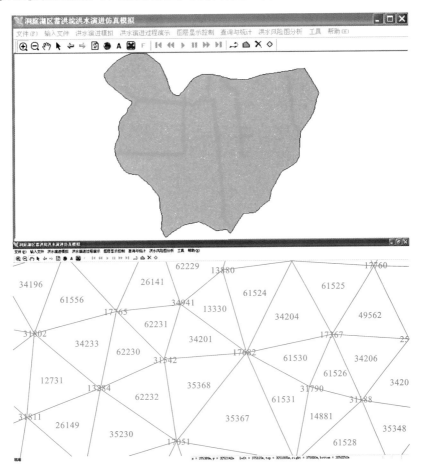

图5.41　钱粮湖垸计算网格信息

　　根据单元中心点,自动生成新的单元网格,用于等值线的绘制,新三角插值网如图5.42红色部分所示,绿色为洪水模拟计算网格。系统根据导入的计算单元的中心点,自动生成新的单元网格。采用邻点相连的方法,将每个中心点连接成三角网,生成三角形。

　　对于边界上的点,将边界点和邻近的中心点,组成三角网;边界上的点的值,采用平均值的方法,根据邻近的中心点的值的平均值来计算。

　　通过分层设色,可将地形三角网更直观地显示,如图5.43所示。

　　根据定义的各个节点的边界类型,对应加载相应时间段的水文气象等信息,如各站点的水位、流量、水温、辐射、云量、风力、相对湿度、气温等资料,加载界面如图5.44所示。

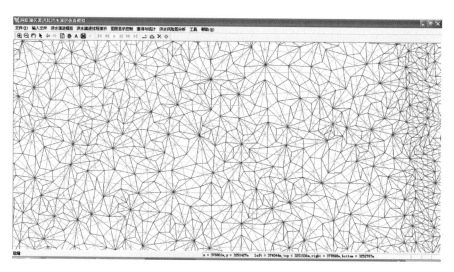

图 5.42　钱粮湖垸计算三角插值网（局部）

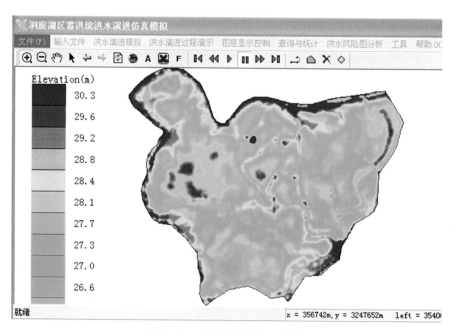

图 5.43　钱粮湖垸地形三角网

2）洪水模拟控制

二维洪水演进模拟控制文件包括：时间控制层、边界控制层、计算格式层、阈值控制层、系数及初始化控制层、其他参数控制层等，界面显示如图 5.45 所示。

时间控制层：总的模拟时间 NST、物理模拟时段 STIME、流速时间步长 DTIME、水质时间步长 DTP。

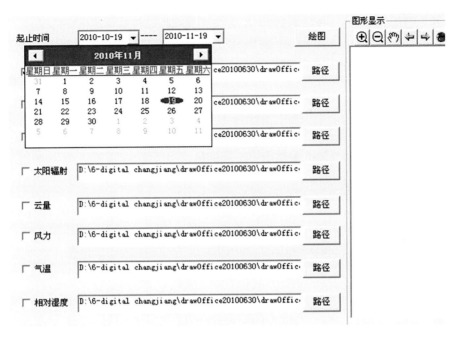

图 5.44 气象水文资料加载

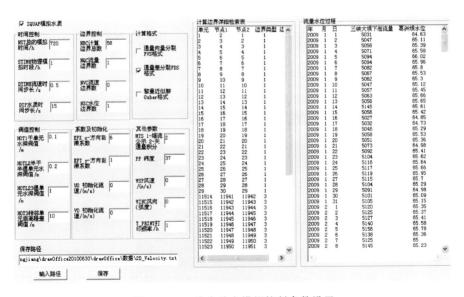

图 5.45 二维水动力模拟控制参数设置

边界控制层:计算边界单元数 NBC、流量边界单元数 NQC、流速边界单元数 NVC、水位边界单元数 NZC。

计算格式层:FVS 格式、FDS 格式、Osher 格式。

阈值控制层:干单元 HOT1、干湿单元 HOT2、湿单元 HOT23 等。

系数及初始化控制层：黏性系数 EFX、黏性系数 EFY、初始流速 U0 和 V0。

其他参数控制层：经纬度 PP、风速 WSP、风向 WINC、打印频率 T_PRINT 等。

各参数可以根据具体情况实时调整或作为默认值直接参与计算。

3）洪水模拟结果

二维洪水演进模拟可输出.txt 文件用于表示计算单元号、单元坐标、河床高程、水位、流速、流向等多个参数。计算结果存放到服务器端，可结合 GIS 技术，通过二、三维地图可视化模块展示到二、三维电子地图中。数据格式如图 5.46 所示。

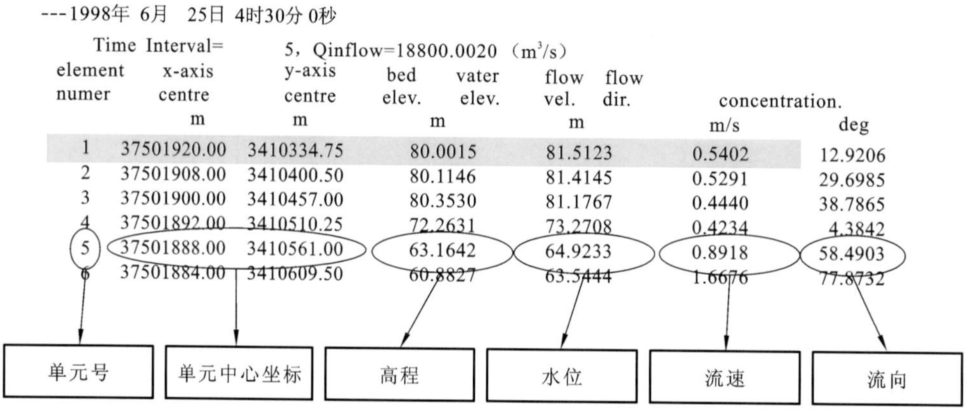

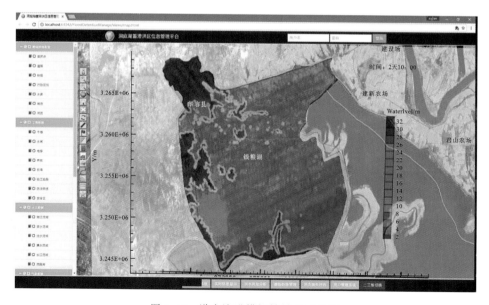

图 5.46　洪水演进模拟结果输出文件

洪水风险分析计算出结果后，可叠加在地图上，在系统中以动画的形式显示，如图 5.47 所示。

图 5.47　洪水演进模拟结果显示界面

5.4.5　避险转移方案管理子系统

1. 业务需求

在洪水风险分析子系统的基础上,进一步开展避险转移分析,其内容主要包括危险区与转移单元的确定、资料收集和现场调查、避险转移方案制定(包括避险转移人口确定、避险方式选择、安置区划定和转移路线确定)、检验核实和图件绘制等。此子系统将这一系列操作集成到避险转移方案管理子系统中,通过蓄滞洪区综合管理平台的二、三维显示模块在 B/S 系统中进行可视化,客户可根据不同的洪水风险计算结果计算避险转移方案,进而在 B/S 系统中显示。

2. 业务逻辑与原理

1)危险区划分

根据相关要求,对于洞庭湖蓄滞洪区,危险区根据洪水分析计算中的最大量级洪水淹没范围确定。具体而言,将各溃口方案计算结果的最大淹没水深分布范围叠加得到可能的最大淹没范围包络,以该最大淹没范围包络信息为基础,利用淹没水深、流速、淹没历时等条件分析提取出就地安置范围和异地转移的范围。一般情况下是以洪水分析计算的最大量级洪水下某一溃口条件下的淹没分析计算结果为依据,根据不同的方案分别确定避险转移范围。

2)转移单元的确定

避险转移将某一范围内的需转移人员作为一个整体转移单元进行分析和实施,这里主要根据转移居民区的行政隶属关系,确定转移单元。还需要根据具体蓄洪垸的洪水风险计算得出的淹没范围来确定转移单元。

3)避洪方式选择

避洪安置方式分为就地安置和异地安置两类,一般根据以下条件确定。

(1)同时满足水深<1.0 m、流速<0.5 m/s,且具有可容纳该区域人口的安全场所和设施的,原则上采取就地安置方式。

(2)不满足上述条件的区域可采取转移安置方式,如区域面积较大、洪水前锋演进时间超过 24 h,按到达时间<12 h、12～24 h 和>24 h 三个区间划定分批转移安置。

4)安置场所的确定

根据相关要求,安置场所的选择应遵循如下基本要求。

(1)就近安置。避洪安置场所应多选在距离居民房屋或住处不远的地方,以确保财产安全。避洪转移时一般采用就近避难优先原则,即避难居民总是向最近的安置场所转移。

(2)地面高程适宜。避洪安置场所应建在地势相对较高处,以方便救灾物资的运输和发放。根据历史灾情信息及调查资料,选择高于历史洪水水位的地方。地势相对较高,但不宜过高,一般避难区的地面高程比附近的最高洪水位高出设计的安全超高即视为安全。

(3)避洪场所资源共享。从经济和资源有效利用角度出发,应做到一地多用,节约土地资源及劳动成本。固定避洪安置场所应选择在学校、广场等空旷地区。这些地区人口容量大,当灾害发生时,仅添置救灾必需设备,就可为灾民提供紧急避难场所。

(4)安全性。避难安置场所应选在具有生活保障和医疗卫生保障设施的周围场所,可能的紧急医疗救护在转移避难中是必不可少的,且应远离高大建筑物和易燃易爆化工厂,此外,应根据地质基础信息,远离易发生地震、坍塌的地基岩土分布区。尽可能选择地势平坦易于搭建临时住处的地方。

(5)通达性。避洪安置场所应选择在道路可通畅达到的地方。避洪安置场所应考虑布置在受灾居民易达到的地点,步行时间不宜过长,尽量靠近公路和铁路,以利避难转移,且应保证不同避洪安置场所之间具有较为良好的道路通行能力,保证灾民再次转移等需求。

(6)安置容量。安置容量按人均面积计算。一般临时避洪安置场所规模较小,室内按人均占地面积为 3 m² 计算,城市广场、体育场等露天区域按人均 5 m² 计算,农村空旷露天区域按人均 20 m² 计算。安置场所设计避难容量主要决定于安置场所避难设施的数量(避难设施一般与安置场所的大小成正比),如果需避难转移的人数超过了所选安置场所的设计容量,则应考虑向其他安置场所合理分流的问题,分流一般也采用就近优先原则。

依据上述原则,利用空间地理分析工具划定相应的安置场所。安置场所划定内容包括:安置场所具体位置、各安置场所的人口容纳能力、各安置场所对外交通容量等,必要时规划建设相应交通道路。安置场所除了安全区及安全楼以外,如本村附近的高地、学校、敬老院、广场、公园、卫生院、高岗地带、林地等空旷场所也可进行人口安置。在分析中,对转移人员采取集中和分散安置相结合的方式妥善安置。

就地安置主要考虑以村民自行选择距离其居住地最近的未淹没区域暂住、投亲靠友或到未受灾村民家中暂住为主,不进行另外安排。

转移安置区域在所在村或临村淹没水深为零的区域设置。安置点选择优先顺序为学校、医院、公共休闲建筑物、敬老院、公园、广场、高地。

5)避洪转移安置匹配

避洪转移时一般采用就近避难优先原则,即避难居民总是向最近的安置场所转移。将避洪转移人员与安置场所根据行政隶属关系、空间距离关系及转移批次的先后次序等因素进行匹配,并考虑安置区的相应容量,若所选择的安置区容纳能力不足则考虑转移单元的拆分,将一个转移单元对应的安置区安排不了的人员拆分转移到另外一个安置区。

3. 系统功能结构

避险转移方案管理子系统功能结构如图 5.48 所示。

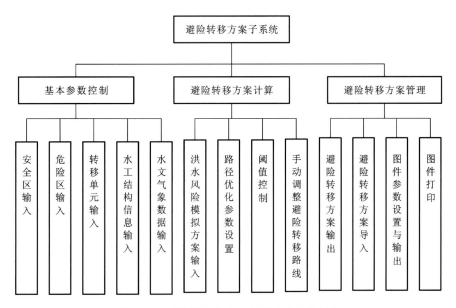

图 5.48 避险转移方案管理子系统功能结构

4. 主要功能

1) 基本参数控制

基本参数控制包括安全区输入、危险区输入、转移单元输入、水工结构信息输入和水文气象数据输入。

安全区输入：确定洪灾发生时安全的区域。系统根据洪水风险分析方案的结果初步确定转移安全区，用户根据历史资料和经验，手动添加、删除或修改蓄滞洪区的安全区。

危险区输入：确定洪灾发生时的危险区域。系统根据洪水风险分析方案的结果初步确定危险区，用户根据历史资料和经验，手动添加、删除或修改蓄滞洪区的危险区。

转移单元输入：转移可以以县、乡、镇、村、自然湾、村民小组等多种人数规模为标准，即为转移单元。用户可自行选择转移单元。

水工结构信息输入：系统根据数据库中存储的工情数据将水工设施的地理位置在地图中标出，若位置不准确，用户可自行修改。

水文气象数据输入：系统接入数据库中存储的水文气象数据，将其显示在地图中，若不准确，用户可在地图上修改。

2) 避险转移方案计算

避险转移方案计算包括洪水风险模拟方案输入、路径优化参数设置、阈值控制和手动调整避险转移路线。

洪水风险模拟方案输入：系统可根据时间自动筛选数据库中存储的洪水模拟演进方案，也可让用户手动选择在洪水风险分析子系统中计算好的方案，作为避险转移方案计算的依据。

路径优化参数设置：避险转移方案本质上是最短路径的组合优化，该功能可选择不同的优化参数以达到更有效转移危险区人员的目的。

阈值控制：调整最短路径组合优化中的预设参数值。

手动调整避险转移路线：系统计算得出的避险转移路线方案是从危险区、安全区和道路网分布的角度来考虑的，但实际情况不止于此，如安全区的高程、道路的坡度、各村组转移人员的管理效率等，这些都会影响避险转移方案的生成，系统预留了手动调整的功能，这样可以更贴近实际情况。

3）避险转移方案管理

避险转移方案管理包括避险转移方案输出、避险转移方案导入和图件参数设置与输出等。

避险转移方案输出：该功能负责以特定格式的文件存储避险转移方案，采用相应的软件可以打开该方案，并进行修改。

避险转移方案导入：该功能负责以特定格式导入在相应软件中编辑好的避险转移方案，从而在系统中可以显示。

图件参数设置与输出：避险转移很重要的功能是能导出易懂的洪水风险图，此功能可设置洪水风险图的图框、标题、图例、图件编制信息等参数，设置完成后即可导出成.jpg、.png等常用的图片格式，此外还设置了打印功能。

生成避险转移方案后，可叠加在地图上，在系统中直观显示，如图5.49所示。

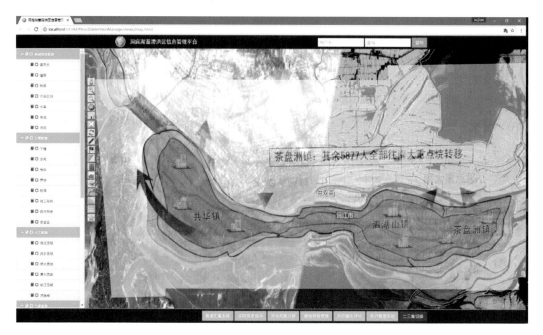

图 5.49 避险转移方案可视化界面

5.4.6 洪灾损失评估子系统

1. 业务需求

如第 4 章节所述,洪灾损失评估是蓄滞洪区信息化管理的重要组成部分,信息化平台也需要洪灾损失评估子系统。

本子系统具体业务逻辑详见第 4 章蓄滞洪区洪水灾情损失评价方法研究。

2. 系统功能结构

系统结构如图 5.50 所示。

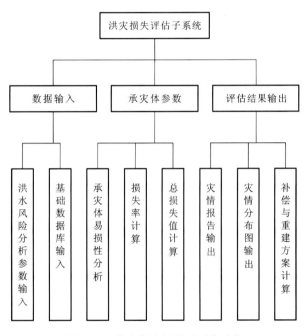

图 5.50　洪灾损失评估子系统功能

3. 主要功能

主要功能包括数据输入、承灾体参数和评估结果输出三项。

1）数据输入

数据输入包括洪水风险分析参数输入和基础数据库输入。

洪水风险分析参数输入是利用遥感技术监测洪水淹没范围,根据洪水演进模型,计算出分洪区的洪水淹没到达时间、淹没水深和淹没历时,并完成数据的粗处理,使之符合基于格网的灾情评估模型的数据输入要求,在本系统中由洪水分析子系统提供输入参数。

基础数据库输入包括基础地理数据、雨水情数据、工情数据、人口社会经济、土地利用数据等。洪水演进模型和灾情评估模型的数据输入,在本系统中由数据汇集系统提供。

2)承灾体参数

承灾体参数包括承灾体易损性分析、损失率计算和总损失值计算。承灾体易损性分析需要根据历史灾情资料或实验数据,计算出各类承灾体的易损性,承灾体在不同洪水特性下的损失率是灾情评估模型计算的关键参数。从易损性分析结果中计算不同承灾体在不同洪水特性下的损失率。通过灾情评估模型,读取基于格网的各类数据图层,利用建立的承灾体的价值与损失率的关系模型算法,计算不同类型的承灾体可能的洪水灾害损失值。

3)评估结果输出

评估结果输出包括灾情报告输出、灾情分布图输出和补偿与重建方案计算。灾情损失评估计算后,系统自动输出灾情报告并绘制灾情分布图,根据灾情损失评估结果可由计算机自动计算重建方案,利用 GIS 空间分析功能计算统计不同行政区划范围的灾情损失,为灾情评价和洪水决策调度及灾后重建提供科学依据。

5.4.7 用户管理子系统

1. 业务需求

洞庭湖蓄滞洪区信息化管理平台面向的用户主要包括湖南省水利厅及下属的蓄滞洪区管理单位、蓄滞洪区范围内各县市政府及水利局、各乡镇和村民委员会及蓄滞洪区居民,涉及多个单位和不同使用人群,总用户量巨大,各类用户的权限和功能也不相同。用户管理子系统可以为系统不同的使用人群设置不同的功能和权限。

2. 系统功能结构

系统结构如图 5.51 所示。

3. 主要功能

用户管理子系统主要有用户管理、权限管理和用户组管理三个大类功能。用户管理负责对最终用户的管理,可为用户设定用户组;权限管理负责管理各类子系统的各类功能的使用权限,不同的用户组可以赋予不同的权限;用户组确定了部门的范围,如湖南省水利厅、长沙市水利局等,不同的部门拥有不同的权限。这样一整套用户管理子系统能灵活地管理各类系统的权限和功能。

1)用户管理

增加用户:增加新用户,设置 ID、姓名、密码、用户组、电子邮箱、电话、传真等个人属性。

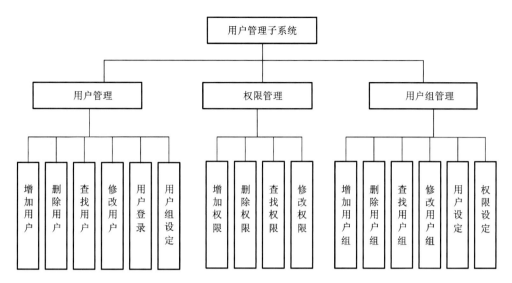

图 5.51 用户管理子系统功能

删除用户：删除现有用户。

查找用户：通过 ID、姓名、用户组、电子邮箱、电话、传真等属性搜索查找用户。

修改用户：修改用户的姓名、用户组、电子邮箱、电话、传真等属性。

用户登录：通过 ID 和密码登录系统。

用户组设定：设置用户所属的用户组。

2）权限管理

权限与用户单位或部门对应，不同单位和部门拥有不同权限。

增加权限：增加权限，与子系统的功能对应。

删除权限：删除现有权限。

查找权限：根据名称查找现有权限。

修改权限：修改现有权限，为权限赋予不同的功能。

3）用户组管理

增加用户组：增加新用户组，设置用户组 ID、用户组名称、部门名称、地区、联系方式、部门负责人等用户组属性。

删除用户组：删除现有用户组。

查找用户组：通过用户组名称、部门名称等搜索用户组。

修改用户组：修改用户组的名称、部门名称、地区、联系方式、部门负责人等用户组属性。

用户设定：将某个用户组赋予用户。

权限设定：设置本用户组的功能权限。

参 考 文 献

[1] 廖小红,卢翔.洞庭湖区蓄滞洪区建设存在的问题[J].湖南水利水电,2005(6):26-26.

[2] 中华人民共和国国家发展计划委员会,中华人民共和国水利部.行蓄洪区安全建设试点项目管理办法[Z],1998.

[3] 湖南省人民政府.湖南省洞庭湖蓄洪区安全与建设管理办法[Z],1991.

[4] 中华人民共和国水利部,中华人民共和国国家发展和改革委员会,中华人民共和国财政部.关于加强蓄滞洪区建设与管理的若干意见[Z],2006.

[5] 孙艳崇.纸质地形图数字化的方法[J].科技创新与应用,2015(15):93-93.

[6] 中华人民共和国水利部.实时雨水情数据库表结构与标识符(SL 323—2011)[S].北京:中国水利水电出版社,2011.

[7] KOREN B,SPEKREIJSE S. Solution of steady Euler equations by a multigrid method[J]. Lecture Notes in Pure and Applied Mathematics,1988,100:323-336.